1000
Erfindungen, Entdeckungen und geniale Ideen

1000
Erfindungen, Entdeckungen und geniale Ideen

© Naumann & Göbel Verlagsgesellschaft mbH
Autoren: Kerstin Viering und Roland Knauer
Gesamtherstellung Naumann & Göbel Verlagsgesellschaft mbH, Köln
Alle Rechte vorbehalten

ISBN: 978-3-625-12221-0

www.naumann-goebel.de

Inhalt

Ausgewählte Erfindungen

1000 Erfindungen – gibt es überhaupt so viele? Auf Anhieb fallen Fachleuten und Laien jedenfalls keine 1000 Erfindungen ein. Fast jeder wird das Rad nennen, die Dampfmaschine ist wohl ebenso bekannt wie Flugzeug und Automobil. Die individuellen Vorlieben und Interessen zeigen danach rasch etliche weitere Erfindungen – vom Zeppelin bis zum Hörfunk, von Cornflakes bis zum Internet. Auf so hundert Erfindungen kommt man leicht, dann fängt man an zu grübeln. Und rasch tauchen weitere Erfindungen auf. Der Fernseher ist sicher eine wichtige Erfindung, aber ohne Braunsche Röhre hätte es ihn nie gegeben. Es gibt eine ganze Reihe solcher Erfindungen, die aufeinander aufbauen. Spindel, Rad, Karre, Kutsche und Auto wäre eine solche Reihe. Und da moderne technische Geräte wie eine Rakete aus sehr vielen Einzelteilen bestehen, von denen viele einige Zeit vorher ihrerseits wieder eigene Erfindungen waren, kehrt sich der Sachverhalt plötzlich um. Nicht weit weniger als 1000 Erfindungen gibt es, sondern weit mehr.

Die könnten sicher auch alle aufgezählt werden. Aber wer würde das entstehende Mammutwerk dann noch lesen? Der Spaß bei der Lektüre ginge mit Sicherheit verloren. 1000 Erfindungen sind da sicher ein guter Kompromiss zwischen dem Machbaren und der Übersichtlichkeit. Aber welche Erfindungen kann man getrost weglassen? Die Antwort lautet: Keine einzige! Denn jede fehlende

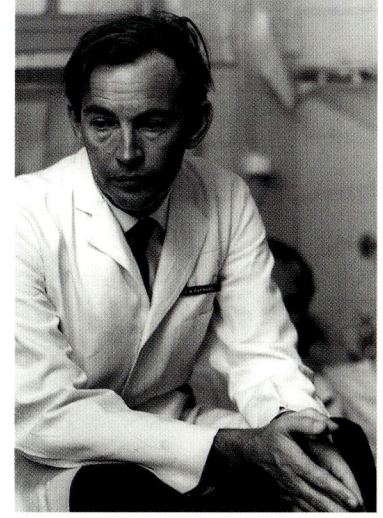

Erfindung lässt nun mal eine Lücke, wird die Braunsche Röhre nicht genannt, müsste auch der Fernseher entfallen, der zumindest anfangs ohne sie nicht auskam. Lange Diskussionen brächten auch keine Lösung, weil niemand objektiv entscheiden kann, ob zum Beispiel die Krawatte oder das Spiel Monopoly unbedingt genannt werden müssen oder wegfallen können.

So bleibt jede Auswahl am Ende immer subjektiv. Ein paar objektive Regeln aber beachtet die Auswahl in diesem Buch durchaus. Eine davon lautet: Bei technischen Erfindungen sollte die Maschine zumindest ein wenig funktioniert haben. Da fehlen dann zwar die fantastischen Skizzen eines Leonardo da Vinci, weil von vielen seiner Entwürfe nicht mehr als eben diese Skizzen blieben. Das erste Flugzeug lässt sich daher dem berühmten Italiener viel weniger zuschreiben als Otto Lilienthal und Orville Wright, die mit ihren Luftfahrzeugen ohne und mit Motor immerhin 25 und 36 Meter weit über dem Boden unterwegs waren.

Am Ende darf der Leser dann doch in rund 1000 Erfindungen schmökern. Mit Sicherheit wird er die eine oder andere Erfindung vermissen, das eine oder andere für überflüssig halten. Bei einem so umfassenden Thema vom Gipsverband bis zur Gefriertruhe lässt sich das wohl kaum vermeiden. Insgesamt aber hoffen der Verlag und die Autoren doch eine Auswahl getroffen zu haben, die nicht nur umfassend informiert, sondern darüber hinaus beim Lesen und Nachschlagen auch ein wenig Spaß macht.

TECHNIK

01

Vom Feuerstein zum Laser

Statt Homo sapiens könnte der Mensch auch »Homo technicus« genannt werden, denn kaum ein anderes Gebiet ist enger mit der biologischen und kulturellen Entwicklung der Art »Mensch« verknüpft als die Technik. Der erste Stock, mit dem ein Frühmensch einem Bienenvolk seinen Honig raubte, und die erste Klinge, die wohl eher zufällig entstand, als ein scharfer Steinsplitter von einem Felsbrocken absprang, waren in ihrer Zeit wohl ähnlich sensationelle Erfindungen wie Flugzeuge und Computer im 20. Jahrhundert. Viele dieser technischen Errungenschaften läuteten große und kleine Revolutionen ein und krempelten oft genug das Leben der Menschen völlig um. Eine heute längst selbstverständliche Erfindung wie die Eisenbahn erlaubte zum ersten Mal auch einfachen Leuten aus dem Volk größere Reisen, die vorher nur der Oberschicht möglich waren. Nicht immer aber waren die Erfindungen der Ingenieure positiv. Die Atombombe wurde bald von den Wissenschaftlern heftig bekämpft, die vorher noch ihre Entwicklung gefordert hatten.

Technik wird immer ihre guten und schlechten Seiten haben, auch das hat sie mit ihrem Schöpfer, dem Homo technicus, gemeinsam. Mit Sicherheit müsste Technik auch den größten Teil eines Erfindungsbuches füllen, wenn nicht bereits in vielen anderen Kapiteln jede Menge Technik versteckt wäre. Die Mondrakete Saturn V ist zum Beispiel unbestritten eine technische Meisterleistung, passt aber doch eher zur Fortbewegung als zur Technik.

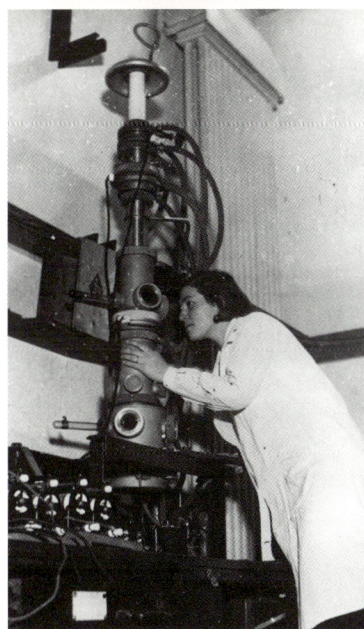

Feuer (70 000–40 000 v. Chr.) Als ein Frühmensch der Art Homo erectus vor beinahe zwei Millionen Jahren einen Blitz beobachtete, der einen ausgetrockneten Wald in Flammen setzte, ahnte er wohl kaum, dass damit das moderne Ingenieurwesen begründet werden würde. Denn in dieser Zeit lernten die Frühmenschen, das Feuer für ihre Zwecke zu nutzen. Von den Flammen gingen so viele Innovationen aus, dass eine Entwicklung des modernen Menschen ohne Feuer gar nicht vorstellbar scheint. Mit Feuer wird die Nahrung erhitzt und so von Giftstoffen befreit. Das Feuer brachte dem Menschen aber auch neue Werkstoffe von verschiedenen Metallen bis zur Keramik. Und alles begann vor Jahrmillionen mit einem Blitz.

Feuerstein (um 7000 v. Chr.) Am Anfang musste ein zufällig entdecktes Feuer sorgfältig gehütet werden. Schon bald aber lernten die Frühmenschen, hartes und weiches Holz gegeneinander zu reiben und mit dem heißen Holz einen getrockneten Zunderschwamm zu entzünden. Oder sie schlugen Feuerstein (Abbildung) und Pyrit gegeneinander, bis die Funken stoben, die dann den Zunder in Brand setzten.

Streichholz (1828) Um 950 n. Chr. behandelten Chinesen Kiefernhölzchen mit Schwefel, die sich bereits bei leichter Berührung entzündeten. Der irische Naturforscher Robert Boyle tränkte 1681 ein Stück Papier mit dem kurz zuvor entdeckten weißen Phosphor und zog einen geschwefelten Holzspan darüber, bis das Papier Flammen fing. Am 27. November 1828 erfand der englische Apotheker John Walker dann das moderne Zündholz, als er eine Mischung aus Antimonsulfit, Kaliumchlorat, Gummi und Stärke herstellte, die sich beim Reiben über eine raue Oberfläche selbst entzündete.

Feuerzeug (1823) Johann Wolfgang Döbereiner erfand 1823 an der Universität Jena das erste Feuerzeug (Abbildung). Ein simpler Mechanismus ließ verdünnte Schwefelsäure über Zink fließen. Der dabei entstehende Wasserstoff entwich durch ein Ventil und strich über poröses Platin. Dort begann eine Knallgasreaktion, die schlagartig das ausströmende Gas entzündete und die erste Feuerzeugflamme flackern ließ.

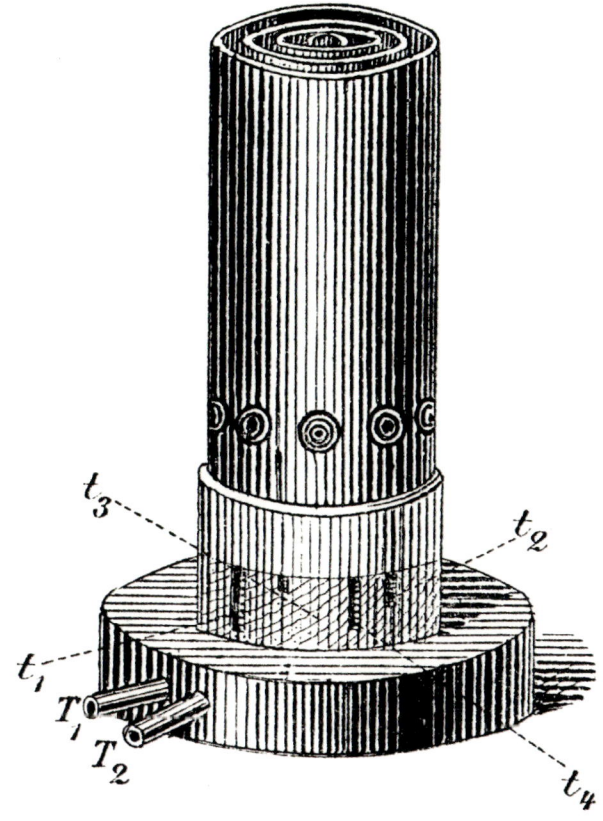

647. **Bunsenbrenner.**

Bunsenbrenner (1855) Den einige Jahre zuvor von Michael Faraday erfundenen Gasbrenner zum Heizen verbesserte Robert Bunsen 1855 in Heidelberg. Durch eine verstellbare Öffnung saugt das durch ein Metallrohr nach oben strömende Gas Sauerstoff an. Verändert man diese Öffnung, kann man die Mischung aus Gas und Sauerstoff so lange variieren, bis ein ideales Verhältnis für die Verbrennung erreicht ist. Entzündet man dieses Gemisch, entsteht eine sehr heiße Flamme mit Temperaturen über 1500 Grad Celsius.

Lampe (um 18 000 v. Chr.) Gut 20 000 Jahre ist der Stein mit der halbrunden Vertiefung alt, in die Steinzeitmenschen damals wohl das Fett erlegter Tiere füllten. Pflanzenfasern saugten das Fett ein wenig heraus und brannten eine ganze Weile. Die erste Lampe der Menschheit war erfunden. Vorher hatte es künstliches Licht nur in Form eines Holzfeuers gegeben. (Römische Öllampe, 1. Jh. v. Chr.)

Argandbrenner (1783) Der Schweizer Francois Argand erfand 1783 in Frankreich einen Brenner, der Lampen mit Pflanzen- oder Walöl deutlich heller leuchten ließ (Abbildung). Ein Baumwolldocht sog das Öl aus einem separa-ten Tank, und ein offener Zylinder ließ von unten Frischluft zum Docht strömen. Ein Blechzylinder über der Flamme verstärkte den Zug weiter und sorgte für ein helleres Licht als je zuvor.

Kerze (um 3000 v. Chr.) Kerzen zeigen noch heute, wie wichtig das Feuer für den Menschen ist. Für viele Religionen hat die Kerzenflamme mystische Bedeutung und symbolisiert zum Beispiel die Seele. Die ersten Kerzen der Geschichte gossen die Ägypter, als sie 3000 v. Chr. trockene Schilfstängel mit dem Talg geschlachteter Tiere überzogen.

Petroleumlampe (um 1850) Aus dem in der Region Gorlice in Sickergruben gewonnenen Erdöl destillierte der polnische Apotheker Ignacy Lukasiewicz um 1850 eine dünne, klare Flüssigkeit, die gut brannte und vor allem viel billiger als das bisher in Lampen verwendete teure Walöl war. Gemeinsam mit anderen entwickelte er dann herkömmliche Lampen zu Petroleumlampen weiter, die am 31. Juli 1853 bei einer Notoperation im Krankenhaus von Lemberg erstmals ihre damals fantastische Helligkeit unter Beweis stellten.

Glühlampe (1880) Seit 1820 hatten verschiedene Erfinder elektrischen Strom durch verkohlte Bambusfäden oder Metalldrähte in Glaskolben geleitet, aus denen entweder die Luft herausgepumpt oder in denen sie durch Stickstoff ersetzt war. Der Faden leuchtete zwar, aber die Gebilde blieben relativ empfindlich. Außerdem gab es fast nirgends elektrischen Strom. Erst als Thomas Alva Edison diese Glühlampen weiter verbesserte und am 27. Januar 1880 ein Patent darauf erhielt, setzten sie sich allmählich durch.

Leuchtstofflampe (1857) Der deutsche Physiker Heinrich Geißler bastelte 1857 in Bonn die erste Leuchtstofflampe: Eine Glasröhre versah er an jedem Ende mit einer Elektrode und füllte Edelgase wie Neon und Argon unter geringem Druck in die Röhre. Sobald Strom durch die Elektroden fließt, beginnt das Gas zu leuchten. Erst als der Berliner Edmund Germer diese Röhren 1926 mit einem Leuchtstoff beschichtete, der das entstehende ultraviolette Licht in sichtbares Licht umwandelt, schaffte diese Lampe den Durchbruch.

LED (1962) Der US-Amerikaner Nick Holonyak entwickelte bei der Firma General Electrics eine rote Leuchtdiode, die er im Februar 1962 vorstellte. Darin regt elektrischer Strom bestimmte Substanzen wie Galliumarsenid zum Leuchten an. Heute gibt es diese kurz LED für Lichtemittierende Diode genannten Minileuchten in praktisch allen Farben. Sie verbrauchen noch weniger Energie als Energiesparlampen.

Energiesparlampe (1984) 1980 brachte die Firma Philipps die erste Leuchtstofflampe in Kompaktform auf den Markt. Am 9. April 1984 erhielt der Züricher Jürg Nigg ein Patent auf ein elektronisches Vorschaltgerät, das in die Lampenfassung eingebaut ist. Damit können Leuchtstofflampen konstruiert werden, die nicht größer als Glühlampen sind, aber viel weniger Strom brauchen. Die Energiesparlampe war erfunden.

Laser (1960) Atome lassen sich durch Einstrahlung einer elektromagnetischen Welle dazu bringen, Strahlung auszusenden. Schon Albert Einstein hatte das 1917 vorausgesagt, Rudolf Ladenburg konnte den Effekt 1928 in einem Experiment beweisen. Basierend auf diesen Erkenntnissen konstruierte der US-Amerikaner Theodore Harold Maiman 1960 den ersten Laser, der rotes Licht aussendete. Anders als bei anderen Lichtquellen ist das Licht solcher Laser einfarbig, sehr farbintensiv und in einem scharfen Strahl gebündelt.

Sonnenuhr (um 700 v. Chr.) Schon Jahrtausende vor Christi Geburt war es kein Problem, anhand der regelmäßigen Bewegungen von Sonne und Mond die Zeit in Jahre, Monate und Tage einzuteilen. Und diese Einheiten genügten für den Alltag der meisten Menschen erst einmal. Die Gelehrten aber suchten nach Möglichkeiten, einen Tag weiter aufzugliedern. Das vermutlich älteste Gerät, mit dem das gelang, bestand aus einem simplen Stab, der in die Erde gesteckt wurde. Im Laufe des Tages veränderten sich Länge und Winkel des Schattens, den eine solche urtümliche Sonnenuhr auf die Erde warf. So konnte man die Zeit entweder an der Länge der Schattens ablesen oder an seiner Position auf einer Skala. Solche Sonnenuhren waren unter anderem in Mesopotamien, in Ägypten und im alten Griechenland im Einsatz.

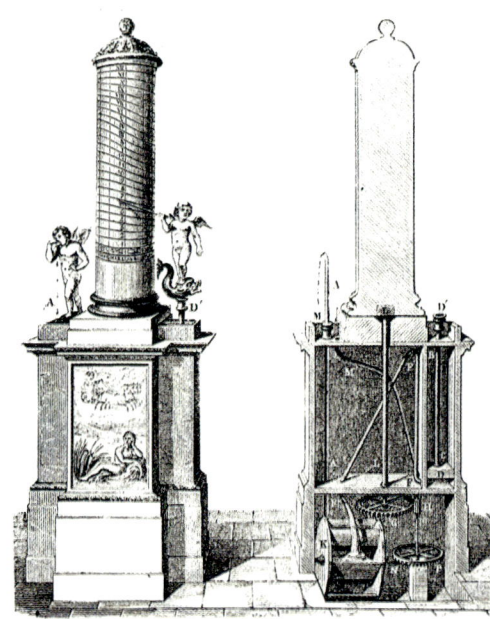

Wasseruhr Da Sonnenuhren nur am Tag funktionieren, verfielen mehrere Völker der Antike schon früh auf eine Alternative. Man füllte Wasser in ein Gefäß mit einem kleinen Loch im Boden und einer Skala an der Wand. Langsam rann die Flüssigkeit durch die Öffnung, am sinkenden Wasserspiegel ließ sich die verrinnende Zeit ablesen. »Klepsydra« nannten die Griechen eine solche Uhr – »Wasserdiebin«. Die Abbildung zeigt die Rekonstruktionszeichnung einer antiken Wasseruhr (um 270 v. Chr.)

Wecker (11./12. Jh.) An einer brennenden Kerze mit einer Skala an der Außenseite lassen sich die vergehenden Stunden gut ablesen. Wahrscheinlich waren es Mönche, die aus einer solchen Stundenkerze den ersten Wecker konstruierten: In das Wachs wurden in bestimmten Abständen Metallkügelchen eingegossen. Diese fielen beim Abbrennen der Kerze heraus und landeten scheppernd auf einem Metallteller. Die Kerzenuhr des Al Jaziri (Abbildung), um 1181–1206, funktionierte nach einem ähnlichen Prinzip: Die herunterfallenden Metallkügelchen lösten hier einen Mechanismus aus, wodurch stündlich eine andere Figur erschien.

Uhrwerk (um 1300) Irgendwann Ende des 13. Jahrhunderts sollen Mönche die entscheidende Idee für eine mechanische Uhr gehabt haben. Das Grundprinzip eines Uhrwerks kannte man damals schon: Wenn man ein Gewicht an einem aufgewickelten Seil fallen lässt, kann man damit ein Räderwerk antreiben. Die Zahnräder wiederum können dann zum Beispiel einen Zeiger bewegen. Was noch fehlte, war eine Art Bremse, mit deren Hilfe sich der Fall des Gewichts regulieren ließ. Schließlich sollten das Räderwerk und der damit verbundene Zeiger ja nur schrittweise und in regelmäßigen Abständen vorrücken. Dieses Kunststück brachte die um das Jahr 1300 erfundene Uhrhemmung fertig, die in ein Zahnrad eingriff. Erst wenn sie es nach einem Moment wieder frei gab, konnte der Zug des Gewichts das Räderwerk ein Stückchen vorrücken lassen. Damit entstand das typische Ticken der Uhr.

Sanduhr (vor 1338) Als die Glasbläser des Mittelalters es zu einiger Perfektion gebracht hatten, war die Zeit reif für eine neue Art der Uhr. Man verband zwei gleich große Glasgefäße mit einem schmalen Röhrchen und füllte die Konstruktion mit feinem Sand. Der rann dann innerhalb einer bestimmten Zeit vom oberen in den unteren Behälter. Die älteste Darstellung eines solchen Zeitmessers findet sich auf einem 1338 gemalten Fresco des Italieners Ambrogio Lorenzetti (Abbildung).

Längengrad (Mitte 18. Jh.) Mit Kompass, Sextant und Seekarte konnten die Kapitäne des 17. Jahrhunderts den Breitengrad auf hoher See recht gut bestimmen. Doch was den Längengrad anging, tappten sie weitgehend im Dunkeln. Navigationsfehler kosteten daher so manche Schiffsbesatzung das Leben. Also setzten die Seemächte Großbritannien, Frankreich, Spanien und Holland gigantische Belohnungen für eine zuverlässige Methode zur Bestimmung des Längengrades aus. Die Lösung fand schließlich der schottische Uhrmacher John Harrison. Mitte des 18. Jahrhunderts entwickelte er eine Uhr (Abbildung), die trotz aller Widrigkeiten auf See die Zeit so genau anzeigte, dass sich daraus der Längengrad der jeweiligen Position berechnen ließ.

Linse (11. Jh.) Schon im 11. Jahrhundert schreibt der arabische Gelehrte Alhazen über geschliffene Linsen, die das Auge unterstützen sollen. In der zweiten Hälfte des 13. Jahrhunderts schliffen dann auch in Europa Mönche Bergkristalle zu Linsen, die Licht durchlassen und dabei brechen.

Lichtmikroskop (um 1600) Der niederländische Brillenmacher Hans Janssen und sein Sohn Zacharias wollen um 1600 aus zwei Linsen ein erstes Mikroskop gebaut haben, das kleine Gegenstände vergrößert darstellte. Ihr Landsmann Antoni van Leeuwenhoek schliff um 1700 kugelförmige Linsen, die Vergrößerungen bis zum 270-fachen ermöglichten.

Spiegel (um 7000 v. Chr.) Bereits um 7000 v. Chr. gab es erste Spiegel aus dem Mineral Obsidian, in der Bronzezeit konnte man sein Spiegelbild auf poliertem Metall bewundern. Im ersten Jahrhundert nach Christus beschrieb Plinius Spiegel aus Glas, die im Mittelalter mit hochgiftigen Quecksilberverbindungen unterlegt wurden. 1835 erfand der deutsche Chemiker Justus von Liebig den ungefährlichen Silberspiegel, der sich allerdings als Flop entpuppte, weil damals ein bleicher Teint als chic galt: Während der Quecksilberspiegel braungebrannte Menschen völlig ausgebleicht wiedergab, zeigte der Silberspiegel sie, wie sie waren. Erst als 1886 der Quecksilberspiegel verboten wurde, setzte der Silberspiegel sich durch. (Handspiegel aus Ägypten, um 1400 v. Chr.)

Elektronenmikroskop (1931) Zusammen mit Max Knoll baute Ernst Ruska an der Technischen Hochschule Berlin das erste Elektronenmikroskop, das er am 9. März 1931 in Betrieb nahm. Da die Wellenlängen von Elektronen viel kürzer als die von sichtbarem Licht sind, lassen sich damit viel kleinere Gegenstände betrachten und vergrößern. Tatsächlich erreichte Ernst Ruska im Dezember 1933 eine 12 000-fache Vergrößerung.

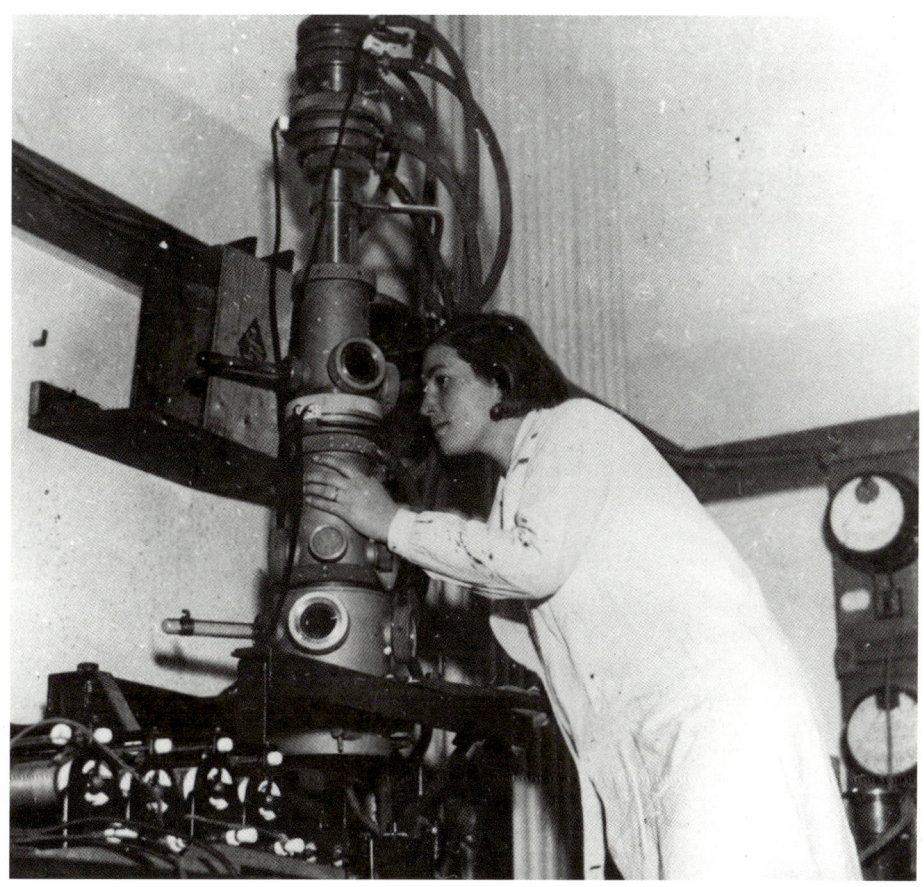

Fernrohr (1611/13) Aus zwei Linsen kann man auch ein Fernrohr bauen, das ein vergrößertes Bild entfernter Objekte auf dem Kopf stehend zeigt, beschrieb 1611 Johannes Keppler in Prag. 1613 baute Christoph Scheiner in Ingolstadt das erste solche Fernrohr. Da sie ein größeres Sehfeld haben und Objekte gut fixieren, werden diese Fernrohre heute noch in der Astronomie eingesetzt. (Teleskop von Jonathan Sissons, um 1749–1783)

Opernglas (1608) Aus zwei Linsen konstruierte der deutsch-niederländische Brillenmacher Hans Lipperhey 1608 ein Gerät, das entfernte Gegenstände vergrößerte und seitenrichtig zeigte. Ein Jahr später verbesserte der Italiener Galileo Galilei dieses Fernrohr weiter und entdeckte damit die Monde des Jupiter sowie die Scheibenform der Planeten. Heute wird diese Anordnung nur noch als Opernglas verwendet.

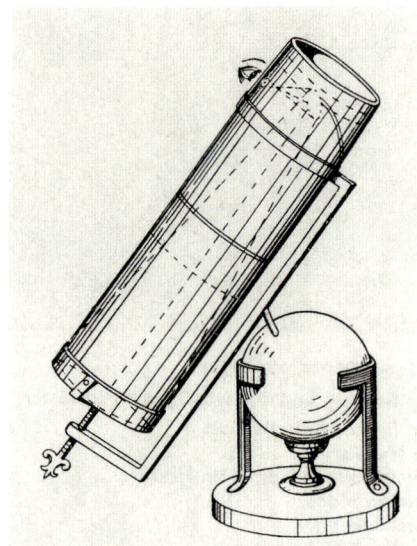

Hubble-Weltraum-Teleskop (1990) Am 24. April 1990 startete mit der Raumfähre Discovery ein großes Spiegelteleskop. Das Gerät hatte einen 2,5 Meter großen Spiegel und sollte in 590 Kilometern Höhe – ohne die Störungen durch die Atmosphäre der Erde – viel genauere Aufnahmen des Weltraums ermögli-chen als die herkömmlichen stationären Teleskope. Zwar lieferte das Hubble-Weltraum-Teleskop wegen eines Herstellungsfehlers zunächst lediglich unscharfe Bilder; nachdem dieser Fehler korrigiert worden war, gelangen ab Dezember 1993 jedoch viele bahnbrechende und atemberaubende Aufnahmen.

Spiegelteleskop (1616) Im Jahr 1616 zeigte der Italiener Nicolaus Zucchius in Rom, dass man mit einem Hohlspiegel und einer Linse ebenfalls den Sternenhimmel vergrößert beobachten kann. 1668 bis 1672 verbesserte der Engländer Isaac Newton dieses Spiegelteleskop (Abbildung), mit dem heute noch das Weltall beobachtet wird.

Sonnenenergie (212 v. Chr.) Licht kann nicht nur zum Beobachten genutzt werden, sondern auch als Energiequelle. Das erste Beispiel einer solchen Solarenergie-Anwendung ist die griechische Belagerung von Syrakus im Jahr 212 v. Chr. Damals bündelte die griechische Armee mit Spiegeln das Sonnenlicht und setzte so die Segel der römischen Flotte in Brand.

Solarzelle (1953) Verblüfft registrierte der US-Amerikaner Russell Ohl 1940, dass auf Silizium fallendes Sonnenlicht Strom erzeugt. 1953 hatten Daryl Chapin, Calvin Fuller und Gerald Pearson in den Bell Laboratories in den USA die erste Solarzelle aus kristallinem Silizium gebaut. Am 25. April 1954 präsentierten sie eine solche Zelle, die immerhin sechs Prozent des Sonnenlichtes in Strom umwandelte. Als am 17. März 1958 der US-Satellit Vanguard 1 gestartet wurde, sorgten Solarzellen dafür, dass der Sender des Geräts bis Mai 1964 arbeitete. Damit hatten Solarzellen ihre Praxistauglichkeit bewiesen.

Blitzableiter (1752) Als gefährlich hatten die Menschen Elektrizität in Form von Blitzen schon vor Urzeiten kennengelernt. Um diese Gefahr abzulenken, ließ bereits Ramses III. um 1170 v. Chr. vergoldete Masten auf die Tempel der ägyptischen Hauptstadt Theben setzen. Der US-Amerikaner Benjamin Franklin entlarvte am 15. Juni 1752 Blitze als gigantische Funken. Mit Metallspitzen über dem höchsten Punkt von Gebäuden könnten diese Funken abgeleitet werden, schlug er vor – und hatte damit den Blitzableiter erneut erfunden.

Elektrisiermaschine (1663) 1663 entwickelte der Magdeburger Bürgermeister Otto von Guericke (Abbildung) die erste Maschine zur Erzeugung von Elektrizität: Eine Schwefelkugel drehte sich dabei auf einer Achse und erzeugte durch die Reibung elektrischen Strom.

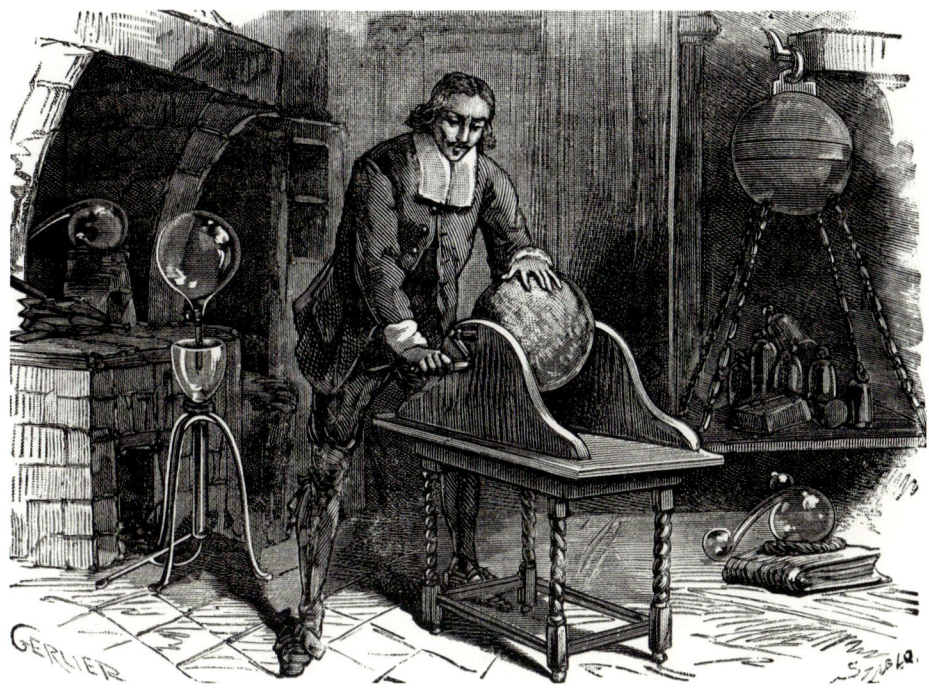

Batterie (1880) Im Jahr 1800 stapelte der Italiener Alessandro Volta eine Kupfer- und eine Zinkplatte übereinander und schob Tücher dazwischen, die er vorher in einer Salzlake getränkt hatte. Zwischen den Metallen begann ein elektrischer Strom zu fließen. Mit der nach ihm benannten Voltaschen Säule hatte der Italiener die erste Batterie gebaut.

Zahnrad (um 1000 v. Chr.) Bereits um 1000 v. Chr. scheinen die Ägypter die Kraftübertragung über zwei ineinandergreifende hölzerne Zahnräder gekannt zu haben. Schöpfwerke mit solchen Zahnrädern sind mindestens seit dem dritten Jahrhundert v. Chr. im Einsatz.

Wasserkraftwerk (1827) Bereits im 17. Jahrhundert v. Chr. entstanden in Mesopotamien die ersten Schöpfräder. Von fließenden Gewässern angetrieben, hoben sie Wasser auf höher gelegene Felder am Ufer. Der französische Ingenieur Benoit Fourneyron übertrug dieses Prinzip im April 1827 auf eine neue Anordnung und hatte damit die Turbine erfunden, die in Wasserkraftwerken Elektrizität erzeugt.

Dampfturbine (1883/84) Der Schwede Carl Gustav Patrik de Laval und der Engländer Charles Parsons bauten unabhängig voneinander 1883 und 1884 die ersten Turbinen, die nicht mit flüssigem Wasser, sondern mit Wasserdampf angetrieben wurden. Solche Dampfturbinen arbeiten noch heute in Wärmekraftwerken, die mit fossilen Brennstoffen, Biomasse oder Kernkraft betrieben werden. Sie verwandeln Wärmeenergie in Bewegungsenergie, die ihrerseits in Generatoren elektrischen Strom erzeugt.

Generator (1832) Der französische Instrumentenbauer Hippolyte Pixii baute 1832 in Paris den ersten Generator: Eine Handkurbel drehte einen Magneten an einer Spule mit Eisenkernen vorbei und erzeugte so Wechselstrom. Später übertrugen Wellen die Energie aus Wasser- oder Windkraftwerken auf solche Generatoren.

Elektromotor (1834/38) Der deutsch-russische Ingenieur Moritz Hermann von Jacobi baute 1834 in Königsberg im damaligen Ostpreußen einen ersten Elektromotor. In St. Petersburg in Russland ließ der Erfinder am 13. September 1838 auf der Newa ein Boot mit sechs Passagieren fahren, das von einem 220 Watt starken Elektromotor angetrieben wurde. Elektromotoren fanden schnell ein breites Spektrum an Einsatzmöglichkeiten. Der erste elektrische Aufzug beispielsweise, den Siemens 1880 vorstellte (Abbildung), wurde von einem Elektromotor angetrieben.

Transformator (1885) Die Ungarn Karoly Zipernowsky, Miksa Déry und Otto Titusz Bláthy erhielten 1885 ein Patent auf einen Transformator, der die Spannung von Wechselstrom verändert. Mit solchen Transformatoren werden heute zum Beispiel 400 000 Volt aus dem Hochspannungsnetz bis auf 240 Volt für das Haushaltsnetz verringert. Ein kleinerer Trafo stellt dann im Fuß einer Lampe zum Beispiel die 12 Volt bereit, die eine Halogenleuchte benötigt.

Westernmill (1854) Der US-Amerikaner Daniel Halladay entwickelte 1854 eine langsam laufende Windmühle, die auf einem Gittermast sitzt und den in größerer Höhe stetigeren Wind nutzt, um Wasser für die Landwirtschaft zu pumpen. Solche »Westernmills« laufen in den USA und Australien in abgelegenen Gegenden noch heute.

Windkraftanlage (1887/88) Als in der Industrie und später auch in Privathaushalten zunehmend elektrische Energie als Kraftquelle eingesetzt wurde, wollte auch Charles Brush in Cleveland im US-Bundesstaat Ohio nicht abseits stehen. Im Winter 1887/88 baute er nach dem Vorbild einer Westernmill ein Windrad mit 17 Metern Rotor-Durchmesser, das über einen Generator die Batterien in seinem Keller lud, die ihrerseits das Haus mit Strom versorgten.

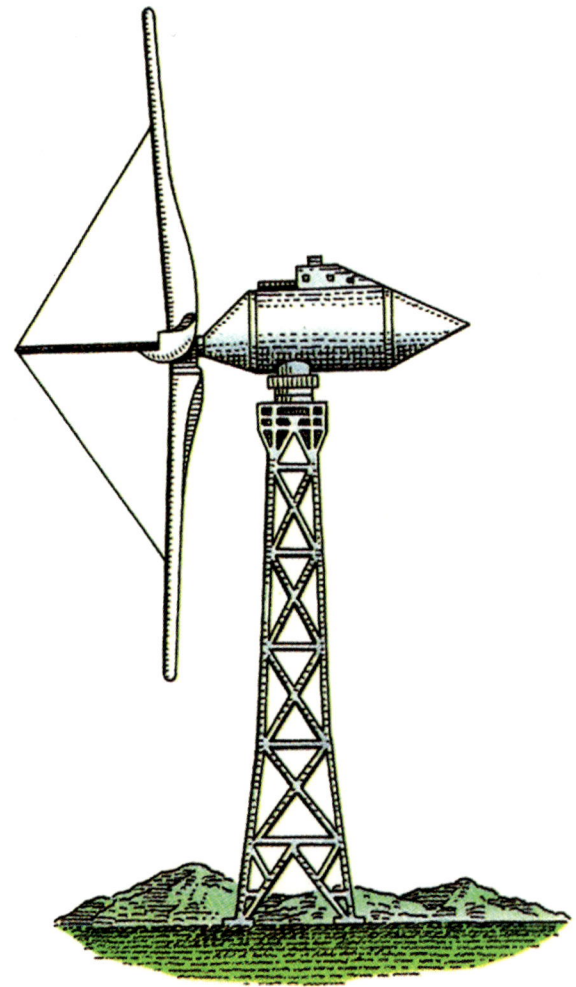

Kernreaktor (1942) Chicago Pile 1 hieß der erste Kernreaktor, der am 2. Dezember 1942 um 15:20 Uhr Ortszeit in Chicago in Betrieb ging. Der italienisch-amerikanische Physiker Enrico Fermi (Abbildung) hatte sechs Meter hoch Uran und Graphitblöcke aufschichten lassen. Als George Weil die mit Kadmium beschichteten Kontrollstäbe herauszog, begann eine Kettenreaktion, bei der 33 Minuten lang Uran gespalten wurde und die so Energie lieferte. Eine Schnellabschaltung wie heutige Kernkraftwerke hatte die Anlage ebenfalls bereits: Ein Mitarbeiter sollte mit einer Axt im Notfall ein Seil durchtrennen und so ein Kontrollelement in den primitiven Reaktor fallen lassen, das die Kettenreaktion abbrechen sollte.

Luftpumpe (1649) Ein Zylinder mit einer Dichtung unten und einem Kolben oben, der mit einem Handgriff in den Zylinder gedrückt werden kann und dabei Luft durch ein Ventil am unteren Zylinderende drückt. So sah die Lufpumpe aus, die 1649 der Magdeburger Bürgermeister Otto von Guericke erfand und mit der noch heute die Reifen von Fahrrädern aufgepumpt werden.

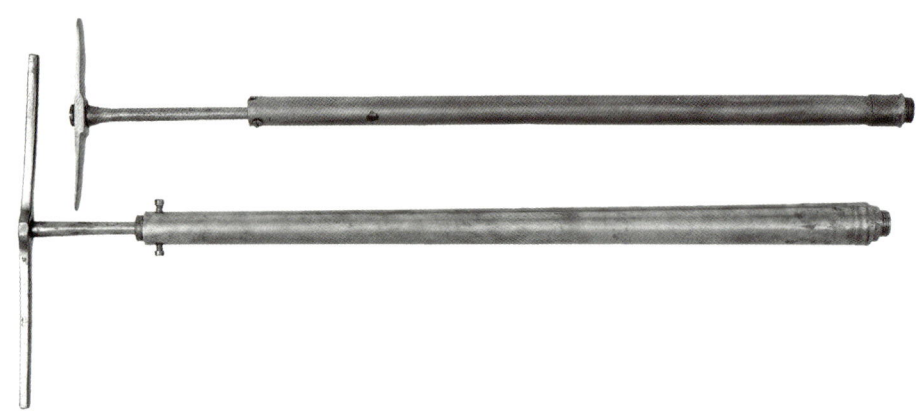

Barometer (1643) 1643 füllte Evangelista Torricelli am Hof des Großherzogs der Toskana ein an einer Seite offenes Glasrohr mit Quecksilber, verschloss die Öffnung mit seinem Daumen und tauchte das Rohr umgedreht in eine Schüssel mit Quecksilber. Seltsamerweise lief das Quecksilber nicht völlig aus dem Rohr heraus, sondern blieb rund 76 Zentimeter hoch darin stehen. Offensichtlich drückt die Luft auf die Quecksilberschüssel und verändert so das Auslaufen. Mit dem Wetter änderte sich in diesem ersten Barometer auch die Höhe der Quecksilbersäule, beobachtete der Forscher. (Barometer von Daniel Quare, 1695/1705)

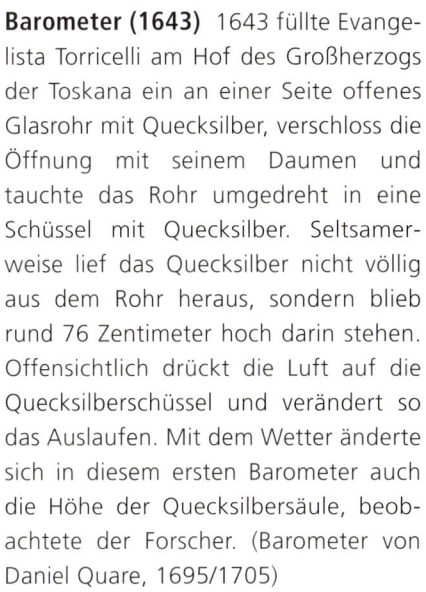

Wasserstrahlpumpe (1870) Eine sehr einfache Apparatur zum Abpumpen von Luft erfand Robert Bunsen (Abbildung) um 1870 in Heidelberg: Wasser reißt beim Übergang in ein größeres Rohr Luft mit sich und evakuiert so relativ rasch Luft aus einem angeschlossenen Glaskolben oder einem anderen Gerät.

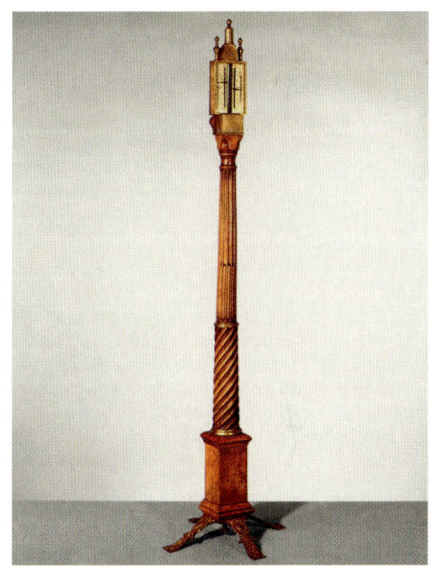

Thermometer (1714) Um Temperaturen zu bestimmen, verwendete der deutsche Physiker Daniel Gabriel Fahrenheit zunächst Weingeist in einem Glasröhrchen, der sich beim Erwärmen ausdehnte. Genauer wurde dieses Thermometer, als der Tüftler ab 1714 den Alkohol durch Quecksilber ersetzte. Solche Instrumente gab es bereits früher, aber der Deutsche bastelte eine Skala an die Säule und hatte so das erste Quecksilberthermometer erfunden. Als tiefsten Punkt wählte er die Temperatur, die er mit einer Mischung aus Salz, Eis und Wasser gerade noch erreichen konnte, heute sind das minus 17,8 Grad Celsius. Der Gefrierpunkt von Wasser und die Körpertemperatur eines gesunden Menschen waren die beiden weiteren Fixpunkte.

TECHNIK

Hygrometer (1783) Informationen über die Luftfeuchtigkeit ließen sich bis ins 18. Jahrhundert nur mit recht ungenauen Methoden wie dem Betrachten bestimmter Pflanzen gewinnen. Dann aber erkannte der Schweizer Naturforscher Horace Bénédict de Saussure, dass sich Haare bei Feuchtigkeit ausdehnen. Aus einem blonden Frauenhaar bastelte er 1783 ein Messgerät, das diesen Effekt nutzt (Abbildung). Ähnliche Haarhygrometer werden heute noch zur Bestimmung der Luftfeuchtigkeit eingesetzt.

Elektrische Ventilatoren

bewegen, erneuern, kühlen die Luft. Größte Wirkung. Geringer Stromverbrauch. Verschiedene Ausführungsformen als Decken-, Tisch-, Wand- etc. Ventilatoren.

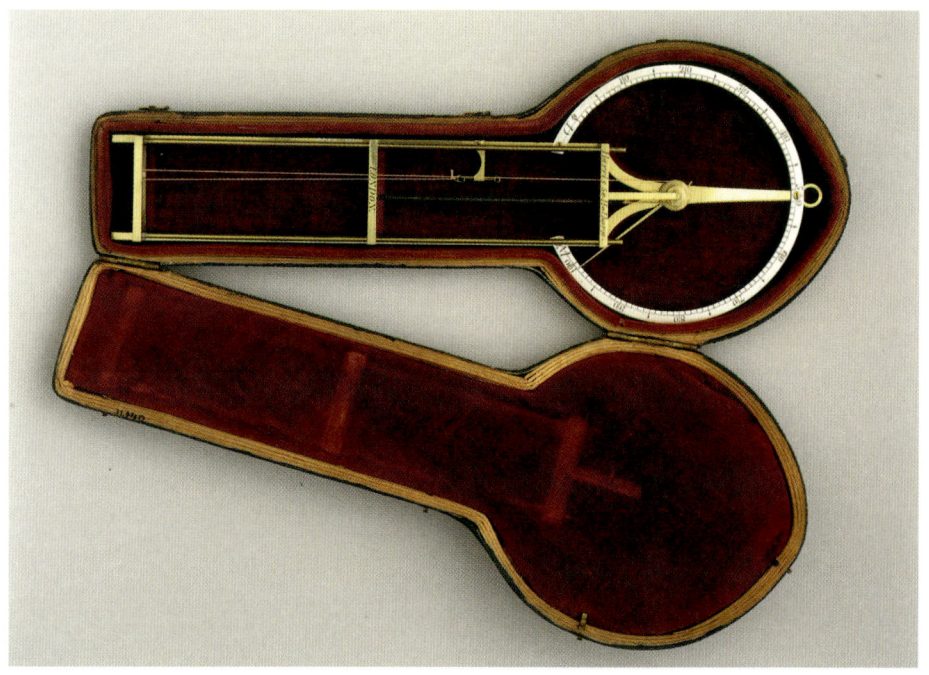

Ventilator (1882) Jahrtausendelang hatten sich schwitzende Menschen mit Blättern, Palmwedeln oder Fächern einen kühlenden Luftzug verschafft. Einfacher wurde die Sache, als der US-Amerikaner Schuyler Wheeler 1882 den ersten elektrischen Ventilator mit zwei Flügeln erfand. Der Deutsch-Amerikaner Philip Diehl entwickelte dieses Gerät weiter. Er montierte Ventilatorflügel an einen Nähmaschinenmotor und befestigte das Ganze an der Zimmerdecke. Das Patent für seinen Deckenventilator bekam er 1887.

Klimaanlage (1911) Der US-amerikanische Ingenieur Willis Carrier beschäftigte sich schon in jungen Jahren mit Techniken, die eine Regelung von Temperatur und Luftfeuchte in Gebäuden erlaubten. Im Jahr 1911 entwickelt er die erste moderne Klimaanlage der Geschichte (Abbildung).

Göpel (15. Jh.) Eine mit langen Hebeln ausgerüstete Antriebswelle kann man mit menschlicher oder tierischer Muskelkraft in Bewegung setzen. Durch die Drehung entsteht eine Antriebskraft, die man beispielsweise zum Heben von Lasten nutzen kann. Etwa seit dem 15. Jahrhundert wurden solche oft von Pferden angetriebenen Göpel als Förderanlagen im mitteleuropäischen Bergbau eingesetzt, auch als Antrieb für Dreschmaschinen fanden sie Verwendung.

Flaschenzug (um 970 v. Chr.) Rollen und Seile verknüpften die Assyrer um 970 v. Chr. zum ersten Flaschenzug. Damit kann man Lasten zum Beispiel mit halber Kraft heben, muss dabei aber den doppelten Weg zurücklegen. Recht spektakulär ließ Domenico Fontana 1586 in Rom mit solchen Flaschenzügen den Obelisken auf dem Petersplatz aufrichten (Abbildung).

Kran (um 515 v. Chr.) Auf einem Gestell kann man Flaschenzüge auch schwenkbar montieren und so Lasten nicht nur heben, sondern auch seitlich versetzen und an einem anderen Ort wieder absetzen. Mit solchen Kränen setzten die Griechen bereits 515 v. Chr. bis zu 20 Tonnen schwere Steinblöcke zu Tempeln zusammen. Römische Kräne konnten bereits hundert Tonnen heben.

Waage (5. Jt. v. Chr.) Schon für die frühen Händler der Geschichte dürfte es entscheidend gewesen sein, das Gewicht bestimmter Waren messen zu können. Die Waage ist daher eine sehr alte Erfindung. So haben Wissenschaftler in einem prähistorischen Grab in Ägypten einen Waagebalken aus dem 5. Jahrtausend vor Christus gefunden (Abbildung).

Fließband (1914) 1790 bekam der US-amerikanische Erfinder Oliver Evans ein Patent für eine vollautomatische Mühle, in der Getreide und Mehlsäcke auf Fließbändern hin und her transportiert wurden. In den folgenden Jahrzehnten wurden solche Anlagen auch in verschiedenen anderen Unternehmen wie einer Schiffszwieback-Fabrik in England und einem Schlachthof in Cincinnati eingesetzt. Das erste Auto, das auf einem Fließband hergestellt wurde, war ab dem 14. Januar 1914 der Ford T. Durch die neue Produktionsform sank der Preis für das Gefährt von 850 auf 370 Dollar.

Bügeleisen (15. Jh.) Die ersten Bügeleisen kamen schon im 15. Jahrhundert zum Einsatz. Es handelte sich um dicke Metallplatten mit einem Griff, die auf der Herdplatte erhitzt wurden. Später gab es dann Versionen, die ihre Wärme von hineingeschobenen heißen Eisenplatten, von Kohlen (Abbildung) oder Gas bezogen. Die ersten elektrischen Bügeleisen waren schon um 1880 bekannt.

Waschmaschine (1767) Jahrtausendelang hatten Menschen ihre schmutzige Kleidung mit der Hand gewaschen. Dann aber las der deutsche Universalgelehrte und Theologe Jacob Christian Mitte des 18. Jahrhunderts von einer aus England stammenden Maschine, die diese schwere körperliche Arbeit leichter machen sollte. Fasziniert begann er zu tüfteln und stellte 1767 die »bequeme und höchstvortheilhafte Waschmaschine« vor. Mit der Hand angetriebene Rührflügel bewegten die Wäsche in einem Gefäß. 1906 baute der US-amerikanische Ingenieur Alva Fisher dann die erste elektrische Waschmaschine.

Dampfmaschine (1712) Schon der Grieche Heron von Alexandria hatte im 1. Jahrhundert nach Christus erkannt, dass man mit Dampf Maschinen antreiben kann. So recht setzte sich die Idee allerdings nicht durch, bis der englische Eisenwarenhändler Thomas Newcomen 1712 eine funktionstüchtige Dampfmaschine zum Abpumpen des Wassers aus einem Bergwerk präsentierte. Nachdem sein Landsmann James Watt im 18. Jahrhundert den Wirkungsgrad der Maschine verbessert hatte, war ihr Siegeszug nicht mehr aufzuhalten.

Staubsauger (1876) Der erste Staubsauger wurde vermutlich irgendwann in den 1870er Jahren in den USA entwickelt. 1876 bekamen Anna und Melville Bissell dort ein Patent für ein Gerät mit handbetriebener Luftpumpe, das auf einem Pferdewagen angebracht war und von außen per Schlauch die Wohnungen reinigte.

Viertaktmotor (1876) Der deutsche Tüftler Nikolaus August Otto hatte sich vorgenommen, den Gasmotor von Etienne Lénoir zu verbessern. Er wollte das Treibstoffgemisch in einem zusätzlichen Takt verdichten und so den Wirkungsgrad erhöhen. 1876 präsentierte er den ersten Viertaktmotor, der nach diesem Prinzip funktionierte und später ihm zu Ehren »Ottomotor« genannt wurde.

Verbrennungsmotor (1859) Den ersten industriell hergestellten Verbrennungsmotor der Geschichte entwickelte der belgische Erfinder Etienne Lénoir 1859. Vier Jahre später baute er diesen Gasmotor in ein Straßenfahrzeug ein, das für die neun Kilometer lange Strecke von Paris nach Joinville-le-Pont drei Stunden brauchte. (Daimler-Riemenradwagen von 1895)

Dieselmotor (1893) Der deutsche Ingenieur Rudolf Diesel suchte nach einer Möglichkeit, einen Motor mit noch besserem Wirkungsgrad zu entwickeln, als es seinen Kollegen gelungen war. 1892 konstruierte er eine Version, bei der die Luft im Zylinder stark verdichtet wurde und das Kraftstoff-Luft-Gemisch selbst zündete. Für diesen ersten Dieselmotor bekam der Tüftler 1893 sein Patent.

Zweitaktmotor (1881) Um das schon bestehende Patent auf den Viertaktmotor zu umgehen, entwickelte der Schotte Dugald Clerk 1878 den ersten Zweitaktmotor, den er sich 1881 in England patentieren ließ. Der in London geborene Ingenieur Joseph Day griff die Idee auf, wandelte die Technik ab und schuf so 1889 einen Zweitakter, der dem heute üblichen ähnlich war.

Braunsche Röhre (1897) Eine Vakuumröhre, in der ein Elektronenstrahl magnetisch und mittels eines Spiegels in horizontale und vertikale Richtung abgelenkt wurde – mit dieser Erfindung legte der deutsche Physiker Ferdinand Braun 1897 den Grundstein für die Entwicklung der Fernsehtechnik. Ab 1930 wurden solche Braunschen Röhren zu wichtigen Bauteilen für Fernseher. (Modell des ersten Bildempfängers mit einer Braunschen Röhre, 1906)

Flüssigkristall-Bildschirm (1968) Bei einem Flüssigkristall-Bildschirm steuert elektrische Spannung die Ausrichtung von Flüssigkristallen, was wiederum die Durchlässigkeit für polarisiertes Licht beeinflusst. Das erste so funktionierende Flüssigkristall-Display, das als LCD bekannt wurde, konstruierten der US-Amerikaner George Heilmeier und seine Kollegen im Jahr 1968.

Röhrenradio (1924) Auf der Berliner Funkausstellung wurden 1924 die ersten Röhrenradios präsentiert, die mit Elektronenröhren bestückt waren. Sie ermöglichten einen deutlich besseren Empfang als die bis dahin üblichen Detektorempfänger, mit denen man nur in unmittelbarer Nähe des Senders und mithilfe von Kopfhörern überhaupt etwas von den übertragenen Texten und Musikstücken mitbekam.

Diode (1874) 1874 machte der deutsche Physiker Ferdinand Braun eine seltsame Beobachtung. Ihm fiel auf, dass die Leitfähigkeit von Kupfersulfidkristallen von der Stromrichtung abhing: In der einen Richtung ließen sie viel Strom durch, in der anderen nur wenig. Erklären konnte der Forscher sich das nicht. Doch auf der Grundlage dieser Beobachtung entwickelte er eines der wichtigsten elektronischen Bauteile: Die Diode ist eine Art Ventil, das elektrischen Strom nur in eine Richtung passieren lässt und so Wechselstrom in Gleichstrom verwandelt.

Transistor (1925) Julius Edgar Lilienfeld machte 1925 eine Erfindung, die er noch gar nicht in die Realität umsetzen konnte. Der in Lemberg in der heutigen Ukraine geborene Physiker ließ sich 1925 ein Bauteil zum Schalten und Verstärken von elektrischen Signalen patentieren. Allerdings konnte man damals einen solchen Transistor noch gar nicht bauen, weil die dazu nötigen Halbleitermaterialien noch nicht bekannt waren. Der erste funktionstüchtige Transistor (Abbildung) wurde bis 1947 in den Bell Laboratories in den USA von John Bardeen, Walter Brattain und William Shockley entwickelt.

TECHNIK

Transistorradio (um 1950) Die ersten Radios, bei denen nur Transistoren als aktive Bauteile eingesetzt wurden, entwickelte die US-amerikanische Firma Texas Instruments Anfang der 1950er Jahre. Mit der Zeit lösten diese Geräte die bis dahin üblichen Röhrenempfänger ab. Die robuste, effiziente und kompakte Halbleitertechnik ermöglichte den Bau von mobilen Kofferradios, die rasch sehr populär wurden.

Lochkarte (Mitte 18. Jh.) Etwa ab Mitte des 18. Jahrhunderts wurden Lochkarten zu beliebten Hilfsmitteln der Datenverarbeitung. Man hatte damit ein mechanisches Speichermedium in der Hand, auf dem man Anweisungen für sich ständig wiederholende Prozesse festhalten konnte. So entstanden von Lochkarten gesteuerte Webstühle und Drehorgeln.

Computer (1938/41) Den ersten vollautomatischen und frei programmierbaren Rechner entwickelte der deutsche Ingenieur Konrad Zuse 1938. Mit einer Laubsäge schnitt der Erfinder sich dünne Metallplättchen zurecht, die später als Schaltelemente in seiner Maschine Platz fanden. Die Plättchen bewegten sich und führten rein mechanisch logische Operationen wie »oder«, »und« oder »nicht« aus. Obendrein konnte er mit diesen Plättchen im Speicher »0« und »1« darstellen. Elektronik gab es im ersten Rechner also nicht. Am 12. Mai 1941 führte Konrad Zuse dann eine fünf Meter lange, zwei Meter hohe und 80 Zentimeter breite Maschine mit elektromagnetischen Schaltern von Telefongesellschaften vor, in der ähnliche Prozesse wie in modernen Computern abliefen.

Taschenrechner (1972) 1967 entwickelte die US-Firma Texas Instruments den ersten Computer, der mit Batterien betrieben wurde, nicht größer als die Fläche einer Hand war und nur 1,5 Kilogramm wog. Kaum mehr als die vier Grundrechenarten beherrschten die ersten Taschenrechner, bis die US-Firma Hewlett Packard 1972 den ersten wissenschaftlichen Taschenrechner HP-35 auf den Markt brachte, der auch trigonometrische, logarithmische und Exponential-Funktionen hatte.

Mikroprozessor (1971) Mikroprozessoren sind sehr kleine Recheneinheiten für einen Computer, die auf einem Mikrochip Platz haben. 1970 entwickelten Ray Holt und Steve Geller von der amerikanischen Firma Garrett AiResearch im Auftrag der US-Marine das erste solche Bauteil. Ein Patent für den Mikroprozessor bekam die Firma Texas Instruments, die ihre Version 1971 vorstellte.

PC (1972) Die US-Firma Xerox PARC baute 1972 mit dem Xerox Alto den ersten Computer, der mit der Größe einer kleinen Gefriertruhe auch für den Privatbereich in Frage kam. Es blieb allerdings bei einem Prototyp. 1974 brachte der US-Amerikaner Ed Roberts dann mit dem Altair 8800 (Abbildung) den ersten kommerziellen Personal Computer oder PC auf den Markt, der als Bausatz 397 Dollar und als Fertiggerät 695 Dollar kostete. Den ersten industriell hergestellten PC präsentierte die Firma Apple am 5. Juni 1977 in den USA. An acht Steckplätzen konnten in diesem Apple II Erweiterungskarten für Textverarbeitung, Spiele oder Steuerungstechnik eingeführt werden.

Computer-Maus (1973) Ab 1963 entwickelte Douglas Engelbart am Stanford Research Institute in Kalifornien Zeigergeräte, die er im Dezember 1968 als »X-Y-Positionsanzeiger für ein Bildschirmsystem« präsentierte. William English entwickelte aus dieser mit zwei Rädern funktionierenden Maus dann ab 1971 bei der Firma Xerox eine Maus mit einer Kugel, die erstmals beim Xerox Alto 1973 eingesetzt wurde.

Festplatte (1956) Als Datenspeicher verwenden PCs vor allem sogenannte Festplatten, die über Magnetisierung Daten für einige Jahrzehnte sicher speichern. Die erste Festplatte brachte die US-Firma IBM 1956 auf den Markt. Sie war 1,52 Meter lang, 1,72 Meter hoch und 74 Zentimeter breit, wog 500 Kilogramm und wurde nicht verkauft, sondern für 5000 Euro im Monat vermietet.

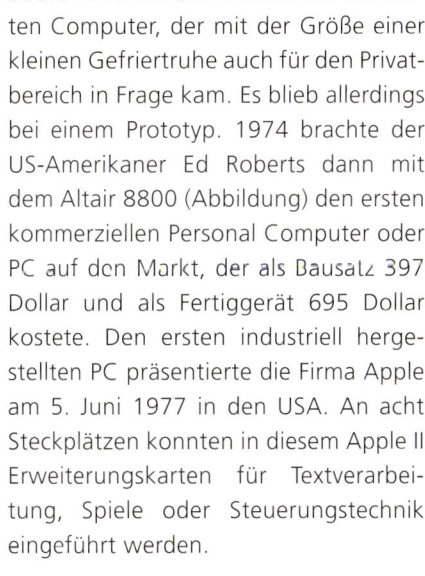

Laptop (1982) Der Brite Bill Moggridge konstruierte 1979 einen leistungsfähigen Computer, der nur fünf Kilogramm wog. Dieser erste Laptop wurde ab 1982 als »GRiD Compass 1100« vor allem in den USA an militärische Spezialeinheiten und an die Weltraumbehörde NASA für einen Preis von knapp 10 000 US-Dollar verkauft.

MATERIALIEN & WERKZEUGE

02

Kein Platz für Dilettanten: Arbeitsteilung und Spezialisierung

Längst nicht jeder Steinzeitmensch dürfte ein Händchen für die Bearbeitung von Feuerstein gehabt haben. Statt aus den harten Brocken brauchbare Klingen zu fertigen, hat mancher sich wahrscheinlich eher die Finger platt geklopft. Und selbst den talentierteren Werkzeugmachern hätte mehr Übung wohl nicht geschadet. Die braucht man schließlich, um die althergebrachten Formen zu verfeinern und neue zu erfinden. Doch jahrtausendelang ließ das tägliche Jagen und Sammeln wenig Zeit für handwerkliche Weiterbildung und kreative Tüfteleien.

Erst nach der Erfindung der Landwirtschaft sollte sich das ändern. Da Felder und Weiden nun viel mehr Nahrungsmittel lieferten, musste nicht mehr jedes Gruppenmitglied helfen, die knurrenden Mägen seiner Sippe zu füllen. Es genügte, wenn sich ein Teil jeder Gemeinschaft mit Ackerbau und Viehzucht beschäftigte. Die anderen Mitglieder konnten sich darauf konzentrieren, andere nützliche Talente und Interessen auszubauen. Sie widmeten sich zum Beispiel ganz dem Herstellen von Werkzeugen oder Textilien und tauschten ihre Produkte dann gegen Lebensmittel ein. Der Mensch hatte die Arbeitsteilung erfunden.

Jeder der neu entstehenden »Berufe« aber brauchte sein eigenes Handwerkszeug und seine eigenen Materialien – ein weites Feld für immer neue Innovationen. Der Mensch ging daran, seinen Werkzeugkasten immer vielfältiger zu bestücken. Und dieser Trend ist bis heute ungebrochen. Die scharfe Allzweckklinge ist längst Geschichte. Sie wurde abgelöst von einem ganzen Arsenal von Spezialmessern für Brot und Tomaten, Steaks und Fisch, Teppiche und Tapeten.

Hammer (um 40 000 v. Chr.) Schon in den frühesten Tagen der Menschheitsgeschichte dürfte der Einsatz von Hämmern an der Tagesordnung gewesen sein. Schließlich sind sogar Schimpansen bereits auf die Idee gekommen, dass man eine harte Nuss mit einem handlichen Stein aufschlagen kann. Im Jungpaläolithikum vor etwa 40 000 Jahren fügten menschliche Werkzeugmacher zum ersten Mal zwei einzeln hergestellte Teile zu einem neuen Gerät zusammen. So entstanden die ersten Steinhämmer mit Stiel. (Hammerkopf aus dunkelgrauem Basalt mit umlaufender Einkerbung, Neolithikum, Nordeuropa)

Amboss Auch der Amboss ist eine uralte Erfindung, die schon die Schimpansen gemacht haben: Als Unterlage für aufzuhämmernde Nüsse nutzen die geschickten Tiere flache Steine. Eiserne Ambosse, auf die sie beim Schmieden ihre Werkstücke legen konnten, haben schon die Römer besessen. (Schmiede, Deutschland, um 1910)

Metallhammer (um 3000 v. Chr.) In der Bronzezeit, die in Europa im 3. Jahrtausend vor Christus begann, wurde der steinerne Hammerkopf schließlich durch einen aus Metall ersetzt, wie er heute noch gebräuchlich ist.

Nagelmaschine (1809) Bevor um das Jahr 1809 der amerikanische Tüftler Seth Boyden eine Maschine erfand, mit der man Nägel industriell herstellen konnte, mussten diese Stück für Stück einzeln und von Hand geschmiedet werden (siehe Abbildung). Von da an wurde die handwerkliche Nagelproduktion immer weiter zurückgedrängt, bis sie Ende des 19. Jahrhunderts weitgehend ausgestorben war. (Nagelschmiede, englische Buchmalerei, um 1025/50)

Reißzwecke (1903) Der Uhrmachermeister Johann Kirsten aus dem Städtchen Lychen in der Uckermark kam 1903 auf eine ebenso einfache wie praktische Idee. Er spitzte einen dünnen Metallstift an einem Ende an und versah ihn am anderen mit einem runden Plättchen – fertig war die Reißzwecke. Doch obwohl der pieksende Helfer bis heute unzählige Poster an der Wand hält, hat sein Erfinder keine Reichtümer verdient. Er begnügte sich damit, in seiner kleinen Reißzweckenwerkstatt ein paar Tüten pro Tag zu produzieren. Erst ein Kaufmann namens Otto Lindstedt meldete eine weiterentwickelte Version der auch »Pinne« genannten Reißzwecke zum Patent an, produzierte sie in großen Mengen und wurde damit zum Millionär.

Nagel (5./4. Jh. v. Chr.) Nägel wurden schon im alten Rom verwendet, wie dieses Exemplar aus dem ersten nachchristlichen Jahrhundert. Und jahrhundertelang sollte sich an ihrer Form und Herstellungsweise wenig ändern: Die angespitzten Metallstifte mit dem breiten Kopf wurden noch bis zum Ende des 18. Jahrhunderts in Handarbeit produziert.

Wasserpumpenzange (1886) 1886 entwickelte Johan Petter Johansson in der schwedischen Stadt Enköping eine Zange mit verstellbarem Gelenk, mit dem die Öffnungsweite an verschieden große Werkstücke angepasst werden kann. Weil damit früher oft Stopfbuchsen an den Wasserpumpen von Autos angezogen wurden, heißt das Gerät noch heute Wasserpumpenzange.

Zange (7. Jh. v. Chr.[?]) Die ersten Zangen der Geschichte wurden wohl noch nicht dazu genutzt, Nägel aus der Wand zu ziehen. Vielmehr wollten die Erfinder dieser Werkzeuge vermutlich zunächst heiße Gegenstände wie Kohlen oder frisch geschmiedete Metallteile bewegen, ohne sich dabei die Finger zu verbrennen. Auf antiken griechischen Vasen sind jedenfalls Zangen dargestellt, die zur Ausrüstung des Schmiede- und Feuergottes Hephaistos (röm.: Vulcan) gehörten, wie auch auf diesem Kupferstich des 18. Jahrhunderts.

Schraube (Ende 14. Jh.) Die Idee, Schrauben zum Befestigen von einzelnen Teilen zu verwenden, stammt aus der Antike. Schon damals hatten griechische und römische Handwerker einen Draht in Spiralen um einen Metallstift gewickelt und festgelötet. Anders als heute war diese Konstruktion allerdings nicht für den Alltagsgebrauch gedacht. Sie diente vielmehr als Sicherung für Schmuckstücke, die nicht verloren gehen sollten. Erst mit den zusammengeschraubten Ritterrüstungen des späten Mittelalters fand das kleine Hilfsmittel weitere Verbreitung. Und es sollte bis zum Ende des 18. Jahrhunderts dauern, bis Schrauben zum maschinell hergestellten Massengut wurden.

Schraubenzieher (Ende 14. Jh.) Der Schraubenzieher wurde erst relativ spät Bestandteil des menschlichen Werkzeugkastens. Erfunden wurde er vermutlich im Europa des späten Mittelalters.

Kreuzschlitzschrauben (1933) Da bei herkömmlichen Schlitzschrauben der Schraubenzieher relativ leicht abrutscht, ließ sich der Amerikaner J. P. Thompson 1933 eine Schraube mit gekreuzten Schlitzen patentieren, in denen sich ein Kreuzschlitzschraubenzieher selbst zentriert.

Pozidriv-Schrauben (um 1960) Die Schlitze normaler Kreuzschlitzschrauben verjüngen sich nach unten. Dadurch kann sich der Schraubenzieher herausdrehen und sich selbst sowie die Schraube beschädigen, wenn er nicht stark genug angedrückt wird. In den 1960er Jahren brachte daher die Firma Phillips Pozidriv-Schrauben mit leicht veränderten Kreuzschlitzen heraus, die das Problem deutlich verringern.

Inbus-Schraube (1936) 1936 brachte der Hersteller Bauer & Schaurte in Beckingen an der Saar eine Schraube auf den Markt, die an der Stelle von Schlitzen oder Kreuzschlitzen ein sechseckiges Loch im Kopf hatte. »INnensechskantschraube Bauer Und Schaurte« oder kurz »Inbus« nannte die Firma dieses Produkt. Ein passender sechskantiger Inbus-Schlüssel verteilt die Kraft viel besser als ein Kreuzschlitzschraubenzieher und übt so das zehnfache Drehmoment aus.

Allzweckdübel (1958) John Joseph Rawland erhielt am 14. Januar 1913 vom Londoner Patentamt ein Patent auf einen Dübel, der aus einer Hanfschnur und Tierblut als Klebstoff bestand. Dreht man eine Schraube in dieses Teil, verteilt es sich elastisch und verbindet sich so eng mit dem umliegenden Mauerwerk, dass keine Teilchen abspringen können. So hält die Schraube sehr fest im Mauerwerk. Wer heutzutage Regale oder andere schwere Teile an einer Wand befestigen will, kommt um ein kleines Plastikbauteil nicht herum: Im Jahr 1958 erfand der gelernte Bauingenieur Artur Fischer aus Tumlingen im Nord-Schwarzwald den Allzweckdübel aus Kunststoff, der Schrauben den richtigen Halt verleiht.

Bohrer (um 40000 v. Chr.) Schon in der Steinzeit waren Techniken bekannt, mit denen man spitze Werkzeuge zum Bohren von Löchern herstellen konnte. Vor allem im Jungpaläolithikum vor etwa 40000 Jahren entwickelten die Werkzeugmacher zunehmend feinere und längere Bohrspitzen. (Zimmerleute bei der Arbeit mit Säge und Handbohrer. Wandmalerei aus dem Grab des Rekhmere, Luxor, Ägypten, um 1500 v. Chr.)

Bohrmaschine (1895) Jahrtausendelang war das Bohren von Löchern in hartes Material eine mühselige Angelegenheit. Dann aber erfand der deutsche Unternehmer Wilhelm Emil Fein im Jahr 1895 eine mit der Hand geführte elektrische Bohrmaschine (die Abbildung zeigt ein Modell aus dem Jahr 1900). Das erste Elektrogerät der Welt war damit auf dem Markt. Um auch in sehr feste Materialien wie Stein und Beton bohren zu können, wurde später der Schlagbohrer entwickelt. Dabei dreht der Bohrer nicht nur, sondern schlägt gleichzeitig auf das Material.

Bohrhammer (19. Jh.) Im 19. Jahrhundert entwickelte die Firma Flottmann in Herne für den Berg- und Tunnelbau Bohrhämmer, bei denen Pressluft einen Bohrmeißel auf das Gestein schlägt und gleichzeitig dreht. 1932 brachte die Firma Bosch den ersten Bohrhammer mit elektrischem Antrieb auf den Markt. (Hydraulische Bohrmaschine für den Tunnelbau, um 1910)

Akku-Bohrer (1961) Den ersten schnurlosen Bohrer entwickelte Robert H. Riley für die Firma Black & Decker. Das Gerät wurde mit Nickel-Cadmium-Batterien angetrieben und kam 1961 auf den Markt. Das gleiche Antriebsprinzip gibt es längst auch für Schraubenzieher und erleichtert auch diese Arbeit enorm.

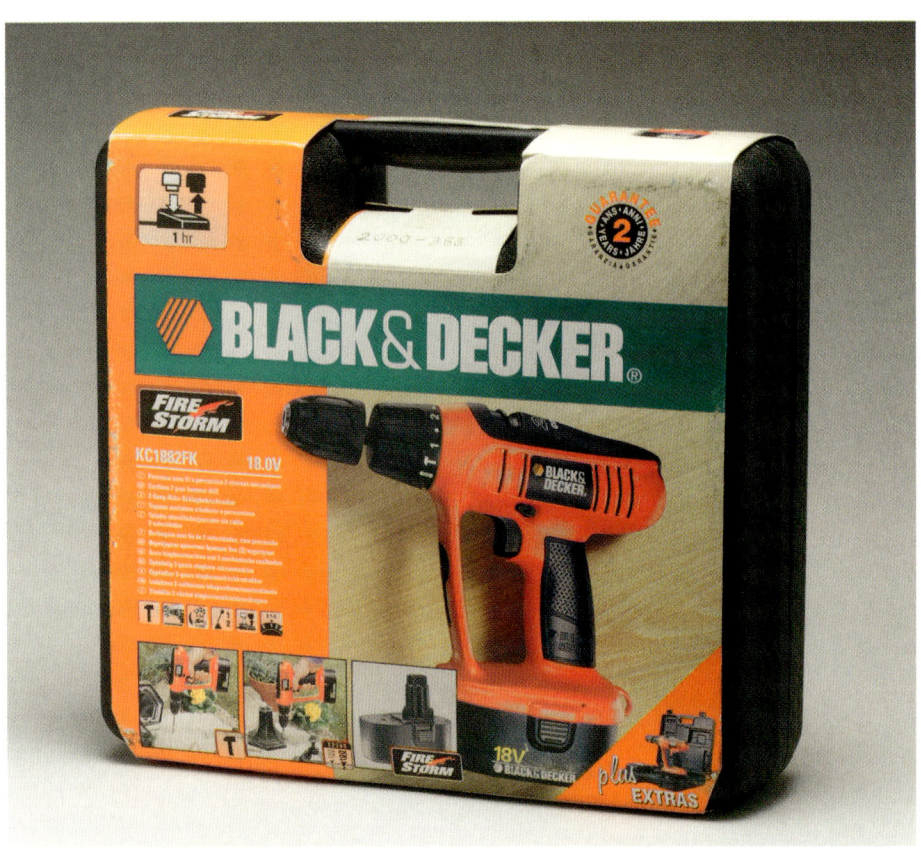

Beil (um 40 000 v. Chr.) Die Menschen des Jungpaläolithikums vor etwa 40 000 Jahren befestigten Steinkeile mit Sehnen an gerade Holzstücken. Das so entstehende Beil konnte zum Beispiel zum Bearbeiten von Holz genutzt werden.

Faustkeil (um 1 500 000 v. Chr.) Statt zufällig gefundene Steine als Werkzeuge zu benutzen, begannen Menschen vor etwa 1,5 Millionen Jahren, ihr steinernes Ausgangsmaterial zu tropfenförmigen Faustkeilen zurecht zu hämmern (die Abbildung zeigt einen 550 000 Jahre alten Faustkeil aus Frankreich). An manchen dieser Geräte müssen ihre Hersteller stundenlang sorgfältig gearbeitet haben. Und einige sehen so aus, als hätte man dabei nicht nur auf Funktionalität, sondern auch auf ein ansprechendes Design geachtet. Wozu diese Werkzeuge dienten, weiß allerdings niemand so genau. Denn sie eignen sich theoretisch für verschiedene Zwecke. Mit ihrer scharfen Kante kann man zum Beispiel selbst die dicken Häute von Elefanten und Nashörnern zerteilen. Man kann damit aber auch hacken, schaben, schlagen oder werfen. Möglicherweise war der Faustkeil das erste Vielzweck-Werkzeug der Menschheitsgeschichte – eine Art Schweizer Messer der Steinzeit.

Spaltaxt Während eine normale Axt quer zur Holzfaser einen Stamm oder einen Ast fällt, schlägt man mit der Spaltaxt parallel zu Faser. Da die Schneide relativ stumpf ist und allein der Werkzeugkopf mit etwa drei Kilogramm relativ schwer, spaltet oft bereits die große Wucht eines Schlages ein Holzstück entlang der Fasern in zwei oder mehrere Teile, die leichter transportiert werden können. Vermutlich wurde die Spaltaxt relativ früh aus der Fällaxt entwickelt.

Axt (um 40 000 v. Chr.) Auch die ersten Äxte wurden schon in der Steinzeit zum Fällen von Bäumen eingesetzt. Sie unterscheiden sich von Beilen nur dadurch, dass ihr Steinkeil ein Loch zum Befestigen des Stiels hat. (Holzfäller in Kalifornien, 1893)

Säge (um 2700 v. Chr.) Steinwerkzeuge mit gezähnten Schneideflächen haben schon die steinzeitlichen Werkzeugmacher erfunden. Die ersten bekannten Sägen aus Metall aber stammen aus Ägypten. Ein Handwerker mit einem solchen Werkzeug aus Bronze ist beispielsweise in der Grabkammer eines ägyptischen Priesters abgebildet, der um 2700 vor Christus bei Sakkara begraben wurde. (Zimmerleute bei der Arbeit, Wandmalerei aus dem Grab des Rekhmere, Luxor, Ägypten, um 1500 v. Chr.)

Sägewerk (371) Mit Wasserkraft angetriebene Sägewerke hat es offenbar schon zur Römerzeit gegeben. Jedenfalls erwähnt der römische Dichter Ausonius in seiner um das Jahr 371 entstandenen Schilderung der Landschaft an der Mosel, dass dort Steinsägen durch Wasserräder bewegt wurden.

Laubsäge (1562) Als Einlegearbeiten in Holz im Italien des 16. Jahrhunderts boomten, wurde 1562 die Laubsäge erfunden, die nur Holzplatten gut sägen kann, die dünner als sechs Millimeter sind. Mit dieser noch heute verwendeten Spezialsäge kann der Künstler auch die für Intarsien wichtigen Bögen und Rundungen sägen. (Chorgestühl der Oberkirche S. Francesco in Asissi, Italien, um 1500)

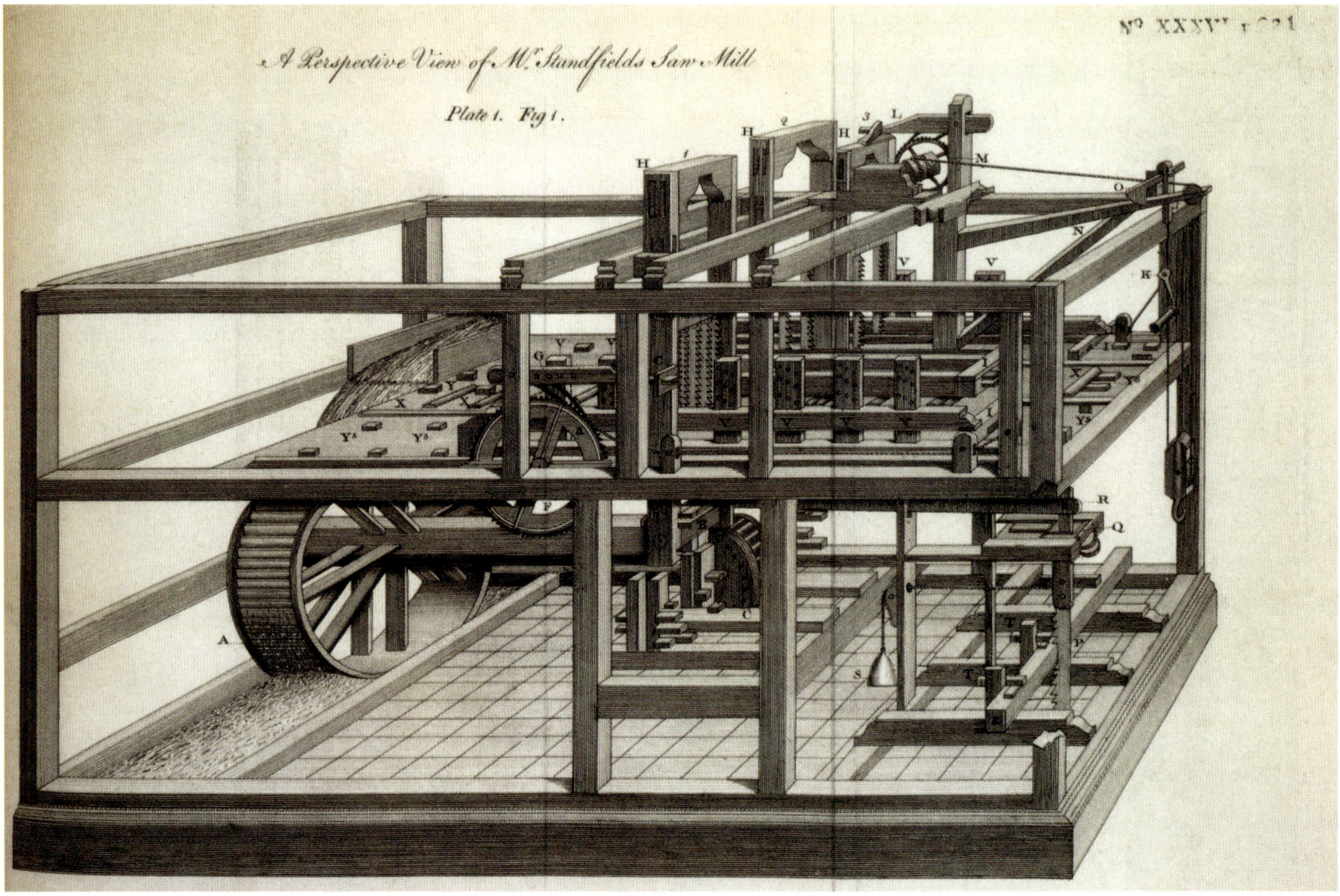

Sägemühle (16. Jh.) Spätestens im 16. Jahrhundert kamen die ersten Handwerker auf die Idee, mechanische Sägen mit Wind- oder Wasserenergie zu betreiben. Mit Windkraft angetriebene

Sägemühlen waren vor allem in Holland beliebt. (Kupferstich mit perspektivischer Darstellung einer Sägemühle, 1772)

Kreissäge (um 1550/1793) Schon um das Jahr 1550 soll der Nürnberger Mechaniker Hanns Lobsinger eine Kreissäge erfunden haben, mit der man Stein schneiden konnte. Allerdings besaß deren Sägeblatt keine Zähne und konnte daher für die Holzverarbeitung nicht genutzt werden. Die gezähnte und mit Dampf betriebene Kreissäge für Holz und Metall ließ sich der Brite Samuel Bentham erst im Jahr 1793 patentieren.

Metallsäge (Ende 16. Jh.) Wie lässt sich ein Sägeblatt so stark machen, dass es auch durch Metall schneidet? Im 16. Jahrhundert fand sich auch für dieses Problem eine Lösung. So beschrieb der neapolitanische Gelehrte und Dramatiker Giambattista della Porta (Abbildung) 1589 eine Säge aus gehärtetem Stahl, die Eisen zerteilen konnte.

Motorsäge (um 1920) Die ersten von Benzin- und Elektromotoren angetriebenen Sägen für die Forstwirtschaft wurden in den 1920er Jahren entwickelt. Allerdings waren diese Geräte noch so unhandlich und schwer, dass sie von zwei Personen bedient werden mussten.

Bandsäge (1807) Der britische Ingenieur William Newberry konstruierte 1807 die erste Sägemaschine, deren Blatt ringförmig zusammengelötet war. Mit solchen Bandsägen (Abbildung, um 1919) wird vor allem Holz bearbeitet, sie eignen sich aber auch für Metall, Kunststoff und andere Materialien.

Schaber (um 2 500 000 v. Chr.) In Äthiopien haben Wissenschaftler etwa 2,5 Millionen alte Schaber gefunden, die Menschen der sogenannten Oldowan-Kultur hergestellt haben. Diese mit wenigen Hammerschlägen aus einem passenden Stein zurechtgeklopften Werkzeuge ließen sich zum Beispiel zum Glätten von Holz, Knochen und Geweihstücken oder zum Bearbeiten von Fellen und Häuten verwenden. Die hier gezeigten Schaber stammen aus Willendorf (II) in Österreich und sind »erst« um 50 000 v. Chr. gefertigt worden.

Feile (um 3000 v. Chr.) Schon in der Bronzezeit um 3000 vor Christus haben Handwerker Feilen benutzt, um Werkstücke in Form zu bringen und zu glätten.

Schraubstock (16. Jh.) Ein Stück Holz oder Metall lässt sich besser bearbeiten, wenn man es in der gewünschten Position fixieren kann. Zu diesem Zweck wurden im 16. Jahrhundert die heute noch gebräuchlichen Schraubstöcke entwickelt, in die man das Werkstück einspannen kann.

Schmirgelpapier (13. Jh.) Im 13. Jahrhundert konstruierten die Chinesen das erste bekannte Schleifpapier der Geschichte. Es bestand aus zerstoßenen Muschelschalen, Pflanzensamen und Sand, die auf Pergament geklebt wurden. Mit der so entstehenden rauen Oberfläche konnten verschiedene Materialien glatt geschliffen werden. Zum gleichen Zweck eignete sich auch die raue Haut von Haien. Zu einem industriell hergestellten Massenprodukt wurde Schmirgelpapier allerdings erst im 19. Jahrhundert.

Hobel (um 1200 v. Chr.) Um eine Holz-oberfläche zu glätten, ziehen Schreiner mithilfe eines Hobels Späne von ihr ab. Die ersten solchen Geräte waren schon in der Eisenzeit um 1200 vor Christus bekannt. Der hier abgebildete, ver-gleichsweise aufwändig verzierte Hobel wurde um 1771 gefertigt.

Klinge (um 2 500 000 v. Chr.) Wenn man geschickt im richtigen Winkel auf einen Feuerstein schlägt, bricht mit et-was Glück ein scharfkantiger Splitter ab, den man zum Schneiden benutzen kann. Diese Technik zum Herstellen von Klingen war schon vor 2,5 Millionen Jahren bei den Menschen der Oldowan-Kultur bekannt. Allerdings waren die damaligen Werkzeuge noch sehr grob bearbeitet und ihre Form schon durch den Ausgangsstein vorgegeben.

Messer (um 4000 v. Chr.) Die ersten Schneidewerkzeuge mit Griff entstanden in der Jungsteinzeit (siehe Abbildung). Ge-schliffene Feuersteinklingen wurden damals mit Griffen aus Holz, Horn oder Knochen versehen. In der Bronzezeit, die um 3000 vor Christus begann, wurden die Klingen dann statt aus Stein zunächst aus Kupfer und später aus Bronze hergestellt.

Schweizer Messer (1891) Das wohl bekannteste Taschenmesser überhaupt ist das Schweizer Messer, aus dem sich neben verschiedenen Klingen auch etliche Werkzeuge ausklappen lassen. Die Geschichte dieses vielseitigen Helfers begann Ende des 19. Jahrhunderts. Damals wollte die Schweizer Armee ihre Soldaten mit Messern ausrüsten, die nicht nur beim Essen, sondern auch beim Warten der Gewehre gute Dienste leisten sollten. Der Messerschmied Carl Elsener gründete daraufhin den Schweizerischen Messerschmiedverband, der 1891 die erste Fuhre der praktischen Allzweckwerkzeuge an die Militärs lieferte. Sechs Jahre später wurde das »Offiziersmesser« als Handelsmarke geschützt.

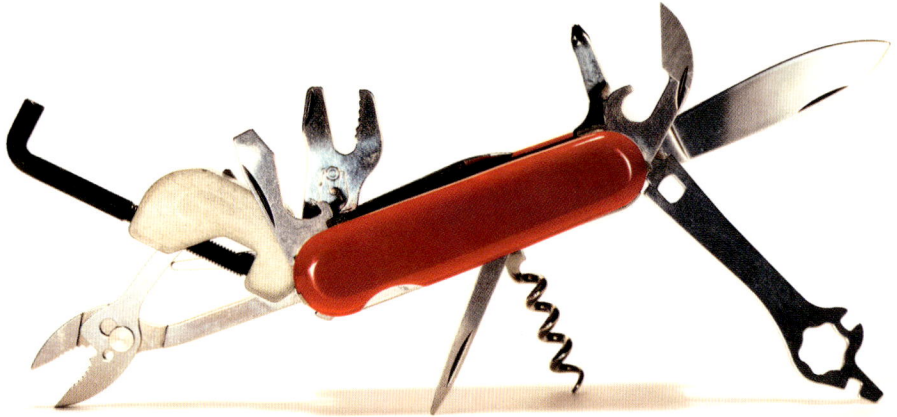

Tafelmesser (17. Jh.) Schon in der Steinzeit haben Menschen Klingen benutzt, um Fleisch zu zerteilen. Das heute in Essbestecken übliche, vorne abgerundete Messer aber kam erst im 17. Jahrhundert in Frankreich in Mode. Am Hof des »Sonnenkönigs« Ludwig XIV. erkannte man, dass ein solches Gerät zum Brotbestreichen sehr praktisch ist – und gleichzeitig den Vorteil hat, dass es sich mangels Spitze nicht zum unappetitlichen Zahnreinigen bei Tisch eignet. (Detailreich gearbeitete Messerschäfte aus der Werkstatt des Augsburger Silberschmieds David Altenstetter, um 1615)

Löffel Der Löffel gehört neben dem Messer zum urtümlichsten Besteck. Er wurde bereits in der Steinzeit aus Knochen oder Holz nach der Form einer hohlen Hand geschnitzt. Mit ihm werden flüssige oder zerkleinerte Speisen geschöpft. Ab dem 15. Jahrhundert kamen in Deutschland Löffel aus Metall mehr und mehr in Mode. Bis in die Neuzeit war er ein relativ wertvoller Gegenstand, der auch vererbt wurde. Daher kommt der Ausdruck »den Löffel abgeben«. (Löffelverkäufer, um 1790)

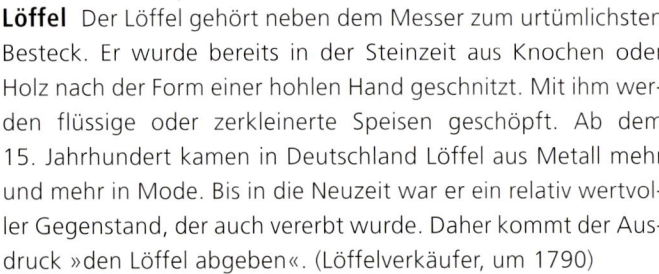

Gabel (16. Jh.) Bereits die Römer benutzten Gabeln mit fünf oder mehr Zinken (siehe Abbildung, 1./3. Jh.), aber nur zum Vorlegen von Speisen. Die christlichen Kirchen lehnten dieses Besteck lange als Symbol des Teufels ab, in Klöstern waren Gabeln lange strikt verboten. Erst im 16. Jahrhundert fanden sie weitere Verbreitung, als vor allem in Frankreich und Italien die Damen ihr Konfekt oder Obst damit aufspießten.

Besteck (16. Jh.) Messer und Löffel trug man lange in einem Lederfutteral am Gürtel (siehe Abbildung), da beide relativ wertvoll waren. Dieses Ledertäschchen wurde »das Besteck« genannt. Später kam auch eine Gabel hinzu. Erst als am Ende des 19. Jahrhunderts Messer, Löffel und Gabel industriell und somit günstiger hergestellt wurden, legten auch die ärmeren Kreise sie neben den Teller. Obwohl das Lederfutteral längst nicht mehr gebräuchlich ist, heißt die Kombination weiterhin »Besteck«.

Ess-Stäbchen (um 2000 v. Chr.) Etwa 25 Zentimeter lange Stäbchen aus Bambus, Jade oder Holz werden seit fast 4000 Jahren in China als Besteck benutzt. Neben dem Ursprungsland wurden Stäbchen nur in den chinesisch beeinflussten Ländern Japan, Korea, Vietnam und Teilen Thailands verwendet. Während 1,2 Milliarden Menschen Ess-Stäbchen benutzen, speisen 900 Millionen mit Messer, Gabel und Löffel – der Rest der Menschheit isst nach wie vor mit den Fingern.

Schere (um 300 v. Chr.) Ursprungsform dieses Schneidewerkzeuges waren vermutlich zwei einzelne Messer, die mit beiden Händen gegeneinander geführt wurden. Mit einer Hand zu bedienende Gelenkscheren, wie sie heute noch üblich sind, kamen vermutlich um 300 vor Christus auf. (Schere eines Feldchirurgen, deutsch, 1. Hälfte 17. h.)

Dochtschere Zum Abschneiden von Kerzendochten werden die Schneidblätter von Scheren verbreitet, damit der abgeschnittene Docht darauf liegen bleibt und nicht ins Wachs fällt. Weil die Kerzen früher aus Tierfett hergestellt wurden, rußten und tropften sie bei längeren Dochten stark. An Fürstenhöfen waren Diener oft ausschließlich mit diesem Lichtputzen beschäftigt. Erwähnt werden solche Lichtscheren bereits im zweiten Buch Mose der Bibel. (Aufwändig verzierte Dochtschere mit Federmechanik, um 1740)

Wolle (um 11 000 v. Chr.) Auch wollene Gewänder hat der Mensch schon früh in seinen Kleiderschrank aufgenommen. Als er vor etwa 13 000 Jahren die ersten Ziegen und Schafe gezüchtet hatte, kam ihm vermutlich rasch die Idee, dass diese Tiere nicht nur zur Fleischproduktion taugten. Vor Erfindung der Schafschere in der Eisenzeit zupfte man die Wolle per Hand von den Büschen oder kämmte sie mit Bronzekämmen aus dem Fell der Tiere aus. (Buchmalerei, um 1527)

Schafschere Auch die Entwicklung der Schafschere verliert sich im Dunkel der Geschichte. Vermutlich gab es diese zu einem »U« gebogenen, flachen Metalle mit den zu Klingen ausgeformten Schenkeln aber bereits sehr früh. Mit einer Hand wurden die Schenkel zusammengedrückt und schnitten dabei die Schafwolle vom Tier. Schafscheren finden sich noch auf vielen Wappen. (»Der Tuchmacher«, Farbdruck nach Holzschnittillustration, 1934)

Gerben Bereits in der Steinzeit wussten die Menschen, dass der Sud bestimmter Baumrinden Tierhäute haltbar macht. Der Beruf des Gerbers war aber nicht besonders angesehen, weil sich der Geruch der faulenden Tierhäute überall festsetzte und viele Gerber sich mit dem gefährlichen Milzbrand infizierten. (Gerber beim Schaben, um 1885)

Leder (um 4000 v. Chr.) Neben Pelz gehört Leder zu den ältesten Materialien, aus denen Menschen ihre Kleidung gefertigt haben. Vermutlich haben sie auch schon recht früh herausgefunden, wie man Häute durch Gerbprozesse haltbar machen kann. Die Ägypter hatten beispielsweise schon im 4. Jahrtausend vor Christus ausgefeilte Methoden der Pflanzengerbung entwickelt. (Lederkoller der Kavallerie, Schweden, Mitte 17. Jh.)

Baumwolle (um 12 000 v. Chr.) Zumindest in den heißen Regionen der Erde haben leichte Stoffe aus Baumwolle eine jahrtausendelange Geschichte. In Ägypten soll dieses Material angeblich schon vor 14 000 Jahren verarbeitet worden sein, in einer mexikanischen Höhle wurde 7000 Jahre alte Baumwollkleidung gefunden. (Indianisches Baumwollhemd, Anasazi-Kultur, Arizona, USA, um 1000)

Seide (um 3000 v. Chr.) Die Erfinder der Seidenstoffe sind wahrscheinlich die Chinesen des 3. Jahrtausends vor Christus gewesen. Der Legende nach soll Kaiser Fu Xi zum ersten Mal auf die Idee gekommen sein, die feinen Fäden der Seidenraupen zu Gewändern verarbeiten zu lassen. Ob hinter dieser Geschichte ein wahrer Kern steckt, ist allerdings unklar.

Leinen (um 5000 v. Chr.) In Ägypten, Mesopotamien und Phönizien wussten die Menschen schon vor mindestens 6000 bis 7000 Jahren, wie man die Fasern der Lein- oder Flachspflanze zu Stoffen verarbeitet. Jahrhundertelang war Leinen auch in Europa das wichtigste pflanzliche Material für Stoffe. Erst ab Ende des 19. Jahrhunderts wurde es allmählich von der Baumwolle verdrängt. (Plissiertes Leinengewand aus Tarchan, Ägypten, um 3000 v. Chr.)

Muschelseide Bereits im Altertum gab es auch am Mittelmeer Gewebe aus Seide. Allerdings wurde dafür nicht der Seidenfaden von Raupen, sondern das Sekret aus den Fußdrüsen der Edlen Steckmuschel *Pinna nobilis* (Abbildung) gesponnen, die bis zu einem Meter groß wird. Aus dieser Muschelseide gewebte Stoffe waren allerdings so teuer, dass sich noch im Mittelalter nur die höchsten Würdenträger der Kirche und der Hochadel Muschelseide-Textilien leisten konnten.

Spinnrad (12. Jh.) Im Mittelalter wurde die Garnherstellung durch die Erfindung des Spinnrades vereinfacht. Diese Geräte kamen wohl Ende des 12. Jahrhunderts aus dem Orient nach Europa. Mit ihrer Hilfe konnte man die Spindel per Fußantrieb in Bewegung halten und gleichzeitig den entstehenden Faden auf eine Spule aufwickeln.

Nylon (1935) In den 1930er Jahren setzte der amerikanische Chemiekonzern DuPont einen Schwerpunkt seiner Forschung auf Verbindungen, die aus Ketten oder Netzen von immer gleichen Bausteinen bestehen. Konnte man aus diesen sogenannten Polymeren nicht eine praktische Kunstfaser konstruieren? Ein Team von Chemikern unter Leitung von Wallace Carothers nahm sich der Aufgabe an. Aus einer Substanz mit dem spröden chemischen Namen Polyamid 6.6 stellten die Wissenschaftler im Februar 1935 tatsächlich eine Faser her, die unter dem Handelsnamen »Nylon« Karriere machen sollte. Zum ersten Mal war es damit gelungen, eine vollständig synthetische Faser zu gewinnen. Zunächst wurde das Material allerdings nicht für die bekannten Damenstrümpfe, sondern für Zahnbürsten und Zahnseide (Abbildung) verwendet.

Kunstseide (1884) Ende des 19. Jahrhunderts machte sich Louis-Marie Hilaire Bernigaud de Chardonnet zum ersten Mal Gedanken um die Zukunft der Seide, als er sich mit den Krankheiten von Seidenraupen beschäftigte. Könnte man das wertvolle Produkt der Insekten nicht auch im Labor gewinnen? De Chardonnet begann mit Maulbeerblättern, Schwefelsäure und anderen Chemikalien zu experimentieren und schaffte es schließlich 1884, aus gelöster Zellulose künstliche Seide herzustellen. Die war allerdings zunächst sehr leicht brennbar und konnte daher nicht für Kleidung verwendet werden. Nach einigen Verbesserungen war aber auch dieses Problem gelöst und seine »Chardonnet-Seide« machte als erste industriell produzierte Synthetikfaser Furore. (Damenmode aus Kunstseide, 1938)

Spindel (um 6000 v. Chr.) Das einfachste Gerät, mit dem man Fasern zu einem Faden verdrehen kann, ist die Handspindel. Sie besteht aus einem Gewicht aus Ton, Speckstein oder Glas, das frei am Fadenanfang nach unten hängt. Diese Scheibe lässt die Spinnerin rotieren, sodass sich weitere Fasern zu einem immer länger werdenden Faden zusammendrehen. Erreicht die Spindel den Boden, wird der Faden auf einen am Wirtel befestigten Holzstab aufgewickelt, und das Ganze beginnt von vorn. Funde aus Griechenland zeigen, dass schon im 6. Jahrtausend vor Christus Menschen im Mittelmeerraum diese einfachen Werkzeuge genutzt haben.

Spinning Jenny (1764) Im Jahr 1764 erfand der englische Weber James Hargreaves die erste industrielle Spinnmaschine. Mit zunächst acht, später bis zu hundert Spindeln steigerte die »Spinning Jenny« (siehe Abbildung, Foto um 1930) die Produktivität der Textilindustrie erheblich. Hatte man zuvor noch vier bis acht Spinner gebraucht, um einen Weber mit dem nötigen Material für seine Arbeit zu versorgen, genügte dafür jetzt eine einzige Person.

Waterframe (1769) Während die Spinning Jenny noch von Hand angetrieben wurde und daher eigentlich keine echte Maschine war, ersetzte bereits 1769 der englische Perückenmacher Richard Arkwright die menschlichen Muskeln durch Wasserkraft. Waterframe (siehe Abbildung) hieß diese Maschine.

Baumwollspinnerei (1771) Bereits 1771 baute Richard Arkwright mit seiner Waterframe die erste Baumwollspinnerei. Die Maschinen wurden von Hilfsarbeitern bedient, die nur noch Spindeln ersetzten und gerissene Fäden wieder ansetzten. Gelernte Textilarbeiter verloren dadurch ihre Jobs. (Baumwollspinnerei, um 1835)

Lochkartengesteuerter Webstuhl (1745) Jacques de Vaucanson steuerte 1745 in Grenoble zum ersten Mal einen Webstuhl mit einer Lochkarte, wobei er die Löcher in ein dünnes Brettchen stanzte. Damit automatisierte er die immer gleichen Arbeitsvorgänge beim Herstellen gemusterter Stoffe.

Webstuhl (um 7500 v. Chr.) Schon in der Jungsteinzeit beherrschten Menschen die Kunst, aus Fäden Stoffe zu weben. Verwendet wurde dazu zunächst ein einfacher Gewichtswebstuhl, bei dem Fäden an waagerechten Balken befestigt und mit Gewichten (siehe Abbildung) versehen wurden. Zwischen diesen sogenannten Kettfäden wurden dann waagerechte Schussfäden durchgezogen, sodass ein Gewebe entstand.

Jacquard-Webmaschine (1805) Den Durchbruch für Webmaschinen schaffte Joseph-Marie Jacquard aus Lyon, als er 1805 die bereits 1745 erfundene Lochkartensteuerung in die mit Dampf angetriebenen Webmaschinen einbaute. Nadeln tasteten die Lochkarten ab und übersetzten »ein Loch in Faden heben« und »kein Loch in Faden senken«. Mit dieser Jacquard-Webmaschine (Abbildung) konnten automatisch gemusterte Stoffe gewebt werden, die sogenannten Jacquard-Muster. War ein anderes Muster gefragt, musste nur die Lochkarte ausgewechselt werden – die Maschine war also programmierbar.

Webmaschine (1785) Die erste vollmechanisierte Webmaschine erfand der Brite Edmond Cartwright im Jahr 1785. Sein mit Dampf angetriebener »Power Loom« sollte allerdings nicht so rasch Verbreitung finden wie die Spinnmaschine »Spinning Jenny«. Denn die um ihre Arbeitsplätze fürchtenden Weber zerstörten anfangs immer wieder die Einrichtung von industriellen Webereien.

Nähnadel (um 40 000 v. Chr.) Im Jung-paläolithikum vor etwa 40 000 Jahren beschränkten sich die Werkzeugmacher nicht mehr nur auf Stein als Ausgangs-material. Aus Knochen und Elfenbein konnte man schließlich deutlich zierli-chere und spitzere Gegenstände wie Nähnadeln mit Ösen herstellen. (Näh-nadel aus Knochen, um 1000 v. Chr.)

Steuerungstechnik (1745/1805) Mit der Lochkartensteuerung für Webstühle wurde bereits 1745 und 1805 die erste automatische Steuerungstechnik entwi-ckelt, aus der schließlich auch der PC entstand. Noch heute werden Jacquard-Maschinen neu konstruiert, die natür-lich vollelektronisch gesteuert werden.

Metall-Nadel (14. Jh.) Erst im 14. Jahr-hundert wurde die erste Nadel aus Stahl hergestellt. Die blieb dann etliche Jahr-hunderte das Mittel der Wahl bei der Kleiderherstellung. (Näherinnen, um 1914)

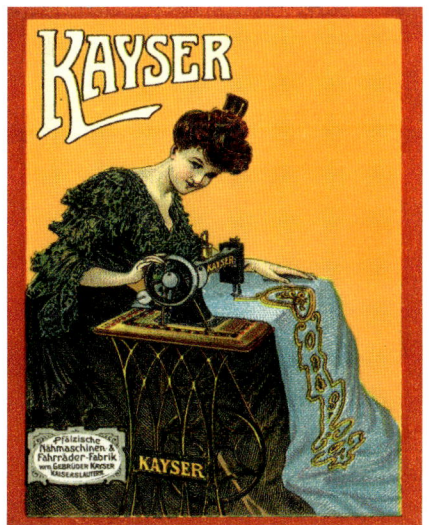

Nähmaschinen-Nadel (um 1800) Der Strumpfwirker Balthasar Krems aus Mayen in Rheinland-Pfalz sollte ebenfalls Nähmaschinen-Geschichte schreiben. Denn er erfand um das Jahr 1800 eine mit dem Fuß angetriebene Version mit einer Spezialnadel, deren Öhr wie bei heutigen Maschinen an der Spitze statt am Ende sitzt.

Nähmaschine (1790) Während des größten Teils ihrer Geschichte haben Menschen mit der Hand genäht. Erst Mitte des 18. Jahrhunderts machten sich verschiedene Tüftler daran, nach anderen Möglichkeiten Ausschau zu halten. Die ersten Versuche, Nähnadeln von Maschinen bewegen zu lassen, scheiterten allerdings. Das erste tatsächlich arbeitende Gerät für Schuhmacher konstruierte der Engländer Thomas Saint im Jahr 1790.

Fibel (um 3000 v. Chr.) Schon in der Bronzezeit hielten die Menschen ihre Kleidungsstücke mit zum Teil kunstvoll gestalteten Nadeln zusammen, die ähnlich wie eine Sicherheitsnadel funktionierten. In Mitteleuropa sollten diese »Fibeln« genannten Gewandnadeln bis ins Mittelalter hinein die einzige Möglichkeit bleiben, Mäntel, Umhänge und andere Kleidungsstücke zu schließen. (Römische Fibel, 2./3. Jh.)

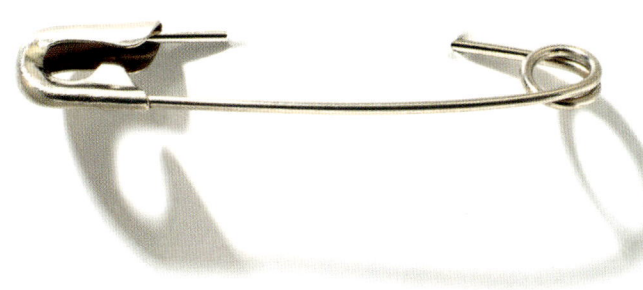

Sicherheitsnadel (1849) Der US-Amerikaner Walter Hunt erfand 1849 eine gebogene Nadel mit einem Verschlussmechanismus. Dieser praktische kleine Helfer hielt Stoffe zuverlässiger zusammen als jede Stecknadel, weil er nicht mehr herausrutschen konnte. Und da in geschlossenem Zustand keine scharfe Spitze mehr nach außen ragte, verringerte die Sicherheitsnadel auch gleich noch das Verletzungsrisiko.

Knopf (um 3000 v. Chr.) Schon im 3. Jahrtausend vor Christus haben Menschen im Indus-Tal ihre Kleidung mit Knöpfen versehen. Auch die Chinesen des 2. Jahrtausends vor Christus und die antiken Römer konnten den dekorativen kleinen Gegenständen etwas abgewinnen. Allerdings dienten Knöpfe zunächst nur zur Verzierung, erst später kam man auf die Idee, zusätzlich Schlaufen anzubringen und die Gewänder damit zu verschließen.

Knebel Knebel heißt ein kleines, längliches Stück Holz oder besser Elfenbein, das locker am Stoff auf einer Seite des Kleidungsstückes festgenäht wurde. Auf der gegenüberliegenden Seite wurde eine Schlaufe aus Stoff oder einem anderen Material angenäht. Steckte man den Knebel durch diese Schlaufe, waren beide Hälften gut verbunden und das Kleidungsstück geschlossen. Dieser Knebel ist viel älter als der Knopf und hat bis heute in der Trachtenmode, an Uniformen und bei Mänteln überlebt.

Knopfloch (13. Jh.) Die heute üblichen Knopflöcher kamen im 13. Jahrhundert in Deutschland auf. Diese kleine Erfindung verbreitete sich rasch in Europa und hatte großen Einfluss auf die Mode. Denn mit ihrer Hilfe konnte man Kleidung nun figurbetonter gestalten.

Hemd (um 925 v. Chr.) Das Hemd war bereits 925 vor Christus erfunden, als Hebräerinnen ein Leinengewand trugen, das den Oberkörper vollständig umhüllte. Allerdings reichte es damals noch bis zu den Fußknöcheln. Auch als die Hemden kürzer wurden, galten sie in Europa häufig als Unterwäsche, weil eine Jacke darüber getragen wurde. (Hans Memling, »Bildnis eines betenden jungen Mannes«, um 1485)

Knopfleiste (1871) Bis zum Beginn des 20. Jahrhunderts waren Hemden geschlossen und mussten wie ein Pullover über den Kopf gezogen werden. 1871 wurde dann die Knopfleiste patentiert, ab 1900 setzte sich dann das zu knöpfende Hemd durch, das bequem angezogen werden konnte.

Vatermörder (Anfang 19. Jh.) In der ersten Hälfte des 19. Jahrhunderts kam zunehmend ein hoher, steifer Kragen in Mode, der auf kragenlose Hemden aufgeknöpft wurde. Diese französische Erfindung wurde »parasite« genannt, weil sie auf verschiedenen Hemden aufgesetzt werden konnte. Im Deutschen heißt der Stehkragen dagegen »Vatermörder«, weil die französische Übersetzung »patricide« ähnlich wie »parasite« klingt und weil der Stehkragen oft so stark auf die Kopfschlagader drückte, dass er einen Kreislaufkollaps auslöste.

Manschettenknopf (13. Jh.) Es soll Ludwig IX. gewesen sein, der im 13. Jahrhundert den Manschettenknopf erfunden hat, mit dem der Abschluss des Ärmels am Handgelenk geschlossen werden kann. In der Männermode Europas setzten sich die zunächst aus Seide und später aus Metall gefertigten Teile aber erst im 19. Jahrhundert durch.

Ärmelschoner (18./19. Jh.) Ein rein weißes Hemd war im 18. und 19. Jahrhundert ein Statussymbol, mit dem der Träger zeigte, dass er keine schmutzige Arbeit verrichtete und sich täglich ein frisch gewaschenes Hemd leisten konnte. Da Buchhalter aber oft mit dem Ärmel über Seiten mit noch nicht vollständig getrockneter Tinte wischten, erfanden sie den Ärmelschoner. Noch bis zur Mitte des 20. Jahrhunderts wurde er am Feierabend abgestreift, darunter kam der makellose Hemdsärmel zum Vorschein. Auch andere Berufsgruppen machten sich in der Folgezeit diese praktische Erfindung zu Nutzen.

Hawaii-Hemd (1924) Als James P. Kneubuhl 1924 zum Tanzkurs in Honolulu ging, ahnte er kaum, dass er eine neue Freizeitmode begründen würde. Er hatte sich aus Stoffen mit den traditionellen Mustern seiner Heimat auf den Samoa-Inseln ein Hemd nähen lassen und trug es lässig über der Hose. Innerhalb weniger Wochen war dieses Hemd für die modebewusste Jugend Hawaiis ein Muss. Touristen und auf Hawaii stationierte Soldaten trugen das Hawaii-Hemd in alle Welt.

Polohemd (1927/33) Als René Lacoste (siehe Abbildung) 1923 ein wichtiges Tennisspiel verlor, beschuldigte ihn ein Reporter, wie ein Krokodil gespielt zu haben. Als Markenzeichen nähte er sich 1927 ein Krokodil mit weit aufgerissenem Maul auf ein selbst entwickeltes Hemd, das weiter als frühere Hemden war und in dem er viel mehr Bewegungsfreiheit beim Spiel hatte. 1933 gründete er eine Firma, die sein Polohemd in Massenproduktion herstellte. Es war das erste Kleidungsstück mit Firmenlogo.

Krawatte (1663) Als 1663 ein Reiterregiment aus Kroatien vor dem noch im Bau befindlichen Schloss Versailles zu einer Parade aufmarschierte, trugen die Reiter als Schmuck ein Stück Stoff als Schleife am Kragen, dessen Enden lose herunterhingen. König Ludwig XIV. begeisterte sich für diesen Schmuck und nannte ihn nach den Kroaten »Cravate«. Obwohl ähnliche Tücher schon zu Zeiten Trajans um 100 nach Christus von Soldaten getragen wurden, verbreiteten sie sich erst am Ende des 17. Jahrhunderts auch im Zivilleben.

Hose (um 700 v. Chr.) Während in der Steinzeit Felle in kühleren Gegenden normalerweise als Rock um Gesäß und Beine getragen wurden, erwies sich dieses Kleidungsstück als äußerst unpraktisch für Reiter. Spätestens ab dem 7. Jahrhundert vor Christus trugen die Reitervölker Eurasiens daher Hosen, die außerdem besser wärmten. Erst zum Ende des 17. Jahrhunderts aber wurden in Europa mit Ausnahme Schottlands Hosen für Männer Pflicht und Röcke tabu.

Bloomers (2. Hälfte 19. Jh.) In der Frauenmode ging die Mode genau in die entgegengesetzte Richtung. Obwohl in Rom um Christi Geburt durchaus Frauenhosen modern waren, waren die Beinkleider vor allem ab dem 17. Jahrhundert als Damengewand verpönt. Erst die US-Frauenrechtlerin Amalia Bloomer (siehe Abbildung) entwarf in der zweiten Hälfte des 19. Jahrhunderts knöchellange weite Hosen für Frauen. Über diesen Bloomers aber wurde immer ein knielanges Kleid getragen, das viel mehr Bewegungsfreiheit verschaffte.

Justaucorps (17./18. Jh.) Über der knielangen Culotte trug der Europäer des 17. und 18. Jahrhunderts eine eng anliegende Weste mit schmalen Schultern und engen Ärmeln. Dieses Justaucorps reichte bis zu den Knien.

Culotte (um 1750) Die Männerhosen des 17. und 18. Jahrhunderts endeten bereits kurz unter dem Knie und lagen oft sehr eng an. Nach 1750 wurde der Hosenschlitz mit einem breiten Latz verschlossen, der am Bund festgeknöpft wurde. Bis zum Ersten Weltkrieg wurde die Culotte bei Galaempfängen durchaus noch getragen. In einigen Volkstrachten hat sich dieses Kleidungsstück zum Beispiel als oberbayerische Lederhose bis heute gehalten.

Smoking (um 1865) Um 1865 entwarf der Maßschneider Henry Poole in London für die Abendgarderobe des späteren Königs Edward VII. einen Frack für weniger formelle Anlässe, bei dem er einfach die Schwalbenschwänze wegließ. Später zogen Männer diese Anzugsjacke gern über, wenn sie ins Raucherzimmer gingen, um den Rest der Kleidung vor dem beißenden Zigarettenrauch zu schützen. Bald hieß der schwalbenschwanzlose Frack daher Smoking.

Frack (19. Jh.) Die Vorderkanten des Justaucorps wanderten (siehe S. 59) mit der Zeit immer weiter nach hinten, bis nur noch rudimentäre Schöße übrig blieben, die vom Rücken bis in die Kniekehlen reichten. Als Frack wird dieses Kleidungsstück bei sehr offiziellen Anlässen noch heute getragen, die Schöße werden »Schwalbenschwänze« genannt.

Sakko (Ende 19. Jh.) Das eng anliegende Justaucorps des 17. Jahrhunderts verlor auf seinem Weg bis zur Anzugjacke des 21. Jahrhunderts nicht nur die knielangen Schöße oder Schwalbenschwänze, sondern auch den Taillenschnitt. Am Ende des 19. Jahrhunderts wurde die von den Schultern gerade zu den Hüften fallende Anzugsjacke daher mit dem italienischen Wort für »Sack« als »Sakko« bezeichnet.

Knickerbocker (um 1895) Als um 1895 wadenlange weite Hosen aufkamen, die auf dem zuvor erfundenen Fahrrad und beim Wandern sehr praktisch waren, erinnerte dieses Kleidungsstück viele an den 1809 veröffentlichten Roman »Humerous History of New York«. Als die ersten Siedler aus Holland in die zunächst Neu-Amsterdam genannte Siedlung kamen, trugen sie ähnliche wadenlange »Schlumperhosen«. Jansen Knickerbocker war die Hauptfigur im Roman, »Knickerbocker« wurden daher zunächst die New Yorker und später die wadenlangen Hosen genannt.

Hosenrock (um 1900) Um 1900 stiegen auch immer mehr Frauen aufs Rad. Hosen waren noch tabu, also wurde eine Hose erfunden, die so weite Beine hatte, dass sie aus der Ferne von einem Rock nicht unterschieden werden konnte. Von den 1960er bis zu den 1990er Jahren erlebte dieser Hosenrock eine Renaissance.

Denim Jeans (1853) Der im fränkischen Buttenheim bei Bamberg geborene Levi Strauss (siehe Abbildung) war 1853 während des Goldrauschs nach San Francisco gekommen, um dort Stoff und Kurzwaren zu verkaufen. Die Goldgräber aber benötigten für ihren Job strapazierfähige Hosen, die er zunächst aus Zeltbahnen und später aus dem sehr robusten Baumwollstoff »Serge de Nîmes« oder »Gewebe aus der Stadt Nîmes« nähte. Aus dem hinteren Teil des Namens wurde kurz »Denim«. Ursprünglich wurden diese Hosen in Genua von Hafenarbeitern getragen. Aus dem französischen Namen »Gênes« dieser Stadt wurde dann im Amerikanischen »Jeans«, und die »Denim Jeans« war erfunden.

Hosenträger (Ende 18. Jh.) Als die Männerhosen am Ende des 18. Jahrhunderts langsam weiter wurden, drohten sie, dem Träger vom Leib zu rutschen. Dagegen halfen Hosenträger, die unter der Weste unsichtbar blieben.

Blue Jeans (um 1920) Ursprünglich aus braunem Baumwollstoff gefertigt, färbte Levi Strauss (siehe S. 61) Anfang der 1870er Jahre die Hosen mit Indigo tiefblau. Etwa ab 1920 wurde diese Hose dann auch »Blue Jeans« genannt.

Gürtel (um 3000 v. Chr.) Als am Ende des 19. Jahrhundert die Westen unter dem Sakko aus der Mode kamen, hielten um 1890 zunächst die US-Amerikaner ihre Hosen wieder zunehmend mit Gürtel auf der korrekten Höhe. Diese Erfindung ist allerdings viel älter, bereits in der Bronzezeit – vor gut 5000 Jahren – hielten viele Menschen ihre Röcke und Hosen mit Gürteln aus Metallgliedern oder Kettenschnüren zusammen, die dann auch zusehends aufwändiger gestaltet wurden, wie der sogenannte Astragalos-Gürtel (siehe Abbildung) aus der Zeit um 900–600 v. Chr. Erst als zunehmend Knöpfe die Kleidung hielten, verschwand der Gürtel vorübergehend aus der Mode.

Federknopf-Verschluss (1885) Um »das Öffnen und Schließen der Herrenhosen mit Latz zu vereinfachen«, reichte der Tüftler Heribert Bauer aus Pforzheim 1885 eine neue Erfindung beim Kaiserlichen Patentamt ein. Sein »Federknopf-Verschluss« wurde allerdings kein Erfolg. Mal klemmte er, mal sprang er in den unpassendsten Momenten auf, von seiner Neigung zum Rosten gar nicht zu reden.

Schnalle (1./3. Jh.) Die beiden Enden eines Gürtels können zwar verknotet werden. Doch in der römischen Kaiserzeit kam ein Schneider auf die Idee, einen Bügel mit einem beweglichen Dorn zu versehen. Diese häufig aus Metall gefertigte Schnalle wird am einen Ende eines Riemens befestigt. Führt man diesen Gürtel um den Leib und sticht den Dorn durch das andere Ende des Riemens, entsteht ein Zug, der den Dorn niederhält und so die beiden Gürtelenden fest miteinander verbindet. (Gürtelschnalle, 11. Jh.)

Druckknopf (1903) Im Jahr 1903 griff der Kurzwarenfabrikant Hans Prym die Idee des Federknopf-Verschlusses wieder auf, verbesserte den Mechanismus und begann, den kleinen Helfer in Serie zu produzieren. Der Siegeszug des Druckknopfes hatte begonnen.

Reißverschluss (1893) Die erste Idee für einen Reißverschluss stammt von einem US-amerikanischen Erfinder namens Whitcomb Judson, der einen Ersatz für die langen Schnürsenkel an Stiefeln suchte. Im Jahr 1893 meldete er seinen »clasp locker« zum Patent an. Es sollte allerdings noch einige Jahre dauern, bis die neuen Verschlüsse dank etlicher Verbesserungen nicht mehr ständig klemmten.

Klettverschluss (um 1950) Die Geschichte des Klettverschlusses soll um das Jahr 1948 in den Schweizer Bergen begonnen haben. Von einer Wanderung mit seinem Hund kam der Ingenieur George de Mestral dort eines Tages von Kletten übersät zurück – und stellte fest, dass sich diese nur sehr schwer von Fell und Hosenbeinen entfernen ließen. Nach dem Vorbild der stacheligen Früchte konstruierte der Tüftler Verschlussbänder, die mit Häkchen in die winzigen Ösen eines Textilgewebes griffen. In den 1950er Jahren meldete er das Prinzip zum Patent an. Auf den Markt kam das Klettprodukt unter dem Namen »Velcro«, der sich aus den französischen Wörtern »velours« (Samt) und »crochet« (Haken) zusammensetzte.

Klebstoff Wenn man Birkenrinde in einem luftdicht abgeschlossenen Gefäß auf Temperaturen zwischen 340 und 400 Grad Celsius erhitzt, erhält man eine schwarze, teerartige Substanz. Dieses Birkenpech war der Alleskleber der Steinzeit. Man konnte damit beispielsweise eine Steinklinge an einem Griff oder eine Pfeilspitze an einem Schaft befestigen. Die Neandertaler verwendeten diesen Klebstoff wohl schon vor 45 000 Jahren, und auch der moderne Mensch Homo sapiens fand das Material äußerst praktisch. Wie genau die Steinzeit-Menschen die Substanz hergestellt haben, weiß allerdings niemand.

Klebeband (1925) In den 1920er Jahren stand die Automobilindustrie vor einem Problem. Zweifarbig lackierte Fahrzeuge wurden immer populärer, und man suchte nach einer Möglichkeit, die beiden Farben beim Lackieren sauber voneinander abzugrenzen. Im Jahr 1925 präsentierte der Ingenieur Richard G. Drew von der amerikanischen Firma 3M zu diesem Zweck ein Abdeckband aus Krepp-Papier mit klebrigen Rändern. Da dieser Konstruktion noch die richtige Haftkraft fehlte, beschichtete er dann die gesamte Oberfläche des Streifens mit einem klebrigen Gemisch aus Gummi, Harzen und Ölen. Und schließlich erfand der Tüftler wenige Jahre später auch noch das erste durchsichtige Klebeband.

Büroklammer (Ende 19. Jh.) Aus modernen Büros sind die kleinen Helfer zum Zusammenheften von Papieren kaum wegzudenken. Dabei ist die Büroklammer eigentlich eine sehr alte Erfindung, schon im 3. Jahrtausend vor Christus haben die Sumerer ähnlich geformte Gegenstände genutzt. Die industrielle Produktion begann aber erst Ende des 19. Jahrhunderts.

Post-it (1974) Ursprünglich wollte der US-Amerikaner Spencer Silver 1968 einen besonders leistungsstarken Klebstoff entwickeln. Die entstandene Masse haftete zwar an allen Flächen, ließ sich jedoch ebenso leicht wieder ablösen und brachte daher nicht das gewünschte Resultat. Erst 1974 erinnerte sich Art Fry an die Erfindung seines Kollegen, als er sich darüber ärgerte, dass ihm beim Halten seiner Chornoten stets die Lesezeichen aus den Blättern fielen. Er trug kleine Mengen des Klebstoffs auf Zettel auf und befestigte sie an seinen Noten – der Post-it war erfunden.

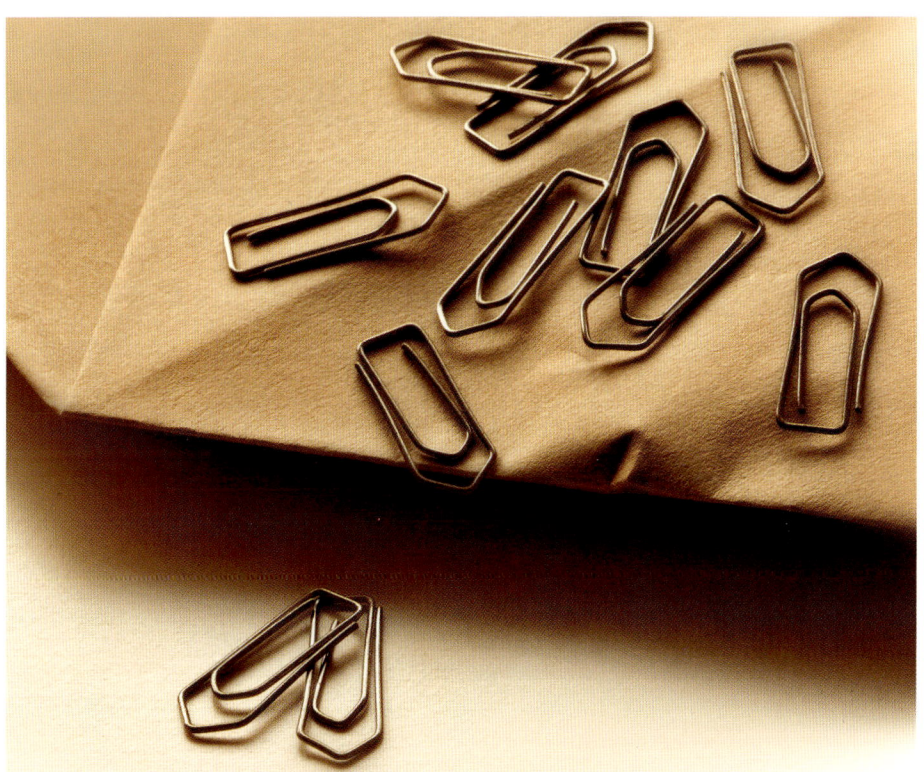

Locher (1886) Wer Dokumente in einen Ordner abheften will, muss in festen Abständen Löcher hinein stanzen. Diese Aufgabe erleichtert seit Ende des 19. Jahrhunderts ein Gerät, dass heute auf fast jedem Schreibtisch steht: Am 14. November 1886 meldete Friedrich Soennecken in Bonn einen »Papierlocher für Sammelmappen« zum Patent an.

Klammeraffe (um 1700) Schon König Ludwig XV. von Frankreich besaß um das Jahr 1700 ein Gerät, mit dem man eine Heftklammer durch mehrere Blatt Papier drücken und diese so zusammenfassen konnte. Damals waren die einzelnen Klammern noch handgemacht und mit dem Zeichen des königlichen Gerichts versehen. Die heute üblichen profaneren Klammeraffen wurden dann im 19. Jahrhundert entwickelt.

Briefordner (1866) Mit dem Klammeraffen konnte man zwar lose Blätter zusammenheften, die dann aber immer noch ungeordnet im Büro herumlagen. 1866 erfand der Bonner Büromittelhersteller Friedrich Soennecken zunächst einen Briefordner. In diesen konnten Schriftstücke wie Briefe, Blätter, Akten und vieles mehr in beliebiger Reihenfolge in einen Doppelbügel eingeklemmt werden.

Aktenordner (1896) Der Briefordner war im Büro schwierig zu bedienen, weil die Doppelbügel mühsam mit beiden Händen auseinandergedrückt werden mussten, um Schriftstücke einheften zu können. Der schwäbische Erfinder Louis Leitz brachte daher 1896 unter den Doppelbügel einen Hebel an, den man mit einem Finger niederdrücken konnte. Dabei öffnet der Hebel den Doppelbügel, und der Aktenordner war erfunden, der später oft unter dem Namen seines Erfinders als Leitz-Ordner verkauft wurde.

Zirkel Schon in antiken Griechenland waren Zirkel häufig im Einsatz, um Kreise oder Teile davon zu zeichnen. Neben dem Lineal galten diese Geräte damals als einzige erlaubte Hilfsmittel, um geometrische Figuren zu konstruieren.

Geodreieck (1964) Im Jahr 1964 entwickelte die deutsche Firma Aristo ein durchsichtiges Dreieck aus Kunststoff, mit dem man Winkel messen sowie Parallelen und Winkel zeichnen kann.

Wasserwaage (1661) Schon im antiken Ägypten befragten Baumeister das Wasser, wenn sie eine gerade Grundfläche für ihre Pyramiden schaffen wollten. Sie legten rings um die Baustelle einen rechteckigen Graben an und ließen dann das gesamte Erdreich oberhalb der Wasserlinie entfernen. Das erste Instrument, bei dem die zum Messen der Senkrechten und der Waagrechten nötige Flüssigkeit in zwei Kapseln eingeschlossen war, konstruierte der französische Hobbyforscher Melchisédech Thévenot im Jahr 1661. Die heute üblichen Wasserwaagen mit einer Kapsel gibt es etwa seit den 1920er Jahren.

Lot Ein schweres Metallstück an einer Schnur gehörte schon im alten Ägypten zur Standardausrüstung von Maurern und Zimmerleuten. Denn nur mit diesem Lot konnten sie sicherstellen, dass Wände und andere Konstruktionen senkrecht gebaut wurden. Man musste sie dazu an dem Faden ausrichten, der von dem nach unten hängenden Gewicht stramm gezogen wurde. (Römische Bleilote, vor 9. n. Chr.)

Holzbau So alt wie die Menschheit selbst ist wohl das Bauen mit Holz. Werkzeuge zur Holzbearbeitung kennen Forscher schon aus der frühen Steinzeit, die damit gefertigten Produkte aber überstehen den Zahn der Zeit nicht lange. Weil oft nur die Spuren von Pfosten übrig bleiben, ist das Aussehen der ersten Holzhäuser weitgehend unbekannt. Die idealisierten Rekonstruktionen der Pfahlbauten in Unteruhldingen am Bodensee geben aber eine Vorstellung von einer bronzezeitlichen Siedlung um 1000 v. Chr.

Lehmbau (um 7000 v. Chr.) Die Mischung aus Sand, Schluff und Ton heißt »Lehm« und ergänzt seit mindestens 9000 Jahren Holz als Baumaterial. Diese Substanz lässt sich relativ leicht formen und bleibt trotzdem so stabil, dass auch höhere Gebäude möglich wurden, wie beispielsweise in der jemenitischen Altstadt von Shibam mit ihrem mehrstöckigen Lehmziegelhäusern (siehe Abbildung). In feuchteren Gegenden wie Mitteleuropa wird Lehm dagegen nur im Innenbereich verwendet, weil er außen aufgrund häufiger Niederschläge nicht austrocknet. Ein Drittel der Menschheit lebt auch am Anfang des 21. Jahrhunderts noch in Lehmbauten.

Ziegel (um 6000 v. Chr.) Sandige Tone lassen sich durch Brennen in einen festen Baustoff umwandeln. Diese Ziegel waren das erste künstliche Baumaterial des Menschen. Bereits vor 8000 Jahren wurden in Mesopotamien Formschablonen hergestellt, in die Tone gefüllt und glattgestrichen wurden. Nach dem Trocknen waren diese Ziegel formstabil und konnten zu wasserdichten Baustoffen gebrannt werden.

Dachziegel (um 450 v. Chr.) Zunächst wurden Dächer mit Naturstoffen wie Schilf oder Palmblättern gedeckt. 450 vor Christus aber sollen die Korinther erstmals flache Ziegel hergestellt haben, mit denen das Dach leichter als bisher wasserdicht gemacht werden konnte. Lange aber konnten sich nur die Reichen dieses Baumaterial leisten, erst in der Neuzeit wurden Dachziegel auch für das Bürgertum erschwinglich.

Fachwerkbau (12. Jh.) Ab dem 12. Jahrhundert kombinierten vor allem die Europäer im Norden der Alpen die traditionelle Holzbauweise mit Lehm und Ziegeln. Das tragende Gerüst wird bei einem solchen Fachwerkbau aus Holz gezimmert (siehe Abbildung), die Zwischenräume werden mit einer Mischung aus Holz und Lehm gefüllt oder mit Ziegeln abgedichtet. Auch in den holzreichen Gegenden des osmanischen Reiches zwischen Bulgarien und Syrien wurden in dieser Zeit Fachwerkbauten errichtet. (Kolorierter Holzstich, Hieronymus Rodler, um 1546)

Mörtel (2. Jh.) Bereits beim Bau des Pantheons (Abbildung) von 118 bis 125 nach Christus mischten die Römer gebrannten Kalk nicht nur mit Wasser, sondern auch mit Sand. Aus diesem Mörtel entsteht beim Trocknen eine härtere Substanz als aus gebranntem Kalk allein, die Bruchsteine viel besser zusammenhält.

Gebrannter Kalk (um 8000 v. Chr.) Bei Temperaturen über 800 Grad verliert Kalk Kohlendioxid und wird zum sogenannten »gebrannten Kalk«. Mischt man diesen mit Wasser, bilden sich wieder Kalkkristalle, die miteinander verfilzen, wenn das Wasser verdunstet. Bereits vor 10 000 Jahren wurde dieser gebrannte Kalk im Gebiet der heutigen Türkei zum ersten Mal zwischen Bruchsteine gestrichen, die später von den Kalkkristallen fest miteinander verzahnt wurden.

Beton (1755) Ein künstlicher Stein entsteht allerdings erst, wenn man Zuschlagsstoffe wie Kies zu Zement und Wasser mischt. Beim Auskristallisieren wird viel Wasser in den Kristallen selbst gebunden. Beton härtet daher im Gegensatz zu gebranntem Kalk auch unter Wasser aus. 1755 entwickelte der Engländer John Smeaton den ersten echten Beton. (Royal National Theatre, London, 1970er Jahre)

Zement (1824) Mörtel hatten bereits die Römer erfunden. 1824 aber hatte Joseph Aspdin im englischen Leeds ein ähnliches Gemisch aus Kalkstein, Ton, Sand und Eisenerz so gut ausgetüftelt, dass er ein Patent für »An Improvement in the Mode of Producing an Artificial Stone« erhielt. Und weil seine Methode zur Herstellung eines künstlichen Steins den damals sehr beliebten Steinen von der Isle of Portland im Ärmelkanal ähneln sollte, nannte er das graue Pulver »Portland Zement«. (Rotationsofen in einer Zementfabrik, 1961)

Stadt (um 9500 v. Chr.) Vor mindestens 11 500 Jahren entstand im Südosten der heutigen Türkei eine erste Stadt. In Göbekli Tepe konnten sich viele Menschen treffen, Handel treiben und vor allem auch religiöse Zeremonien feiern. Es waren übrigens nicht Bauern, sondern die als primitiver angesehenen Jäger und Sammler, die diese erste Stadt bauten. (Pisa, kolorierter Holzstich, Schedel'sche Weltchronik, 1493)

Ton Irgendwann in der Steinzeit machten die Jäger und Sammler an ihrem Lagerfeuer eine seltsame Entdeckung: Um ein Ausbreiten des Feuers zu verhindern, hätten sie die Feuerstelle mit Steinen abgegrenzt und zur Sicherheit die kleinen Lücken zwischen den Steinen mit einem knetbaren Material ausgekleidet, das heute »Ton« heißt. Das Feuer aber hatte diesen Ton in ein hartes, wasserdichtes Material gebrannt, das eine lange Geschichte bekommen sollte.

Keramik (um 3500 v. Chr.) Spätestens als die Menschen sesshaft wurden und Landwirtschaft betrieben, formten sie aus Ton auch Gefäße und brannten sie. In solchen Keramiken lässt sich die Ernte aufbewahren, ohne dass von außen Wasser eindringt und die Lebensmittel verdirbt. (Glockenbecher aus Taa, um 2000–1800 v. Chr.)

Töpfern (um 22 000 v. Chr.) Das neue Material faszinierte die Menschen, bald begannen sie aus Ton Figuren zu formen und im Feuer zu härten. Die ältesten Figuren aus gebranntem Ton sind 24 000 Jahre alt, in Mitteleuropa reichen die ältesten Töpferei-Funde nur 8000 Jahre zurück. (Statuettenkopf aus Syrien, um 1000 v. Chr.)

Töpferscheibe (um 5500 v. Chr.) Bereits vor 7500 Jahren hatten die Bauern im Industal im Nordwesten des heutigen Indien entdeckt, dass man runde Tongefäße viel einfacher erhält, wenn man den Ton auf einer sich schnell drehenden Scheibe formt. Aus dieser Zeit blieben aber nur Keramiken erhalten, die sehr wahrscheinlich auf solchen Töpferscheiben geformt wurden. Die älteste Töpferscheibe selbst ist 5000 Jahre alt und wurde in Mesopotamien gefunden. (Schöpfergott Chnum formt Menschen auf einer Töpferscheibe, ägyptisch, um 300–30 v. Chr.)

Porzellan (um 620) Im Jahr 620 entdeckten die Chinesen, dass man aus einem Kaolin genannten Ton, der kein Eisen enthält, und Quarzsand besonders feine, weiße Keramik brennen kann. Solches Porzellan brachte zwar bereits Marco Polo um 1300 nach Italien. Erst im Dezember 1707 aber gelang Johann Friedrich Böttger und Ehrenfried Walther von Tschirnhaus in Dresden und Meißen die Herstellung des ersten europäischen Porzellans.

Glas (um 1600 v. Chr.) Ungefähr 1600 vor Christus lernten die Ägypter, Quarzsand und Natriumcarbonat zu einem harten Feststoff zu verschmelzen, der durchsichtig war. Die Erfindung des Glases gelang wohl vor allem deshalb am Nil, weil am Wadi Natrun in Oberägypten Natriumcarbonat natürlich vorkommt. Bald lernte man aber, dass Glas auch aus Quarzsand und Pflanzenasche hergestellt werden kann. (Glasschmelzofen Glashütte Benediktbeuren, Forschungsstätte von 1806–1819)

Glasbläserei (1. Jh. v. Chr.) Um Glasgefäße herzustellen, wickelten die Ägypter zunächst weiche Glasstäbchen um einen Keramikkern, der nach dem Erkalten herausgekratzt wurde. Ein gewaltiger Fortschritt gelang den Phöniziern im ersten Jahrhundert vor Christus, als sie in Vorderasien entdeckten, dass man erwärmtes Glas auch aufblasen kann. (Ägyptische Glasbläserei, Kupferstich, um 1798)

Kupferbeil (um 4300 v. Chr.) Weil es auch als reines Metall in der Natur vorkommt, war Kupfer wohl das erste Metall, das Steinzeitmenschen nutzten. Erste Kupfergegenstände tauchen vor 12 000 Jahren in Anatolien auf. In Mitteleuropa findet sich das erste Kupfer vor 6300 Jahren. Tausend Jahre später war zum Beispiel der Steinzeitmann Ötzi bereits mit einem Kupferbeil in den Südalpen unterwegs. (Kupferbeil aus Ungarn, um 1800–1500 v. Chr.)

Fensterglas (12. Jh.) Fenster wurden früher mit Tierhäuten bespannt, die zumindest ein wenig Licht durchließen, Regen und Wind aber draußen hielten. Das viel lichtdurchlässigere Glas bauten zum ersten Mal die Römer in ihre Fenster ein. Allerdings waren auch im 9. Jahrhundert Fenstergläser in Kirchen noch die große Ausnahme. Erst im 12. Jahrhundert setzte Glas sich als Fenstermaterial dann zunehmend durch. Dieses gut erhaltenen frühe Kirchenfenster aus Maria Buch in Österreich (um 1330) zeigt Elisabeth von Thüringen bei der Krankenpflege.

Goldschmuck (um 10 000 v. Chr.) Ähnlich früh wie Kupfer wurde wohl auch Gold verwendet, das ebenfalls als reines Metall in der Natur vorkommt. Beide Metalle lassen sich leicht formen und damit gut bearbeiten. Gold war wohl immer so wertvoll, dass es nur für Schmuck und kultischen Gebrauch verwendet wurde. (Halsschmuck des Psusennes, Ägypten, um 1010 v. Chr.)

Verhüttung (um 10 000 v. Chr.) Als die Menschen mit der Landwirtschaft begannen, sesshaft wurden und dauerhafte Feuerstellen bauten, haben sie wohl zufällig auch die Verhüttung von Erzen erfunden. Vermutlich waren ihnen der Farbton von Rotkupfererz oder das Gewicht solcher Erze aufgefallen, und sie hatten die Herdstelle damit gebaut. Verbrannten sie dort auch noch harzreiches Holz, konnten durchaus Temperaturen von mehr als 1000 Grad Celsius entstehen, bei denen sich aus den Erzen reines Kupfer oder auch Legierungen aus Kupfer und Zinn als zähe Flüssigkeit bilden.

Schmelzofen (um 4000 v. Chr.) Vor etwa 6000 Jahren wurden diese Zufallsfunde systematisch in ersten Schmelzöfen genutzt. Um die zur Herstellung von Kupfer aus dem grünen Mineral Malachit und dem dunkelblauen Azurit benötigten Temperaturen von etwa 1000 Grad Celsius zu erreichen, bliesen die Menschen mit Blasrohren Luft und damit frischen Sauerstoff in das Feuer und beschleunigten so die Verbrennung. Mit dieser Technik wurde das sehr seltene Kupfer besser zugänglich. Allerdings ist dieses Metall sehr weich und taugt als Werkzeugmaterial nur bedingt.

Zinn (um 3500 v. Chr.) Vermutlich bereits vor 5500 Jahren holten Menschen im Taurus-Gebirge im Süden der heutigen Türkei Erze aus dem Boden, aus denen sich das Metall Zinn leicht gewinnen ließ, weil es bereits bei 232 Grad Celsius flüssig wird. Später wurden auch in Europa, zum Beispiel im heutigen englischen Cornwall, Zinnerze gefunden, die wohl die Römer nach Großbritannien lockten. (Ruine der ehemaligen Phoenix United Zinnmiene, Cornwall, Großbritannien)

Bronze (um 3300 v. Chr.) Vor gut 5300 Jahren begannen wohl ebenfalls im Taurus-Gebirge die Menschen, aus ungefähr 90 Prozent Kupfer und zehn Prozent Zinn eine Legierung zu mischen, die später nach dem römischen Brundisium, dem heutigen Brindisi, »Bronze« genannt wurde. Diese Bronze war bei den damals erreichbaren Temperaturen von rund tausend Grad Celsius gerade noch flüssig und konnte so gut bearbeitet werden. Vor allem aber ist Bronze viel härter als Kupfer und taugt daher besser für Werkzeuge und Waffen. Diese Erfindung leitete die Bronzezeit ein. (Spielzeugreiter aus Bronze, römisch, um 2./4. Jh.)

Holzkohle (um 3000 v. Chr.) Es dürfte 5000 Jahre her sein, dass ein Mensch irgendwo in Anatolien, Mesopotamien oder Ägypten brennendes Holz mit Erde abdeckte, um es zu löschen. Bleiben allerdings ein paar Löcher, glimmt das Holz weiter und verwandelt sich schließlich in Holzkohle. Diese brennt mit höherer Temperatur als Holz und kann daher zum Herstellen von Eisen aus Eisenerz genutzt werden.

Eisen (um 4000 v. Chr.) Bereits vor 6000 Jahren nutzten die Sumerer und Ägypter Eisen für Schmuck und Speerspitzen. Da Eisen in gediegener Form aber nur in Meteoriten vorkommt, war es damals extrem selten und wertvoller als Gold. Erst als die erste Holzkohle wohl zufällig hergestellt wurde, konnte vor 5000 bis 4000 Jahren im Nahen Osten zum ersten Mal aus Eisenerz Eisen gewonnen werden. Erst vor 3600 Jahren lernten die Hethiter, Eisen auch in größeren Mengen herzustellen. Vor 3200 Jahren verdrängte Eisen dann langsam die Bronze. (Stillgelegte Eisenhütte, Duisburg, Deutschland, 1985)

Rennofen (um 1500 v. Chr.) Einen halben bis zwei Meter hoch errichteten Menschen vor 3500 Jahren aus Lehm oder Steinen über einer Erdgrube Öfen, die zunächst mit Holzkohle vorgeheizt wurden. Von oben wurde abwechselnd Eisenerz mit möglichst hohem Eisenanteil und Holzkohle eingefüllt. Diese Öfen wurden zunächst auf windigen Hügeln gebaut, auf denen Frischluft durch eine Öffnung an der Basis in die Glut geblasen wurde. Der so zugeführte Sauerstoff erhöhte die Temperatur zwar auf über 1100, aber nicht auf die bei 1539 Grad Celsius liegende Schmelztemperatur von Eisen. Daher entstand eine Mischung aus Schlacke und Eisen, aus der das Eisen ausgeschmiedet werden musste. Ein Teil der Schlacke rann über eine weitere Öffnung an der Basis in eine danebenliegende Erdgrube – daher kommt der Name Rennofen.

Meiler Ein großer Stapel Holzscheite, in der Mitte ein Reisighaufen zum Anzünden, außen eine luftdichte Abdeckung aus Gras, Moos und Erde – so sah wohl bereits in der Römerzeit ein Meiler aus. Rund eine Woche bohrte der Köhler Löcher in die Abdeckung oder verschloss vorhandene Löcher, um die Zufuhr von Sauerstoff so zu regulieren, dass die Temperatur im Meiler zwischen 300 und 350 Grad Celsius lag. Noch im 20. Jahrhundert wurde in Deutschland so Holzkohle gewonnen.

Schmiede (um 6000 v. Chr.) Schmieden sind aber viel älter als Rennöfen: Bereits vor 8000 Jahren hatten die Steinzeitmenschen im heutigen Afghanistan gelernt, dass sich Gold, Silber und Kupfer viel besser formen lassen, wenn sie kräftig erhitzt werden. (Griechische Schmiede, Kupferstich, 18. Jh.)

Blasebalg (um 1200 v. Chr.) Die Erfindung des Blasebalgs ungefähr 1200 vor Christus verbesserte die Frischluftzufuhr weiter und erhöhte die Temperatur des Rennofens. So konnte reineres Eisen gewonnen werden. Die ersten Blasebälge bestanden aus zwei Holzbrettern, die über ein Scharnier verbunden waren, Leder dichtete zur Seite ab. Eine Öffnung für das Einströmen von Luft konnte mit dem Daumen verschlossen werden, wenn beim Zusammendrücken Luft aus einer zweiten Öffnung in den Rennofen gepresst wurde. (Silberschmiede, Kupferstich, um 1580)

Hochofen (Ende 3. Jh. v. Chr.) Im China der Han-Dynastie (206 v. Chr. bis 222 n. Chr.) ging der erste Hochofen in Betrieb. Gemeinsam mit Eisenerz werden oben Zuschlagstoffe wie Kalk, Kies oder Dolomit zugegeben, die den Schmelzpunkt erniedrigen. So kann auch mit einem Holzkohlefeuer das Gemisch aufgeschmolzen werden. Die Schlacke schwimmt nun auf dem flüssigen Eisen, beide Teile können durch zwei übereinanderliegende Öffnungen abgelassen werden. In Europa tauchen die ersten Hochöfen erst im 13. Jahrhundert in Schweden auf. (Hochofen, Kalifornien, USA, 1940er Jahre)

Koks (1713/40) Kohle eignet sich als Brennmaterial für Hochöfen nicht, weil dabei große Mengen Schwefel, Ruß und Rauch entstehen, die das Eisen verunreinigen. 1713 wurde dann aber in England zum ersten Mal Kohle unter Luftausschluss auf mehr als tausend Grad Celsius erhitzt. Dabei vergasen flüchtige Bestandteile der Kohle. Übrig bleibt fester Kohlenstoff, der als Koks bezeichnet wird. 1740 beschickte Abraham Darby in England den ersten Hochofen mit Koks.

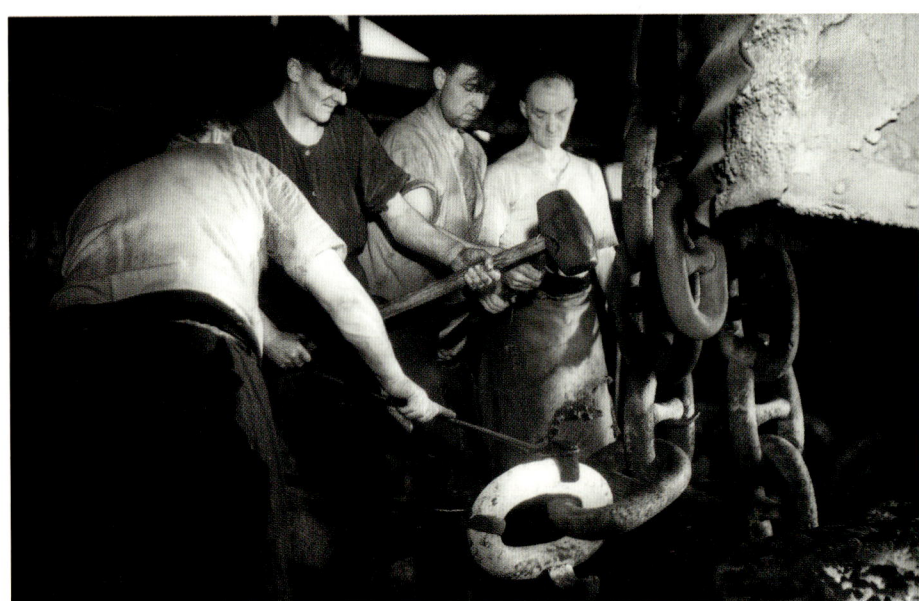

Stahl (um 1500 v. Chr.) Aus Rennöfen ausgeschmiedetes Eisen war der erste echte Stahl der Geschichte, der sich durch Schmieden gut weiterverarbeiten ließ. Allerdings war er durch die aufwändige Handarbeit für alltägliche Gegenstände viel zu teuer.

Puddelverfahren (1784) 1784 entwickelte Henry Cort in England ein Verfahren, bei dem Roheisen in einem muldenförmigen Herd geschmolzen wird. Mit langen Stangen wird die Masse durchgerührt, was im Englischen »to puddle« heißt. Dadurch kommt der Kohlenstoff im Roheisen mit heißer Luft in Berührung und verbrennt. Während an Kohlenstoff reiches Eisen nur als »Gusseisen« gegossen werden kann, lässt sich kohlenstoffarmes Eisen gut schmieden und ist weniger korrosionsanfällig. Der Eiffelturm in Paris ist aus diesem Puddelstahl gebaut.

Stahlguss (1842) 1842 begann Jacob Mayer in Bochum, Roheisen mit Schrott zu schmelzen. Der im Rost enthaltene Sauerstoff oxidiert den Kohlenstoff im Roheisen zu Kohlenmonoxid und Kohlendioxid, die beide entweichen. So entsteht ein Stahl, der sich wie Gusseisen in Formen gießen lässt, aber anders als Gusseisen auch geschmiedet werden kann. (Gussstahlfabrik Krupp in Essen, Schmiedepresswerk, um 1900)

Bessemer-Birne (1855) Die schwere Arbeit bei der Puddelstahl-Herstellung ersetzte Henry Bessemer 1855 durch große Zylinder aus Eisenblech, die mit feuerfesten Ziegeln ausgekleidet waren. Bläst man heiße Luft von unten durch das glutflüssige Eisen in diese Bessemer-Birne, wird der Kohlenstoff oxidiert und entweicht als Gas. Dadurch entsteht genug Hitze, um den entstehenden Stahl flüssig zu halten.

Thomas-Verfahren (1878) In der Bessemer-Birne kann aber nur Roheisen mit wenig Phosphor und Schwefel verarbeitet werden. Sidney Thomas kleidete daher 1878 die Bessemer-Birne mit einer Mischung aus Dolomit und Teer aus. So werden auch Phosphor und Schwefel oxidiert. Allerdings bilden sich bei diesem Verfahren auch Nitride, die den Stahl relativ spröde machen und ihn leichter brechen lassen.

Siemens-Martin-Ofen **(1864)** 1864 entwickelten die Brüder Friedrich und Wilhelm Siemens in Deutschland gemeinsam mit Pierre-Émile Martin in Frankreich ein nach ihnen benanntes Verfahren zur Stahlherstellung, mit dem 1965 weltweit 278 Millionen Tonnen Stahl erschmolzen wurden. Dabei wird Schrott, Eisenerz oder Kalk in die Eisenschmelzen gegeben, die durch das Verbrennen von Öl oder Generatorgas flüssig gehalten werden. Der in den Zuschlägen enthaltene Sauerstoff oxidiert praktisch alle Verunreinigungen und erzeugt mit 1800 Grad Celsius bis dahin unerreichte Temperaturen und einen Stahl hoher Qualität.

Elektro-Stahl-Verfahren (1898/99) Einen langen Weg hat das Elektro-Stahl-Verfahren hinter sich, mit dem am Beginn des 21. Jahrhunderts vor allem Qualitätsstahl hergestellt wird. 1898 und 1899 machte der Italiener Emilio Stassano die ersten Experimente, einen Siemens-Martin-Ofen mit Elektroheizung zu betreiben. Heute heizt ein Lichtbogen zwischen Graphit-Elektroden und dem geschmolzenen Eisen dieses bis auf 3500 Grad Celsius auf. Bei diesen Temperaturen können auch schwer schmelzende Elemente wie Wolfram und Molybdän für Spezialstähle eingeschmolzen werden.

Gummi (um 1600 v. Chr.) Bereits vor 3600 Jahren lernten die Menschen Mittelamerikas, den Latex genannten Saft des Kautschukbaums (siehe Abbildung) aus dem Amazonasbecken mit anderen Pflanzensäften zu mischen, die das Vernetzen der langen Biomoleküle im Latex starten. Die entstehende Masse ist nicht nur fest und elastisch, sondern auch wasserdicht. Aus diesem Gummi stellten die Kulturen Mittelamerikas daher nicht nur Regenkleidung, Schläuche und Gefäße, sondern auch den ersten Gummiball her.

Vulkanisieren (1839) Charles Goodyear im US-Bundesstaat Massachusetts ärgerte sich mit dem südamerikanischen Kautschuk herum, weil er bei Hitze weich und klebrig, bei Kälte dagegen spröde wurde. Mit verschiedenen Zusätzen versuchte der Tüftler, das Gummi zu verbessern, bis ihm 1839 der Zufall zu Hilfe kam. Eine Mischung aus Kautschuk und Schwefel fiel auf die heiße Herdplatte, von der Charles Goodyear später ein Gummi kratzte, das seine Eigenschaften auch bei Hitze und Kälte behält. (Reifenfabrik, USA, 1928)

Gummistiefel (Mitte 19. Jh.) Bereits die Urbevölkerung Amazoniens tränkte Stoffschuhe mit Kautschuk, um sie wasserdicht zu machen. Bei Hitze und Kälte versagte dieses Material aber. Erst als Charles Goodyear das Vulkanisieren erfunden hatte, wurden diese Gummistiefel in Nordamerika und Europa nicht nur bei Bauern und Waldarbeitern beliebt.

FORTBEWEGUNG

03

Gewusst wie:
Zu Lande, zu Wasser und in der Luft

Wie viele andere Säugetiere ist der Mensch sehr mobil, bereits die Frühmenschen waren wohl die meiste Zeit auf Achse. Vermutlich entwickelte sich der aufrechte Gang als besonders effiziente Form für eine gleichmäßige und relativ schnelle Fortbewegung. Weil die Frühmenschen dabei die Hände frei hatten, konnten sie auch leicht verschiedene Gegenstände mit sich tragen. In Sachen Fortbewegung und Transport schien der Mensch also von der Natur recht gut ausgerüstet zu sein.

Doch mit der Zeit genügte ihm das nicht mehr. Wer große Mengen und schwere Materialien transportieren will, stößt mit den Händen rasch an seine Grenzen. Das führte zu einer Erfindung, die als einer der wichtigsten Meilensteine der Technikgeschichte gilt: das Rad.

Doch auch für viele andere Gelegenheiten haben sich findige Tüftler im Laufe der Zeit das passende Fortbewegungsmittel ausgedacht. Ob man über ein zugefrorenes Gewässer gleiten oder den Gipfel eines Berges erreichen wollte – von der Schlittschuhkufe bis zur Seilbahn entwickelten Menschen die verschiedensten Lösungen für ihre Mobilitätsprobleme. Eine besondere Herausforderung war dabei die Konstruktion von Wasserfahrzeugen. Schon die Frühmenschen dürften nachdenklich am Ufer eines Flusses gestanden und darüber gegrübelt haben, mit welchen Hilfsmitteln man ihn am besten überqueren könnte. Vorbei treibende Bäume konnten sie bei jedem Hochwasser beobachten – da lag es nahe, ein paar Stämme zu einem Floß zusammenzubinden oder einen Stamm zu einem Einbaum zurechtzuschnitzen.

Viel länger hat es dagegen gedauert, bis sich die Menschheit den Traum vom Fliegen erfüllen konnte. Der Himmel galt lange als eine unerreichbare Sphäre voller Götter, Engel und Dämonen – ein Ort, an dem für gewöhnliche Sterbliche kein Platz war. Erst im 18. Jahrhundert machten sich die ersten Menschen per Ballon in diese geheimnisvollen Regionen auf. Und es sollte noch zwei weitere Jahrhunderte dauern, bis neue Pioniere den Weltraum erreichten.

Treppe Die erste Erleichterung der Fortbewegung brachte die Treppe. An vielen Lagerplätzen von Frühmenschen fanden Forscher Baumstämme mit stufenartigen Einkerbungen. Mit dieser Hilfe erreichten die Menschen auch höher gelegene Eingänge zu Höhlen relativ bequem. Wurde der Baumstamm eingezogen, kamen Raubtiere oder feindlich gesonnene Nachbarn nur schwer bis zum Höhleneingang. Die mit über 3000 Jahren älteste erhaltene Holzstiege Europas (Abbildung) wurde im Salzbergwerk Hallstatt in Oberösterreich freigelegt.

Schleife Bereits die Steinzeitmenschen verbanden zwei dünne Stämmchen mit einem Querholz und spannten ein Tierfell dazwischen. Diese Schleifen zogen sie hinter sich her, wenn sie größere Mengen transportieren wollten. In unwegsamem Gelände werden sie noch heute benutzt. Später spannte man auch Tiere vor die Schleifen.

Tragetiere Als der Mensch erste Nutztiere hielt, kam er sicher schnell auf die Idee, sie auch für den Transport einzuspannen. Immerhin trägt ein Hund leicht 15 Kilogramm auf dem Rücken, das später domestizierte Rind schleppt immerhin gut 100 Kilo.

Sattel (um 300 v. Chr.) Um den Warentransport auf dem Rücken ihrer Tiere zu erleichtern, wurden rechts und links Bretter angelegt und über Bügel miteinander verbunden. Polsterte man diesen Packsattel mit Kissen oder Decken, konnte man ihn auch als Reitsattel verwenden. (»Szene aus dem Leben der hl. Humilitas« von Pietro Lorenzetti, um 1341/48)

Reittiere Geritten sind die Menschen aber wohl längst vor der Erfindung des Sattels. Wann der erste Reiter seine Fortbewegung erheblich beschleunigte, verliert sich allerdings im Dunkel der Vorgeschichte.

Schlitten Auf Schnee und Eis kann eine Schleife auch komplett auf den Boden gelegt und mit Seilen gezogen werden, weil das aufliegende Gewicht die oberste Schneeschicht schmilzt und die Stämmchen auf dem entstehenden Wasserfilm gut gleiten. Wann und wo dieser Schlitten erfunden wurde, ist ebenfalls unbekannt.

Skibob (1888) 1888 montierte ein Engländer unter einem Brett zwei Schlitten hintereinander und steuerte den vorderen Schlitten über Seile. Damit hatte er den Skibob erfunden.

Hundeschlitten Wann die ersten Eskimos auf die Idee kamen, als Zugtiere Hunde vor ihre Schlitten zu spannen, lässt sich wohl nicht mehr ermitteln. Außerhalb der Polargebiete wurden Hundeschlitten bekannt, als im Januar 1925 zwanzig Hundeschlit- tenführer bei Temperaturen bis –60 Grad Celsius in fünfeinhalb Tagen Impfstoffe über 1085 Kilometer quer durch Alaska transportierten, um eine Diphtherie-Epidemie in Nome zu bekämpfen.

Schneemobil (1922) Bereits 1922 hatte der Kanadier Joseph-Armand Bombardier vier Schlitten miteinander verbunden und mit einem durch einen Motor angetriebenen Propeller vorwärts bewegt. Als 1934 sein Sohn wegen einer hohen Schneedecke nicht ins Krankenhaus gebracht werden konnte und starb, entwickelte der Tüftler bis 1936 ein Auto mit Kufen anstelle der Vorderräder und Ketten anstelle der Hinterräder, das er ab dem Zweiten Weltkrieg auch an die Armee verkaufte.

Schlittschuhe (um 20 000 v. Chr.) 20 000 Jahre waren die 60 Zentimeter langen Mittelhandknochen von Rindern alt, die Frühmenschenforscher in Frankreich ausgruben. Da die Seiten der Knochen abgeschliffen waren, vermuten die Wissenschaftler, dass sie als Schlittschuhe verwendet wurden.

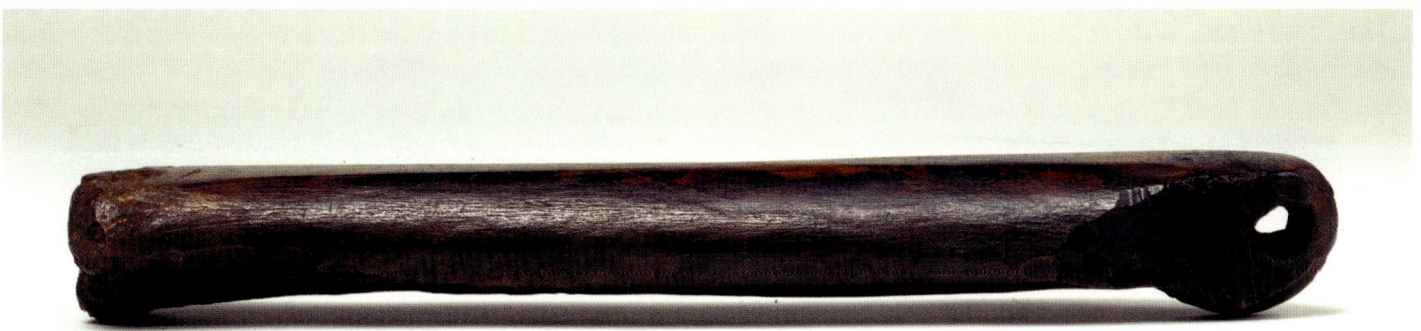

Eisbein (um 3000 v. Chr.) Vor 5000 Jahren spalteten die frühen Schweizer Unterschenkelknochen von Tieren, schliffen sie flach und befestigten sie unter Sandalen. Stießen sich die Menschen mit Stöcken auf diesen Hightech-Schlittschuhen vorwärts, kamen sie mit erheblichem Tempo voran. Die dafür verwendeten Schweineknochen werden seither »Eisbein« genannt.

Schneeschuhe Spannten die Indianer Nordamerikas ovale Holzringe, deren Zwischenraum mit Lederstreifen gefüllt wurde, unter ihre Sandalen, verteilte sich ihr Körpergewicht auf eine erheblich größere Fläche. Mit diesen Schneeschuhen sanken sie im tiefen Schnee viel weniger ein als auf bloßen Füßen und kamen zudem schneller voran. Auch der griechische Historiker Strabon beschreibt solche Schneeschuhe bei den Bewohnern des Kaukasus-Gebirges.

Ski (um 2500 v. Chr.) 4500 Jahre ist das 110 Zentimeter lange und zehn Zentimeter breite Brett alt, das Archäologen in einem Moor in Schweden entdeckten. Diese Skier wurden als Fortbewegungsmittel auf Schnee benutzt, beweist das 4000 Jahre alte, in Stein gemeißelte Bild eines Skifahrers in der norwegischen Provinz Nordland. (»Lappländer auf der Jagd«, Holzschnitt, 1555)

Skilift (1907) Mehr als vier Jahrtausende mussten Skifahrer sich bergauf mehr oder minder mühsam quälen, bis 1907 in Bödele in Vorarlberg der erste Skilift in Betrieb genommen wurde. Der bestand aus einem Motor auf dem Berg, der mit einem Seil einen Schlitten den Hang hinaufschleppte, auf dem wiederum Skifahrer Platz nehmen konnten.

Snowboard (1900) Der Österreicher Toni Lenhardt baute 1900 den ersten Vorläufer eines Snowboards, den er Monogleiter nannte und der im Prinzip ein einzelner Ski war. 1914 gab es in Bruck an der Mur die ersten offiziellen Monogleiter-Wettbewerbe. Nach dem Vorbild des Surfbrettes entwickelte dann Dimitrije Milovich im US-Bundesstaat Utah ab 1970 das erste richtige Snowboard mit Stahlkanten.

Schlepplift (1908) Bereits 1908 nahm der Gastwirt Robert Winterhalder in der Gemeinde Schollach im Hochschwarzwald dann den ersten Schlepplift in Betrieb (die Abbildung zeigt das Eröffnungsplakat). Die Skifahrer hielten sich mit speziellen Zangen am Zugseil fest, das mit Wasserkraft angetrieben auf einer Strecke von 252 Metern immerhin 32 Meter Höhenunterschied überwand. Im ersten Weltkrieg wurde das Material dieser Seilbahn dann für das Militär eingeschmolzen.

Luftseilbahn (1861) Friedrich Franz von Dücker stellte 1861 in Oeynhausen eine Seileisenbahn vor, die zunächst nur Waren transportierte. Don Leonardo Torres y Quevedo konstruierte dann im spanischen San Sebastian die erste Seilbahn für Passagiere, die am 30. September 1907 eingeweiht wurde. Am 29. Juni 1908 konnte der Bozener Gastwirt Josef Staffler schließlich die erste Luftseilbahn der Alpen eröffnen (Abbildung), die in einer Fahrzeit von fünf Minuten noch heute zwei Ortsteile der Gemeinde Zwölfmalgreien miteinander verbindet, zwischen denen 843 Meter Höhenunterschied liegen.

Ascenseur hydraulique employé aux États-Unis.

Sessellift (1936) 1936 konstruierte James Curren im Skigebiet Sun Valley des US-Bundesstaates Idaho eine Seilbahn, bei der statt einer Gondel viele Sessel am Seil festgeklemmt waren. Nach dem gleichen Prinzip werden noch heute Sessellifte in aller Welt gebaut.

Personenaufzug (1853) Einen einfachen Lastenaufzug soll der Grieche Archimedes bereits 236 vor Christus gebaut haben. Als Personenaufzug aber erlebte dieses Transportmittel seinen Durchbruch erst mit Elisha Graves Otis. 1853 präsentierte der US-Amerikaner eindrucksvoll seinen absturzsicheren hydraulischen Lift (Abbildung) vor einem größeren Publikum in New York: Der Erfinder selbst stand im Aufzug, als sein Assistent das einzige Tragseil durchschnitt. Der Aufzug bremste sich selbst, der Erfinder stieg strahlend aus der Kabine – der Siegeszug der Wolkenkratzer konnte beginnen.

Paternoster (1876) 1876 wurde im General Post Office in London der erste Paternoster eröffnet. An einer zwischen den Stockwerken durch zwei nebeneinanderliegende geräumige Schächte umlaufenden Kette waren mehrere Kabinen eingehängt, die über dem obersten und unter dem untersten Stockwerk mit großen Scheiben automatisch in den anderen Schacht umgesetzt wurden. Ursprünglich für den Transport von Paketen gebaut, wurden Paternoster bald nur noch für den Personentransport eingesetzt.

Fahrsteig (1892) Am 15. März 1892 erhielt der Amerikaner Jesse Reno ein Patent für ein schräges Gummiförderband mit aufmontierten Holzplatten. 1895 war dieses Förderband für Menschen eine Riesenattraktion in einem Vergnügungspark. Heute werden solche Fahrsteige in Ballungszentrum zum schnellen Transport vieler Menschen vor allem in Bahnhöfen und Flughäfen eingesetzt.

Archimedische Schraube (3. Jh. v. Chr.) Im 3. Jahrhundert vor Christus erfand der griechische Naturforscher Archimedes eine später nach ihm benannte Transporttechnik, die noch heute in unzähligen Anlagen eingesetzt wird. An einer Stange windet sich ein glattes Band von einem Ende zum anderen. Dreht sich diese archimedische Schraube oder Schnecke in einem engen Rohr, transportiert sie alle aufgelegten Gegenstände und eingeleiteten Flüssigkeiten zum anderen Schraubenende.

Rolltreppe (1892) Fünf Monate nach Jesse Reno erhielt sein Landsmann George Wheeler im August 1892 das Patent auf eine ähnliche Konstruktion, die statt Holzplatten Treppenstufen trug. Auf der Pariser Weltausstellung 1900 schaffte die Rolltreppe dann ihren Durchbruch und wurde zunächst vor allem in den USA in Kaufhäusern und U-Bahnhöfen installiert.

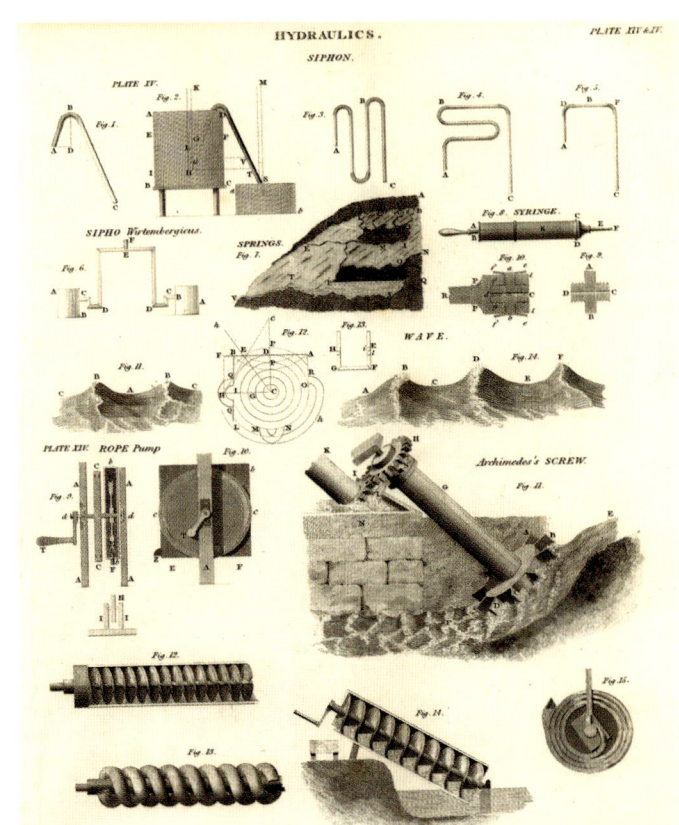

Sänfte Bereits in der Frühzeit der Menschheit wurden Personen, die nicht laufen konnten oder wollten, in Kabinen transportiert, an denen Stangen für Träger angebracht waren. Ab 1617 waren solche »Portechaisen« als Vorläufer öffentlicher Taxis in Paris im Einsatz, 1688 gab es diese Sänften auch in Berlin. (Ägyptisches Relief aus Sakkara, um 2330 v. Chr.)

Rad (um 4000 v. Chr.) Viele Jahrtausende transportierten Menschen alle Waren entweder am eigenen Körper, oder schleiften sie über den Boden. Der Erfinder des Rades verringerte den dafür benötigten hohen Energieaufwand enorm. Obwohl das Rad eine der wichtigsten Erfindungen der Menschheit ist, wird wohl kaum geklärt werden können, wann und wo es erfunden wurde. Die erste Darstellung eines Rads (Abbildung) ist gut 6000 Jahre alt und stammt aus Ur im heutigen Irak.

Achse (um 4000 v. Chr.) Erst als das Rad auf eine Stange gesteckt wurde, entstand daraus ein Transportmittel. Möglicherweise waren spielende Kinder die eigentlichen Erfinder dieser Konstruktion: Als ihre Mutter die Spindel gerade einmal nicht zum Spinnen brauchte, könnten sie dieses wichtige Steinzeitutensil auf dem Boden gerollt haben. Erst als ein findiger Kopf aber auf das lange Ende des Wirtels eine zweite Spindel aufsetzte, begann dieses Spielzeug – statt immer im Kreis herum – plötzlich, geradeaus zu laufen. Damit aber war die Achse mit zwei Rädern am Ende erfunden.

Karre (um 3500 v. Chr.) Die nächste Erfindung ließ wohl kaum lange auf sich warten: Auf die Achse mit den beiden Rädern wurde ein Kasten gesetzt. Mit einer angebrachten Stange kann man diese Karre auf festem Untergrund viel leichter ziehen als die Schleife, aus der sie wohl entstanden ist. 3500 vor Christus tauchten solche Karren erstmals in Indien auf.

Wagen (um 3700 v. Chr.) Baut man eine Karre nicht mit einer Achse und zwei Rädern, sondern montiert gleich zwei Achsen, steht dieses Gefährt ohne Stütze von selbst aufrecht. Erfunden haben diesen Wagen bereits die Menschen der Majkop-Kultur, die 3700 vor Christus im Westen des Kaukasus lebten und ihre Toten auf solchen Wagen begruben. 3500 vor Christus zeigt ein Bild auf einem im Süden des heutigen Polen gefundenen Tonkrug gleich zwei solcher vierrädriger Wagen. (Römischer Votiv-Wagen mit Gladiatoren, 1./2. Jh.)

Schubkarre (vor 408 v. Chr.) Montiert man nur ein Rad in die Mitte einer kurzen Achse und baut darüber eine Karre, die über zwei Stangen geschoben werden kann, hat man eine Schubkarre. Sie wurde zum ersten mal 408 vor Christus auf einer Bauliste in Griechenland erwähnt und fehlt noch heute auf keiner Baustelle der Welt.

Speiche (um 2000 v. Chr.) Die ersten Räder wurden aus Baumstämmen herausgeschnitten und waren nicht nur massiv, sondern auch entsprechend schwer. Schon in der Steinzeit schlugen die Fuhrleute daher Kerben in die Räder, um das Gewicht zu verringern und so Kraft zu sparen. Ungefähr 2000 vor Christus erfanden die Menschen in Mesopotamien und Mitteleuropa ungefähr gleichzeitig die Speiche, die einen Holzreifen stützt.

Reifen (um 2000 v. Chr.) Ungefähr zur Zeit der Erfindung der Speiche wurden auf die Räder auch erste Metallreifen aufgezogen, die zunächst aus Bronze und später aus Eisen waren. Sie verringern den Rollwiderstand und erleichtern so den Transport weiter.

Gummireifen (1898) 1898 gründeten die beiden deutschen Einwanderer Frank und Charles Seiberling eine Firma, die aus dem von Charles Goodyear erfundenen Vulkanisier-Gummi Reifen herstellte und die sie nach dem Erfinder benannten. Als diese elastischen Gummireifen in großen Mengen verfügbar waren, wurde das Fahren erheblich bequemer.

Kutsche (15. Jh.) Bereits im zweiten Jahrhundert federten die Römer ihre Wagen und nahmen dem Fahren so einen großen Teil seiner Strapazen. Diese Erfindung ging allerdings verloren, die gefederten Wagen wurden erst im 15. Jahrhundert im ungarischen Kocs wieder erfunden. Nach diesem Ort wurden die bequemen Wagen dann »Kutsche« genannt und verbreiteten sich rasch in Europa.

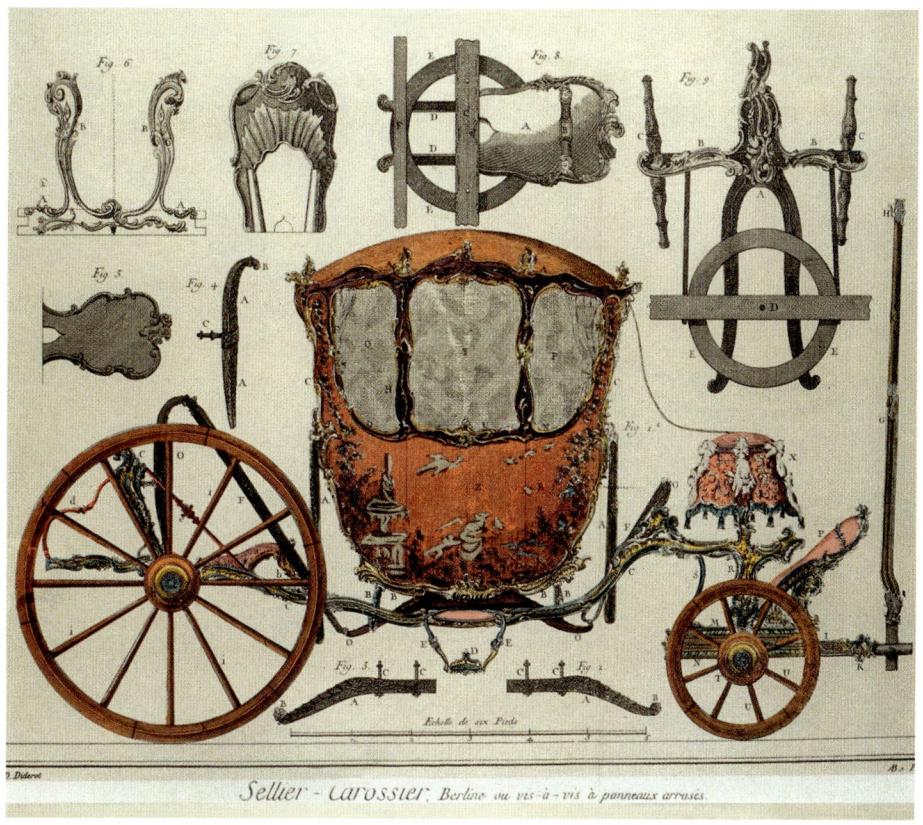

Sellier - Carossier. Berline ou vis-à-vis à panneaux arrases.

Asphalt (um 2000 v. Chr.) Naturasphalt wurde bereits um 2000 vor Christus in Mesopotamien als Abdichtung für Boote und Toiletten verwendet. Im siebten Jahrhundert vor Christus kam Asphalt als Mörtelbett für Prachtstraßen in Assyrien und Babylonien zum Einsatz. 1796 wurde im englischen Sunderland erstmals eine Holzbrücke mit einem Asphaltbelag versehen. Schon vorher waren Gehsteige in Paris und anderen Städten asphaltiert worden. 1851 erhielt ein 78 Meter langes Stück einer Fernstraße nach Paris den ersten Asphaltbelag. (Asphalt-Leger in Paris, um 1881)

Straßen Alle Wagen benötigen aber einen relativ ebenen und vor allem festen Untergrund. Einmal erfunden, wurden daher bald auch Straßen nötig. Die Griechen bauten daher steinerne Schienenwege, die Römer erschlossen ihr gesamtes Reich durch ein ausgedehntes Straßennetz. Die Via Appia (Abbildung) war die bedeutendste Straße des Römischen Reichs.

Brücken (um 1300 v. Chr.) Hindernisse wie Bäche und Flüsse überwanden Menschen seit alters her mit Brücken. Die ersten Brücken waren wohl Baumstämme, die über schmalere Wasserläufe gelegt wurden. 1300 vor Christus bauten Mykener auf dem Peloponnes aus riesigen Bruchsteinen erste Bogenbrücken, die noch heute stehen. Etrusker und Römer errichteten dann Brücken mit mehreren Bogen und fügten die Steine bereits mit einer Art Beton zusammen.

Draisine (1817) Einzelne Menschen bewegten sich bis ins 19. Jahrhundert nur auf Pferden flott fort. Dann erfand Karl Drais 1817 in Mannheim einen Wagen, der statt auf vier nur auf zwei hintereinanderliegenden Rädern stand. Dazwischen saß der Besitzer auf einem Sattel und stieß seine Draisine mit den Füßen vorwärts. Da Pferde damals aufgrund massiver Missernten nach dem Ausbruch des Tambora-Vulkans in Indonesien überall auf der Welt extrem knapp waren, sah der Erfinder eine gute Zukunft für seine Draisine. Die Menschen hatten aber Angst, das Gleichgewicht nicht halten zu können, und das Fahrzeug geriet wieder in Vergessenheit.

Fahrrad (1864) Die Franzosen Pierre Michaux und Pierre Lallement erfanden 1864 für das Zweirad des Karl Drais einen Pedalantrieb, den der Schweinfurter Gemeinderat Philipp Moritz Fischer dann 1869 weiter verbreitete (Abbildung). Damit hatte die Geburtsstunde des Fahrrads endgültig geschlagen.

Kugellager (vor 700 v. Chr.) Zwei ineinanderliegende Ringe, zwischen denen sich Kugeln befinden, lassen sich sehr leicht und fast ohne Widerstand ineinanderdrehen. Ein erstes solches Wälzlager hatten bereits die Kelten 700 vor Christus für die Radlager ihrer Streitwagen entwickelt. Wichtig wurden diese Kugellager vor allem, als die ersten Fahrräder mit der eher begrenzten menschlichen Muskelkraft angetrieben wurden. Friedrich Fischer, Wilhelm Höpflinger und Ernst Sachs entwickelten für diesen Zweck zwischen 1890 und 1910 in Schweinfurt besonders leicht laufende Kugellager, die mit Spezialmaschinen hergestellt wurden.

Torpedo-Freilaufnabe (1900) Im Jahr 1900 erleichterte der Schweinfurter Ingenieur und Erfinder Ernst Sachs das Fahrradfahren mit seiner Torpedo-Freilaufnabe weiter. Grundlage war der bereits 1889 in den USA patentierte Freilauf, der den Kettenantrieb vom Hinterrad abkoppelt, sobald der Radfahrer aufhört, in die Pedale zu treten. Damit konnte ein Rad im Leerlauf weiterrollen und der Fahrer sich eine Verschnaufpause gönnen. Ernst Sachs baute in diesen Freilauf noch eine Bremse ein, die anspricht, wenn die Pedale gegen die Tretrichtung bedient werden. Damit machte er das Fahrrad zu einem bequemen und sicheren Verkehrsmittel. (Fahrradproduktion um 1900)

Rikscha (um 1870) Ein anglikanischer Geistlicher namens M. B. Bailey habe am Anfang der 1870er Jahre in Tokio die Idee gehabt, auf einen Handwagen einen Stuhl zu montieren, erklärt der deutsche rasende Reporter Egon Erwin Kisch in seinem China-Buch. Gedacht war das Gefährt für Europäer, denen die üblichen Sänften im Land zu eng waren. Weil Menschen diese Karren zogen, hieß das Gefährt »jin« – »riki« – »sha« oder deutsch »Menschenkraftfahrzeug«. Über China und Indien eroberte diese Rikscha weite Teile Asiens.

Gleise (Anfang 16. Jh.) Am Ende des Mittelalters entwickelten Bergbau-Ingenieure das Schienenprinzip weiter und frästen nicht mehr mühevoll Spurrillen ins Gestein, sondern verlegten die ersten richtigen Gleise. Diese waren aus Holz, berichtet Georgius Agricola 1530. (Pferde gezogene Schienenbahn, 18. Jh.)

Schienen (um 2000 v. Chr.) Bereits vor 4000 Jahren zogen Straßenbauer in Ägypten Rillen in ihre Wege, in denen die Wagen auch bei schlüpfriger Oberfläche relativ sicher geführt wurden. Ungefähr 600 vor Christus bauten die Griechen über den Isthmus von Korinth einen gut acht Kilometer langen Pflasterweg, in den sie zwei Rillen mit einer Spurweite von 160 Zentimetern einfrästen. Dort konnten Schiffe mit Längen bis zu 35 Metern auf Wagen verladen und über diese Schienen von der Adria in die Ägäis gezogen werden. Selbst zu Anfang des 19. Jahrhunderts wurden solche Steinschienbahnen in Europa noch gebaut, wie der Hagtor Tramway (Abbildung) in England (um 1820).

Spurkranz (um 1730) In den 1730er Jahren baute der Engländer Ralph Allen an die Innenseite der Räder von Schienenfahrzeugen einen wenige Zentimeter hohen Wulst. Die beiden Spurkränze zweier Räder an einer Achse haben genau den gleichen Abstand wie die Innenkante der Gleise und halten das Fahrzeug so gut in der Spur.

Dampfwagen (1769) Das französische Kriegsministerium hatte Nicholas Cugnot beauftragt, eine Zugmaschine für die Artillerie zu bauen, weil die Pferde die schweren Geschütze kaum noch ziehen konnten. 1769 präsentierte der Offizier einen Wagen mit drei klobigen Rädern, vor dem eine unförmige Dampfmaschine hing (Abbildung). Erwartungsgemäß ließ sich das Gefährt schwer lenken und donnerte mit dem Höllentempo von etwa drei Kilometern in der Stunde in die Mauern der Kaserne. Zwar wurde die Erfindung daraufhin zu den Akten gelegt, aber mit diesem Dampfwagen war ein Vorläufer von Eisenbahn und Traktor konstruiert.

Eisenschienen (um 1750) Hölzerne Schienen vermodern rasch und lassen daher Schienenfahrzeuge trotz Spurkranz häufig entgleisen. Da in England die Eisenproduktion boomte, ersetzten die Briten ab der Mitte des 18. Jahrhunderts Holzgleise zunehmend durch Eisenschienen, ab 1770 wurden nur noch die eisernen Gleise verwendet.

Dampflokomotive (1804) Nachdem der Engländer Richard Trevithik 1801 und 1803 einen ähnlichen Dampfwagen wie Nicholos Cugnot gebaut hatte (Abbildung), setzte er diesen »schnaufenden Teufel« oder »Puffing Devil« auch auf Schienen. Am 21. Februar 1804 zog die erste Dampflokomotive fünf Waggons mit zehn Tonnen Eisen und siebzig Männern in etwas mehr als vier Stunden über eine 15,7 Kilometer lange Schienenverbindung. Allerdings zerbrachen unter dem hohen Gewicht die Schienen aus Gusseisen häufig, die für die erheblich leichteren, von Tieren gezogenen Bahnen ausgelegt waren. Die erste Lokomotive war daher ein wirtschaftlicher Misserfolg.

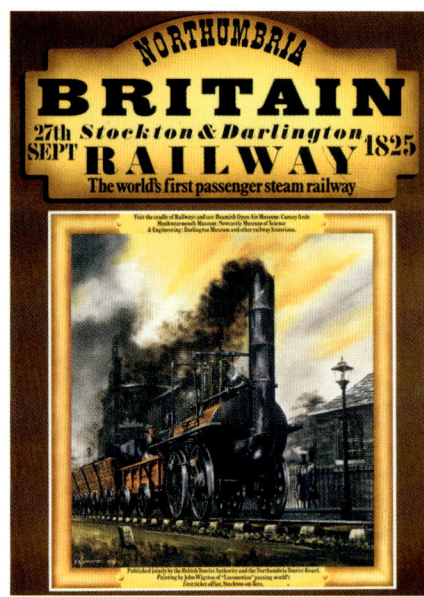

Eisenbahn (1825) Auch der Engländer George Stephenson konstruierte seine erste Lokomotive für den Bergbau. Die »Blücher« zog am 25. Juli 1814 immerhin 30 Tonnen über leicht ansteigende Gleise. Der Brite verbesserte die Technik weiter und überzeugte Politiker davon, dass diese Eisenbahn auch für den Personenverkehr geeignet sei. Am 27. September 1825 zog die »Locomotion« (Abbildung) dann auf der ersten öffentlichen Eisenbahnlinie zwischen Darlington und Stockton im Norden Englands 38 Wagen, auf denen rund 600 Menschen saßen. Bereits die erste Eisenbahn der Welt war also wohl überfüllt.

Pferdebahn (1832) Für den Massenverkehr innerhalb von Städten waren die Dampfmaschinen zu schwerfällig, zu groß und wohl auch zu gefährlich. Die Stadt New York entschied sich daher für Pferde als Antriebskraft ihrer ersten Straßenbahn, die am 26. November 1832 ihren Betrieb aufnahm.

Dampfstraßenbahn (um 1880) Zwischen den Bahnhöfen größerer Städte und den umliegenden, nicht an das Bahnnetz angeschlossenen Gemeinden wurden vor allem zwischen 1880 und 1910 Dampfstraßenbahnen eingerichtet. Sie übernahmen zwischen der Eisenbahn im Überlandverkehr und der Pferdebahn im innerstädtischen Bereich die gleiche Funktion wie die S-Bahn heute. Um die Gefahr für Pferde und Fußgänger zu verringern, waren die Lokomotiven gut verkleidet. (Dampfstraßenbahn am Stiglmaierplatz, München, um 1881)

Straßenbahn (1881) Im innerstädtischen Verkehr feierte der Elektroantrieb schnell Triumphe, weil er im Gegensatz zum Qualm der Dampfloks sehr sauber ist. Am 16. Mai 1881 eröffnete Werner von Siemens in Lichterfelde bei Berlin eine 2,5 Kilometer lange elektrifizierte Straßenbahnstrecke, die ihren Strom über beide Schienen erhielt. Schon sicherer war die Oberleitung der Straßenbahn, die ebenfalls 1881 in Paris in Betrieb ging (Abbildung).

Elektrolokomotive (1879) Erste Versuche mit elektrischem Strom als Antrieb für die sich schnell entwickelnde Eisenbahn scheiterten in den 1830er und 1840er Jahren, weil die benötigten Batterien zu schwer waren. Erst 1879 baute Werner von Siemens in Berlin eine Lokomotive, deren Elektromotor über eine separate Zuleitungsschiene mit Strom versorgt wurde. Abgeleitet wurde der Strom über die Schienen. (Erste Einphasen-Wechselstrom-Lokomotive, 1905)

Schwebebahn (1901) Im Tal der Wupper war in den engen Straßen der rasch gewachsenen Industriestadt Wuppertal kein Platz für eine Straßenbahn. Dort wurde daher am 1. März 1901 eine Schwebebahn in Betrieb genommen, die Eugen Langen in den 1880er Jahren in Köln konzipiert hatte. Die Wagen hängen an den Laufgestellen von Rädern, die auf einer einzigen Schiene laufen, die sich über dem Fahrzeug befindet. Diese Schiene wiederum liegt auf Stützpfeilern und verläuft über der Wupper und den Straßen der Stadt.

U-Bahn (1863) Beengte Verhältnisse standen auch Pate für die erste U-Bahn der Welt, die am 10. Januar 1863 in London zum ersten Mal in Tunneln unter den Straßen der Stadt fuhr und die außerhalb liegenden Kopfbahnhöfe mit der City verband. Sie wurde allerdings noch von Dampflokomotiven gezogen. Die erste elektrisch betriebene U-Bahn fuhr am 4. November 1890 ebenfalls in London.

Kabelbahn (1873) Am 2. August 1873 testete Andrew Hallidie in San Francisco eine ähnliche Standseilbahn, die aber ein umlaufendes Kabel verwendete, das unter der Straße in einem Graben läuft. Der Führer einer solchen Kabelbahn schließt eine Klaue um das Seil und hakt das Cable Car so fest. An Haltestellen oder Kreuzungen löst er die Klaue wieder. Die Seile wurden zunächst mit Pferden und später mit einer Dampfmaschine angetrieben.

Standseilbahn (Anfang 19. Jh.) Gleitet ein großer, mit Wasser gefüllter Trog auf Schienen von einem hoch liegenden Kanal über eine schräge Ebene abwärts, kann er über ein Seil und eine Umlenkrolle in der Bergstation einen anderen Trog mit einem darin schwimmenden Schiff vom tiefer liegenden Kanal nach oben ziehen. Ein relativ kleiner Elektromotor gleicht die Reibungsverluste aus. Auf halbem Weg gleiten beide Tröge an einer Ausweichstelle aneinander vorbei. Solche Standseilbahnen wurden bereits am Anfang des 19. Jahrhunderts in den USA gebaut. 1862 wurde in Lyon eine ähnliche Standseilbahn eröffnet, die aber wie auch spätere Bahnen vor allem Personen transportiert. Die Abbildung zeigt die 2006 eröffnete, unterirdisch laufende Standseilbahn in Istanbul.

S-Bahn (1882) Als in Berlin der Fern- und Nahverkehr bei der Eisenbahn so zugenommen hatten, dass zweigleisige Strecken durch die Stadt nicht mehr reichten, wurden 1882 zunächst von Charlottenburg bis in das Zentrum von Berlin zwei weitere Gleise parallel zur Fernbahn verlegt, auf denen nur der Nahverkehr rollte. Diese Stadtbahn wurde bald auf weitere Strecken ausgedehnt. Seit Dezember 1930 wurde für dieses mit der U-Bahn konkurrierende System der Eisenbahn dann der Begriff S-Bahn eingeführt.

Diesellokomotive (um 1920) Dieselmotoren wurden erst sehr spät in Lokomotiven eingesetzt, weil es keine Kupp-
lungen gab, die nach dem Start langsam
einkuppelten. Erst in den 1920er Jahren
wurde die Kraft der Dieselmotoren auf
Elektromotoren übertragen, die ihrerseits die Räder antreiben.

Zahnradbahn (1812) Der Engländer
John Blenkinsop konstruierte bereits
1812 seine Dampflokomotive »Puffing
Billy« oder »Schnaufender Billy« (Abbildung), die ein Zahnrad antrieb, das in
einer Zahnstange neben den Gleisen lief
und so den Zug zog. 1816 wurden auch
in Berlin Lokomotiven gebaut, deren
Zahnrad in Nägel griff, die neben den
Schienen eingeschlagen waren und so
die Lok vorwärtszogen. Dieser Antrieb
war allerdings sehr umständlich. Erst als
in den 1860er Jahren der Bergtourismus
boomte, wurden Zahnradbahnen wieder interessant, weil sie auch steile Strecken bewältigen. Die erste dieser Berg-
bahnen baute Sylvester Marsh auf den
Mount Washington in den USA. Sie
wurde 1869 eröffnet.

Magnetschwebebahn (1914) 1914 stellte der Franzose Emile
Bachelet in London eine revolutionäre Eisenbahn vor, die ohne
Räder, Gleise und Lokomotive auskam und doch alle Geschwin-
digkeitsrekorde brechen sollte. Dabei lässt die Anziehung und
Abstoßung zwischen Magnetfeldern den Zug schweben, starke
Magnetfelder ziehen das Gefährt gleichzeitig vorwärts. Herrmann Kempner entwickelte seit 1922 in Deutschland das Prinzip weiter. Die Abbildung zeigt einen deutschen Transrapid 04
der 1970er Jahre.

Hydrodynamischer Drehmomentwandler (1909) Zwischen
1904 und 1909 entwickelt Herrmann Föttinger in Stettin einen
hydrodynamischen Drehmomentwandler. Darin treibt ein Motor ein Pumpenrad an, dass eine Flüssigkeit wie Wasser oder Öl
langsam in Bewegung setzt. Die Strömung treibt eine Turbine
an, die wiederum die Kraft an den eigentlichen Antrieb weiter-
gibt. Ursprünglich für Schiffe entwickelt, ermöglichte dieses
Prinzip nach dem Zweiten Weltkrieg erste Diesellokomotiven,
die ohne den Umweg Elektromotor ihre Kraft übertragen. Au-
tomatikgetriebe im Auto funktionieren nach einem ähnlichen
Prinzip.

Transrapid (1983) Vor allem an der Technischen Universität Braunschweig wurde seit 1969 die vorher nur auf dem Papier vorliegende Magnetschwebebahn zum »Transrapid« weiter entwickelt. Im Oktober 1983 ging die erste Versuchsstrecke im Emsland in Betrieb, 1993 erreichte die Bahn ein Tempo von 450 Kilometern in der Stunde. Seit Anfang 2002 fährt der Transrapid als Flughafenzugbringer in Shanghai, dort stellte er mit 501 Kilometern in der Stunde 2003 einen neuen Geschwindigkeitsrekord auf. Ein parallel in Japan entwickeltes System erreichte im gleichen Jahr sogar 581 Stundenkilometer.

Automobil (1886) Unabhängig von den Elementen und der eigenen Muskelkraft oder der Kraft von Tieren beliebig durch die Lande zu fahren, blieb bis zum 3. Juli 1886 ein unerfüllter Traum vieler Menschen. An diesem Tag aber knatterte in Mannheim zum ersten mal ein Fahrzeug über die Straßen, das von einem Verbrennungsmotor angetrieben wurde. Carl Benz (Abbildung) hatte es entwickelt.

Tankstelle (1888) Am 5. August 1888 startete Bertha Benz, die Frau des Auto-Erfinders Carl Benz, in Mannheim zur ersten Überlandfahrt nach Pforzheim. Unterwegs ging ihr das Waschbenzin aus, und sie besorgte in der Stadtapotheke von Wiesloch neuen Sprit. Dieser ersten »Tankstelle« folgten bald weitere, 1909 verkauften bereits 2500 Drogerien und Kolonialwarenläden in Deutschland Waschbenzin.

Zapfsäule (1917) In allerlei mehr oder minder gut geeigneten Gefäßen wurde anfangs der Sprit für Automotoren verkauft. Oft genug gab es schwere Unfälle beim Einfüllen in den Tank. 1917 stellte dann die Ölfirma »Standard Oil of Indiana« in den USA die erste Zapfsäule vor. Von ihr pumpte man mit einer Handpumpe das Benzin über einen Schlauch direkt in den Tank.

Sicherheitsgurt (1903) Bereits am 11. Mai 1903 erhielt der Franzose Gustave-Désiré Leveau ein Patent für einen Vier-Punkt-Sicherheitsgurt. Erst 1957 aber wurden Beckengurte in Serienfahrzeuge der Luxusklasse eingebaut. 1959 entwickelte dann der Schwede Nils Bohlin (Abbildung) den erheblich besseren Drei-Punkt-Sicherheitsgurt, der im gleichen Jahr serienmäßig in Volvo-Automobile eingebaut wurde.

Airbag (1920) 1920 wurden die ersten aufblasbaren Plastiksäcke für Flugzeuge entwickelt, die Passagiere bei einem Unfall vor schweren Verletzungen bewahren sollten. Da viele Menschen bei Straßenverkehrsunfällen ums Leben kamen, begannen 1967 die Ingenieure von Mercedes-Benz, den Airbag für den Straßenverkehr zu entwickeln. 1974 kamen in den USA und 1980 in Deutschland die ersten Autos mit Airbags auf die Straße. 1995 gab es dann auch den Seiten-Airbag.

Lastkraftwagen (1896) Gottlieb Daimler stellte am 1. Oktober 1896 in Cannstatt bei Stuttgart das erste Auto für den Transport von Gütern vor. Der »Phönix« genannte Lastkraftwagen konnte mit seinen vier Pferdestärken immerhin 1,5 Tonnen transportieren und donnerte mit rasanten 16 Kilometern in der Stunde über die Wege.

Omnibus (1895) In Handarbeit baute Carl Benz ein Auto, das mit seinen fünf Pferdestärken immerhin acht Personen transportieren konnte. Am 18. März 1895 nahm dieser »Omnibus« zwischen Siegen und Netphen im Siegerland den ersten motorisierten Linienbetrieb mit 15 Kilometern in der Stunde auf.

Fahrverbot (45 v. Chr.) Fahrverbote sind keine Erfindungen der Neuzeit. Schon im alten Rom drohte immer wieder der Verkehrskollaps, weil sich auf den Straßen neben Fußgängern einfach zu viele Wagen und Lasttiere drängten. Deshalb verhängte Caesar schon 45 vor Christus ein Fahrverbot für Fuhrwerke, das für die Tagesstunden galt. Ausgenommen waren nur Baufahrzeuge.

Fußgängerampel (1961) Die erste Fußgängerampel, die den Autoverkehr nur deshalb stoppte, um Fußgängern das Überqueren der Straße zu ermöglichen, wurde am 13. Oktober 1961 in Ost-Berlin vorgestellt.

Ampel (1914) Als 1868 vor dem Parlament in London das Pferdekutschenaufkommen zu dicht wurde, sollte der Verkehr mit Hilfe verschiedenfarbiger Gaslichter geregelt werden. Allerdings funktionierte die erste Verkehrsampel der Geschichte nicht lange, weil die Gaslichter bald explodierten. Am 5. August 1914 ging im US-amerikanischen Cleveland dann die erste Verkehrsampel mit elektrischem Licht in Betrieb, die ein rotes und ein grünes Signal zeigte. Das gelbe Signallicht kam erst 1920 in Detroit und New York dazu.

Zebrastreifen (1951) Erste Zebrastreifen gab es bereits im römischen Reich, als über die schlammigen Straßen breite Trittsteine gelegt wurden, auf denen Fußgänger sauberen Fußes über die Karrenwege kommen konnten (Abbildung). Zwischen den Steinen war genug Platz, um Karrenräder durchzulassen. Die Symbolik wurde 1951 in Großbritannien übernommen, und lange parallele »Trittsteine« wurden auf die Straße gemalt. Diese Zebrastreifen signalisieren noch heute: »Vorfahrt für Fußgänger«.

FORTBEWEGUNG

Motorrad (1885) Zwei mit Metall beschlagene Räder aus Holz, zwei Stützräder, ein Pferdesattel und vor allem ein nagelneu entwickelter Petroleummotor mit Auspuff direkt unter dem Sattel stellten Gottfried Daimler und Wilhelm Maybach als »Reitwagen« vor (Abbildung). Nach dem Patent vom 29. August 1885 führte die erste Probefahrt dieses 0,5 PS starken ersten Motorrades am 10. November 1885 über drei Kilometer von Cannstatt nach Untertürkheim.

Motorroller (1919) 1919 brachte die Firma Krupp in Essen als »Motorläufer« ein nur 130 Zentimeter langes Motorrad auf den Markt, das zwischen Sitzbank und Frontkarosserie einen Durchstieg hat. Als Motorroller sind diese Fahrzeuge heute vor allem im Stadtverkehr beliebt.

Mofa (um 1930) Als in den 1930er Jahren leistungsfähige, kleine Motoren mit rund 2 PS zur Verfügung standen, bauten verschiedene Firmen in Deutschland kleine Motorräder, die Fahrrädern sehr ähnlich sahen und daher Motorfahrrad genannt wurden. Aus diesen kurz »MoFa« genannten Fahrzeugen entstanden die modernen Kleinkrafträder mit einer Höchstgeschwindigkeit von 45 Stundenkilometern.

Rollstuhl (1655) Der nach einem Unfall an den Beinen gelähmte Uhrmacher Stephan Farffler erfand 1655 in Nürnberg einen Stuhl auf drei Rädern (Abbildung). Um am Sonntag aus eigener Kraft in die Kirche zu kommen, trieb er diesen Rollstuhl über Handkurbeln und ein Zahnrad an.

Rollschuhe (1852) Erst 1852 meldete ein heute unbekannter Mann in London erste echte Rollschuhe zum Patent an, die statt zwei hintereinanderliegenden Rädern auf vier rechteckig unter den Sohlen befestigten Rädern viel sicherer standen. Die Abbildung zeigt ein Paar aus den 1880er Jahren.

Inline-Skater (1759) Um Aufsehen zu erregen, montierte der Belgier Jean-Joseph Merlin 1759 Räder an Schuhe und spielte auf diesen Rollschuhen auch Geige. Da jegliche Bremsen fehlten, fuhr der Belgier bei einer Vorführung vor dem englischen Königshaus 1760 in einen großen Spiegel und verletzte sich schwer. Die Räder befanden sich hintereinander, Jean-Joseph Merlin hatte damals bereits die um 1980 in den USA wiederentdeckten Inline-Skater erfunden.

Seifenkiste (um 1900) Um das Jahr 1900 bedruckte ein US-amerikanischer Seifenfabrikant seine großen Transportkisten mit Anleitungen für den Bau einfacher Fahrzeuge für Kinder aus diesen Kisten. Später lieferte er auch noch Räder und Achsen für solche Fahrzeuge. Bereits 1904 gab es in Deutschland und der Schweiz die ersten Seifenkistenrennen.

Einbaum (um 4000 v. Chr.) Da auch Tiere auf schwimmenden Baumstämmen Gewässer überqueren, werden ähnlich auch die ersten Menschen vorangekommen sein. Bequemer war dieser Transport aber in einem ausgehöhlten Baumstamm, der im Wasser nicht rollt und seine Passagiere trocken beförderte. Vor mindestens 6000 Jahren höhlten Menschen solche Einbäume dann auch mit Werkzeugen aus.

Tretauto (um 1900) Während Seifenkisten keinen Antrieb haben, bauten deutsche Firmen um 1900 die ersten Autos für Kinder, die ähnlich wie ein Fahrrad über Pedale und eine Kette angetrieben wurden. Eine Hamburger Firma hatte 1910 bereits sieben Modelle dieser Tretautos im Sortiment, eines davon hatte sechs Sitzplätze.

Piroge (1. Jh.) Größere Lasten kann ein Einbaum transportieren, wenn die Seitenwände mit Planken erhöht werden. Solche Pirogen wurden wohl ebenfalls sehr früh erfunden. Mit ihnen fuhren indonesische Völker vor 2000 Jahren vermutlich über den Indischen Ozean und besiedelten Madagaskar.

Floß (vor 950 v. Chr.) Um das Rollen zu verhindern, können Baumstämme auch zusammengebunden werden. Wann Menschen dieses erste Floß benutzten, ist ebenfalls unbekannt. Bereits das Alte Testament berichtet aber von Flößen, die der König von Tyros Hiram um 950 vor Christus über das Meer schickte. Die Abbildung zeigt das Modell eines babylonischen Floßes aus der Zeit um 700 v. Chr.)

Kanu Sehr früh erkannten die Menschen, dass es einfacher ist, die Form eines ausgehöhlten Baumstamms mit Weiden oder Schilf nachzuahmen. Oder sie formten nur ein Gerüst aus Knochen und bespannten es mit Tierhäuten. Als sie gelernt hatten, Bretter herzustellen, ersetzten dann Planken die Tierhaut. Die langgestreckte Baumform aber hat das Kanu noch heute.

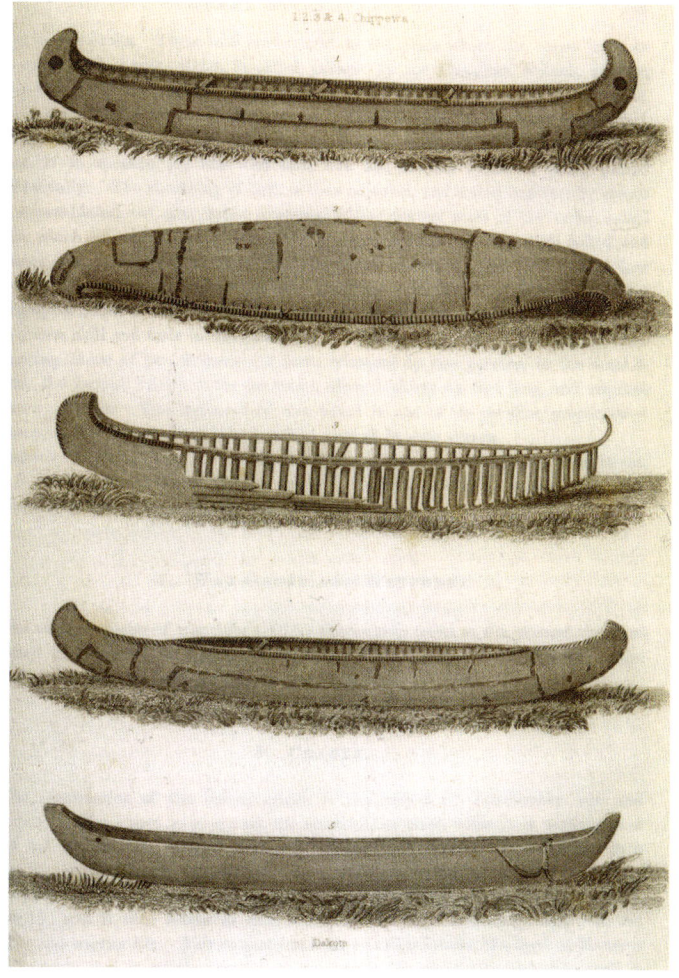

Auslegerkanu (um 3000 v. Chr.) Ungefähr 3000 vor Christus bauten die Menschen ihre Kanus immer schmaler. Dadurch wurden sie zwar erheblich schneller, kenterten aber auch viel leichter. Das verhinderten die Bootsfahrer, als sie einen Baumstamm oder einen kleineren zweiten Rumpf parallel zum Kanu fest mit diesem verbanden. Mit solchen Auslegerkanus eroberten die Menschen im Laufe der Zeit die meisten Inseln im Pazifik und erreichten vor knapp tausend Jahren schließlich Neuseeland.

Paddel Um von der Strömung unabhängig zu werden, benötigt jedes Boot auch einen Antrieb. Weil es in der Natur viele Vorbilder wie zum Beispiel Fischflossen gibt, funktionierten die ersten Bootsführer wohl ihre Hände zu Paddeln um. Später nutzte man dazu wohl auch flache und breite Geweihe, wie sie zum Beispiel der Damhirsch hat, oder die breiten Schulterblätter von Säugetieren. (Paddelkeule, um 1900)

Treidelschiff An Flüssen konnte das Boot auch vom Ufer aus an Seilen gegen die Strömung gezogen werden. Für dieses Treideln entstanden an den Ufern bald Pfade und Wege. In der Steinzeit zogen zuerst die Menschen ihre Boote flussauf, später wurden Ochsen und andere Tiere eingespannt, und sobald Lokomotiven zur Verfügung standen, wurden Gleise verlegt. Da die meisten Menschen Rechtshänder sind und daher von der linken Seite auf ein Pferd steigen, wurden die Boote überall auf der Welt auf der linken Fluss-Seite gezogen. So konnten sich flussabwärts treibende Boote nicht in den Seilen verheddern. Das Treideln lieferte also die Grundlage für den noch heute weltweit üblichen Linksverkehr auf Gewässern.

Fähre (vor 2600 v. Chr.) Wer Schiffe am Ufer flussaufwärts treideln kann, sollte auch Seile über den Fluss spannen und an ihnen ein Boot übersetzen können. Die ersten Fähren waren sicher schon in der Steinzeit wichtige Verkehrsmittel. Bereits im Gilgamesch-Epos gibt es ungefähr im Jahr 2600 vor Christus den Fährmann Urschanabi. (»Landungssteg«, Jan Breughel der Ältere, 1615)

Segel (um 5000 v. Chr.) Rudern erfordert viel Kraft, Treideln kann man nur am Ufer entlang. Als Menschen zum ersten Mal größere Gewässer überqueren wollten, mussten sie sich also einen bequemeren Antrieb überlegen. Wann genau sie das Segel erfanden, ist zwar unbekannt, es dürfte aber ebenfalls sehr früh gewesen sein. Auf einer rund 7000 Jahre alten Totenurne aus Ägypten sind jedenfalls bereits Segel dargestellt. (Römisches Mosaik aus Tunesien, 3. Jh.)

Dampfschiff (1783) Bereits 1783 baute der Franzose Claude de Jouffroy d'Abbans eine Dampfmaschine in ein Boot ein, die über ein Schaufelrad das Gefährt erfolgreich antrieb. Am 1. Februar 1788 erhielten Isaac Briggs und William Longstreet das erste Patent für ein Dampfschiff. Bis der US-Amerikaner Robert Fulton 1807 sein erstes Dampfschiff »North River Steamboat« (Abbildung) auf den 240 Kilometern zwischen New York und Albany im Linienverkehr einsetzte, gab es noch etliche weitere Experimente mit diesem Antrieb.

Strandsegler (17. Jh.) Bereits im 17. Jahrhundert hissten Europäer auch auf Landfahrzeugen mit Rädern die Segel und fuhren hart am Wind die Strände entlang. Damals war das allerdings noch kein Sport, sondern ein Transportmittel für verschiedene Waren.

Containerschiff (1956) 1956 ließ die Spedition McLean Trucking in den USA den Frachter »Ideal X« so umbauen, dass dieser die Auflieger von Sattelschleppern ohne Fahrgestell und damit viel standsicherer über das Meer transportieren konnte. 1968 wurde dann zunächst der Nordatlantik-Verkehr und später andere Routen auf diese Containerschiffe umgestellt.

Motorschiff (1903) Gut zehn Jahre nach Erfindung des Dieselmotors wurde eine solche Maschine 1903 bereits in den 70 Meter langen Binnentanker »Vandal« auf der Wolga eingebaut. Am 4. November 1911 lief mit der »Selandia« (Abbildung) in Kopenhagen das erste Hochseeschiff mit Dieselantrieb vom Stapel. Gegen die Dampfschiffe durchsetzen konnten sich diese Motorschiffe aber erst nach dem Zweiten Weltkrieg, als Erdöl langsam billiger wurde.

FORTBEWEGUNG

Tankschiff (1885) Weil die Erdölfässer auf den damaligen Frachtschiffen bis zu 30 Prozent ihres Öls auf dem Weg über dem Atlantik verloren, ließ der deutsche Reeder Wilhelm Anton Riedemann das Vollschiff Andromeda 1885 zum ersten Tanksegler umbauen. Bereits ein Jahr später ließ er im englischen Newcastle den ersten Tankdampfer »Glückauf« vom Stapel.

Sumpfboot (1905) Ein starker Motor und ein großer Propeller treiben Boote mit flachem Boden so schnell vorwärts, dass sie über das Wasser und auch über Sumpf gleiten. Das erste dieser Sumpfboote baute Alexander Graham Bell bereits 1905 in Kanada, es wurde als »hässliches Entlein« bekannt. Seit den 1930er Jahren wurden diese Boote in großen Sumpfregionen wie Florida populär, weil alle anderen Fortbewegungsmöglichkeiten dort viel beschwerlicher sind.

Tragflächenboot (1906) Der Mailänder Erfinder Enrico Forlanini befestigte unter einem langen Kanu Tragflächen und trieb dieses seltsame Gefährt mit einem 60 PS starken Motor und zwei Flugzeugpropellern an. Auf dem Lago Maggiore am Südrand der Alpen hoben die Tragflächen das gesamte Boot 1906 bei einem Tempo von knapp 70 Kilometern in der Stunde aus dem Wasser, und das Tragflächenboot war erfunden.

Jetboat (1954) 1954 hatte William Hamilton endgültig genug. Seine Farm in Neuseeland erstreckte sich auf beiden Seiten eines reißenden Flusses, den er regelmäßig mit einem Motorboot überquerte. Und genauso regelmäßig zertrümmerte er dabei an den unzähligen Felsen knapp unter der Wasseroberfläche seine Antriebspropeller. Also baute William Hamilton einen sogenannten Jet-Antrieb, bei dem ein Motor Wasser unter dem Rumpf durch eine Düse presst und so das Jetboat kräftig vorwärts treibt. Die Düse lässt sich über ein Steuerrad schwenken und lenkt das Boot mit Höchstgeschwindigkeit in extrem enge Kurven. Vor allem aber kann kein Propeller mehr an Felsen zerstört werden.

Fahr fröhlich in die weite Welt mit Klepperboot & Klepperzelt

Kajak Für die Jagd auf Robben hatten die Inuit im hohen Norden besonders schnelle und wendige Boote entwickelt. Um einen leichten Rahmen aus Holz und Knochen spannten sie Tierhäute, die auf der Oberseite Bauch und Rücken des Fahrers umhüllten und so das Eindringen von Spritzwasser verhinderte. Heute sind solche Kajaks für Wasserwanderungen entlang der Meeresküste und auf Flüssen sehr beliebt.

Faltboot (um 500 v. Chr.) Der Transport von Waren von Armenien nach Babylon klappte 500 vor Christus auf Booten hervorragend. Wenn nur nicht die anstrengende Rückreise ohne Ladung flussaufwärts gewesen wäre. Also bauten die Armenier ein flexibles Innengerüst, über das sie weiche Tierhäute zogen. Am Ziel zerlegten sie diese ersten Faltboote der Welt und ließen sie von Eseln wieder in die Heimat tragen. (Werbeprospekt für Faltboot und Zelt, um 1930)

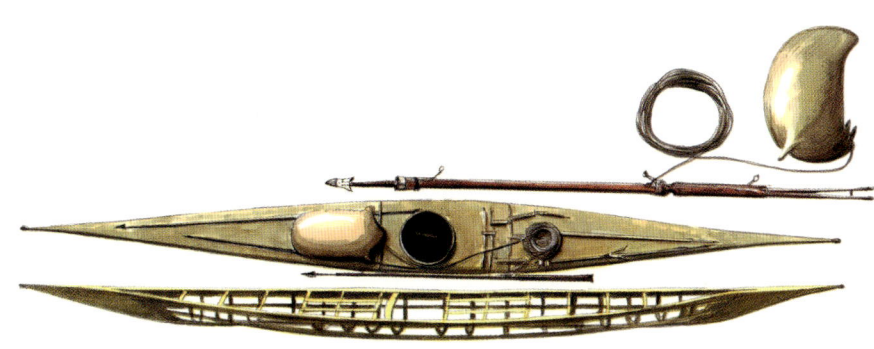

Rettungsinsel (1943) Im Zweiten Weltkrieg wiederholten sich die hohen Verluste der Marine. 1943 schaffte sich die US-Marine daher aufblasbare rechteckige Flöße an, die luftgefüllt und hochkant gestellt an Deck transportiert wurden. Heute werden solche Rettungsflöße im Ernstfall automatisch aufgeblasen und können so platzsparend transportiert werden.

Schlauchboot (1913) 1913 ließ sich der Berliner Hermann Meyer ein aufblasbares Wasserfahrzeug patentieren. Nachdem im Ersten Weltkrieg viele Seeleute ertranken, wurden diese Schlauchboote zunächst auf Kriegsschiffen mitgenommen, die meist kaum Stauraum hatten. Auch die ersten Langstrecken-Linienflugzeuge landeten auf dem Wasser und hatten Schlauchboote an Bord, der Flugkapitän musste gleichzeitig ein Kapitänspatent für Wasserfahrzeuge haben.

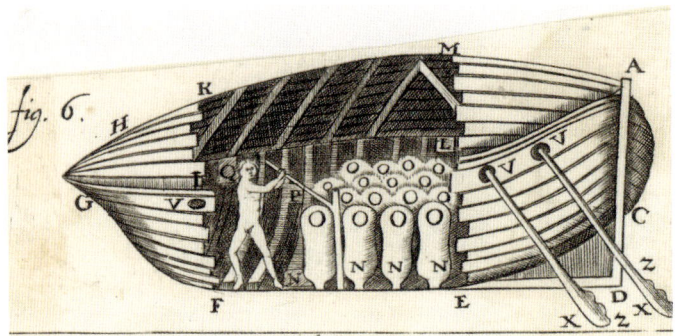

Tauchboot (1626) Das erste Tauchboot konstruierte der Niederländer Cornelis Jacobszoon Drebbel 1626 für König Jakob I. von England. Dazu deckte er die Oberseite eines Fischerbootes mit einer Holzkonstruktion ab, die er mit mehreren Lagen gefetteter Lederhäute wasserdicht machte. An jeder Seite ragten durch mit Leder abgedichtete Dollen sechs Ruder nach außen, ein Schnorchel diente der Luftversorgung. Das flache Vorderdeck wurde beim Rudern überströmt, das Wasser drückte das Boot so bis in 360 Zentimeter Wassertiefe.

Ballon (18. Jh.) Der Himmel galt lange als eine unerreichbare Sphäre voller Götter, Engel und Dämonen – ein Ort, an dem für gewöhnliche Sterbliche kein Platz war. Erst im 18. Jahrhundert schickten zwei französische Papierfabrikanten die ersten Menschen in diese geheimnisvollen Regionen. Michel Joseph und Étienne Jacques Montgolfier ließen die ersten mit heißer Luft gefüllten Ballonhüllen aufsteigen (Abbildung), die schließlich auch Passagiere in die Lüfte hoben. Die Eroberung des Himmels hatte begonnen.

Drachen (5. Jh. v. Chr.) Aus Bambusstäben und Seide bauten Chinesen im 5. Jahrhundert vor Christus die ersten Drachen, die der Wind aufsteigen ließ und die an einer Schnur gehalten wurden. Damals sollten diese ersten Fluggeräte der Welt Wünsche und Bitten zu den Göttern tragen. Möglicherweise wurden solche Drachen in Indonesien allerdings bereits viel früher erfunden.

Zeppelin (um 1900) Heißluftballons haben einen entscheidenden Nachteil: Sie lassen sich nicht gut manövrieren. Erst als in den letzten Jahren des 19. Jahrhunderts leichte, kräftige Benzinmotoren aufkamen, bot sich eine Lösung für dieses Problem. Ferdinand Graf von Zeppelin entwarf ein zigarrenförmiges, lenkbares Gefährt, das durch wasserstoffgefüllte Gaszellen in der Luft gehalten wurde und in einer Gondel Lasten und Passagiere tragen konnte. Dieses Luftschiff ging unter dem Namen des Grafen in die Geschichte ein.

Segelflugzeug (1891) Den ersten erfolgreichen Flug schaffte der in Anklam im damaligen Pommern und heutigen Mecklenburg-Vorpommern geborene Otto Lilienthal 1891. Der Deutsche bespannte mit gewachstem Baumwollstoff einen Weidenrahmen (Abbildung). Die Form dieser Tragfläche mit 660 Zentimetern Spannweite hatte er von Störchen abgeschaut und in einem primitiven Windkanal erprobt. Immerhin 25 Meter weit segelte Otto Lilienthal mit diesem ersten Segelflugzeug.

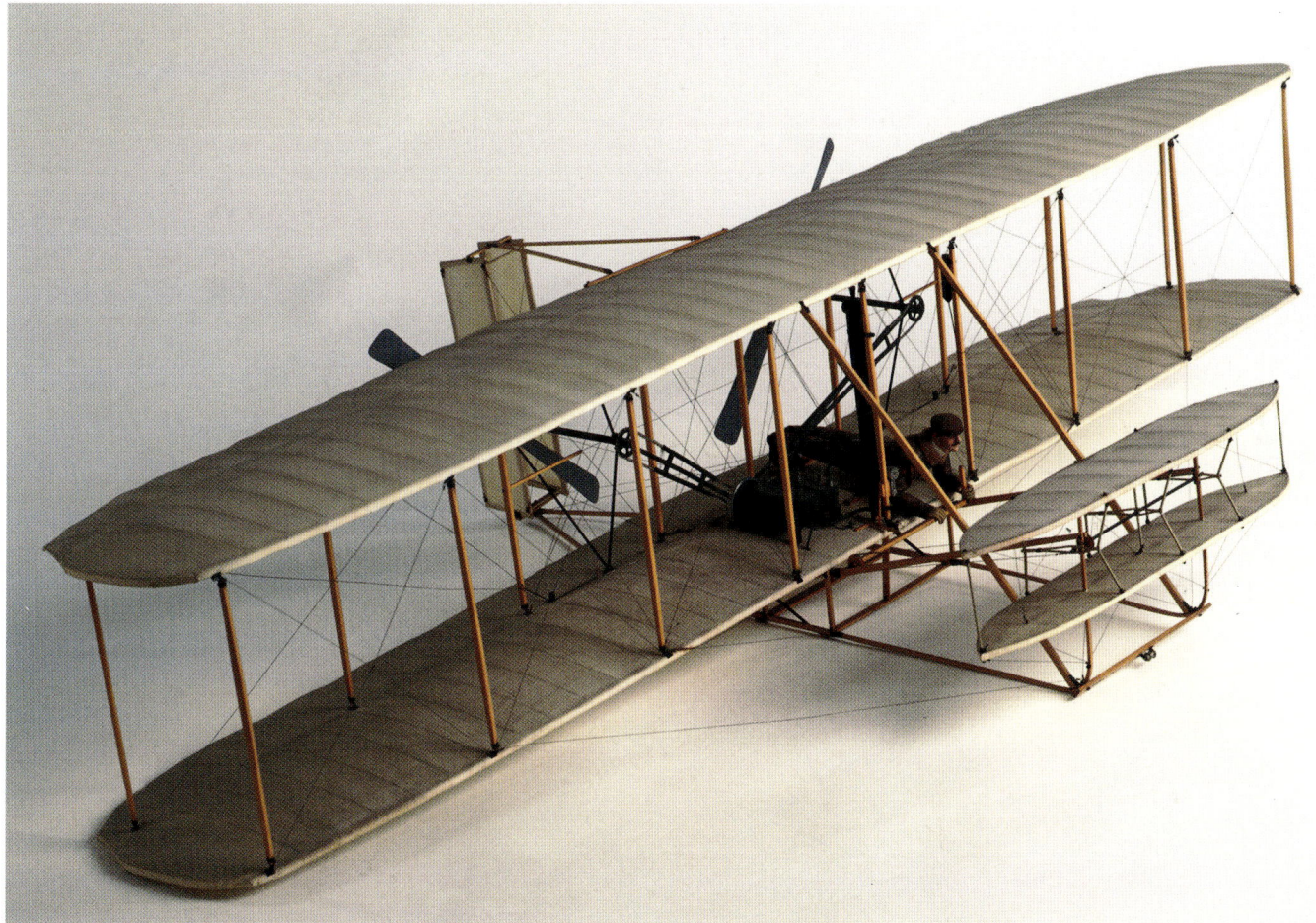

Motorflugzeug (1899/1903) Der in der Nähe des fränkischen Ansbach geborene Gustav Weißkopf soll bereits 1899 mit einem dampfgetriebenen Flugzeug mehr als einen Kilometer weit geflogen sein. Allerdings gibt es keine Dokumente dazu. Das Gleiche gilt für Karl Jatho aus Hannover, der am 18. August 1903 mit einem Doppeldecker 20 Meter weit geflogen sein will. Nachgewiesen ist dagegen der Flug von Orville Wright, der am 17. Dezember 1903 mit einem Motorflugzeug (Abbildung) immerhin 36 Meter weit flog.

Wasserflugzeug (1910) Der französische Ingenieur Henri Fabre baute leichte Schwimmer an einen Flugzeugrumpf und konnte mit diesem Wasserflugzeug am 28. März 1910 zum ersten Mal auf dem Wasser starten und landen. Ab dem Ende der 1920er Jahre kamen Flugboote auf, deren Rumpf schwimmen konnte (Abbildung). Bei Flügen über dem Atlantik oder Pazifik konnten diese Flugboote daher bei Inseln zwischenlanden, um aufzutanken.

Fallschirm (14. Jh.) Fallschirme gab es bereits im 14. Jahrhundert, als chinesische Artisten mit Sonnenschirmen von hohen Türmen sprangen. Der Engländer George Cayley untersuchte dann in der ersten Hälfte des 19. Jahrhunderts die Physik des Fallschirmsprungs und entdeckte ein Grundprinzip: Nur wenn der Schwerpunkt möglichst tief liegt, fliegt der Fallschirm stabil. Deshalb hängen die Springer heute an langen Seilen tief unter ihrem Schirm.

Hängegleiter (1961) Francis Rogallo (Abbildung) entwickelte in den 1950er Jahren für die US-Raumfahrtbehörde NASA zusammenklappbare Flügel, an denen Raumschiffe zur Erde zurückgleiten sollten. Sein Landsmann Barry Hill Palmer konstruierte nach diesem Vorbild 1961 Flügel, mit denen er zum ersten Drachenflieger wurde. Der Australier John Dickenson erfand schließlich die heute übliche zentrale Aufhängung des Piloten und den dreieckigen Steuerbügel moderner Hängegleiter.

Tragschrauber (1923) Wie eine Kreuzung aus Flugzeug und Hubschrauber sieht der Tragschrauber aus, den der Spanier Juan de la Cierva entwickelt hat (Abbildung). Der Rotor wird allerdings nicht von einem Triebwerk, sondern vom Fahrtwind bewegt, während zum Beispiel ein Propeller das Gefährt vorwärts treibt. Der zusätzliche Auftrieb durch den Rotor hält das Gefährt auch bei niedrigen Geschwindigkeiten in der Luft, bewies Juan de la Cierva beim Erstflug seines »Autogiro« im Januar 1923. Tragschrauber kommen daher mit Start- und Landebahnen von wenigen Metern Länge aus.

Hubschrauber (1907) Am 13. November 1907 stieg der Franzose Paul Cornu mit einem Fahrrad-ähnlichen Gefährt, das von zwei gegenläufigen Rotoren angehoben wurde, für rund 20 Sekunden bis in eine Höhe von 30 Zentimetern über dem Boden. Der erste Hubschrauber der Welt erwies sich aber als nicht steuerbar und verschwand rasch wieder. Cornus Landsmann Etienne Oehmichen brachte am 11. November 1922 den zweiten Helikopter in die Luft, der sich sogar steuern ließ.

Rakete (1266) 1266 hatten Chinesen am Ende eines Geschosses Schwarzpulver gezündet. Die Explosion trieb das Geschoss vorwärts und erschreckte die Pferde der angreifenden Mongolenhorden sehr. 1555 startete im damaligen Hermannstadt, dem heutigen Sibiu in Rumänien, die erste europäische Rakete. Am 16. März 1926 ging der US-amerikanische Physiker Robert Goddard (Abbildung) von festen auf flüssige Treibstoffe über, seine Rakete erreichte eine Höhe von 14 Metern und flog in 2,5 Sekunden immerhin 50 Meter weit.

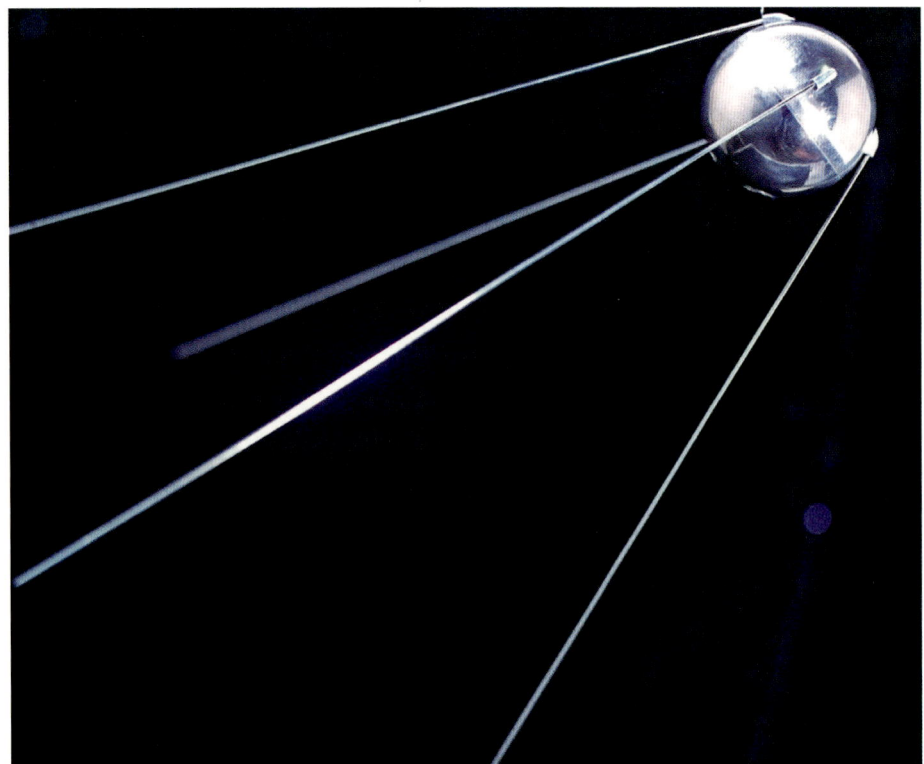

Weltraumflug (1957) Der erste echte Weltraumflug startete am 4. Oktober 1957. Eine umgebaute Interkontinentalrakete trug an diesem Tag vom Weltraumbahnhof Baikonur in Kasachstan den russischen Satelliten Sputnik in den Weltraum.

Raumsonde (1959) Während Satelliten wie der Sputnik die Erde umrunden, fliegen Raumsonden weiter in den Weltraum hinaus und erkunden zum Beispiel andere Himmelskörper. Bereits im Januar 1959 startete Russland mit Lunik 1 die erste Raumsonde, die am Mond vorbeiflog. Am 13. September 1959 erreichte Lunik 2 den Mond, einen Monat später fotografierte Lunik 3 die Rückseite des Mondes (Abbildung).

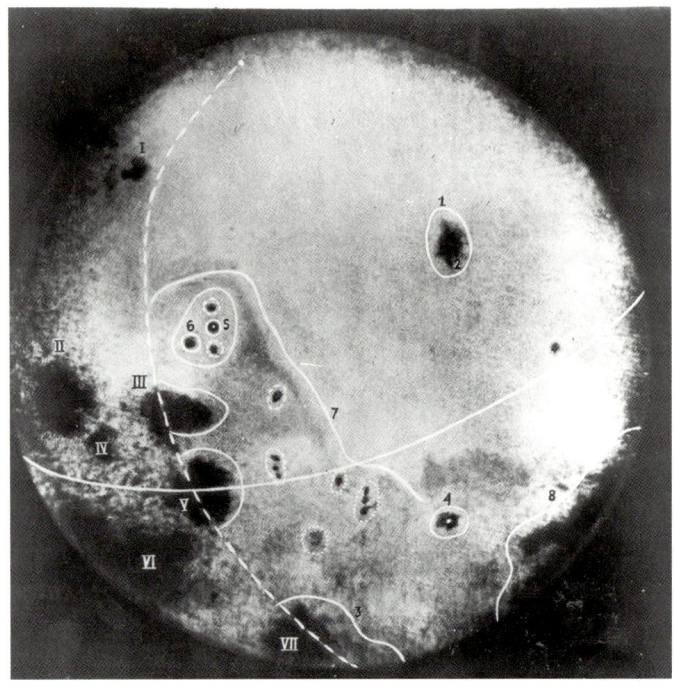

Bemannte Raumfahrt (1961) Als am 12. April 1961 das Raumschiff Wostok in Kasachstan startete, war auch Juri Gagarin an Bord, der wegen seines ruhigen, ausgeglichenen Temperaments für den ersten bemannten Raumflug ausgewählt worden war. In 108 Minuten umrundete sein fast fünf Tonnen schweres Raumschiff auf einem 41 000 Kilometer langen Flug in bis zu 315 Kilometern Höhe einmal die Erde und läutete das Zeitalter der bemannten Raumfahrt ein.

Mondlandefähre (1968) 1963 begann die US-Firma Grumman für die Weltraumorganisation NASA ein Fahrzeug zu konstruieren, das ein wenig wie eine überdimensionale Spinne aussah. Im Januar 1968 wurde das Gefährt zum ersten mal im All getestet, am 7. März 1969 flogen die ersten US-Astronauten in diesem Gefährt ein Stück durch den Weltraum. Und am 20. Juli 1969 landeten Neil Armstrong und Edwin Aldrin als erste Menschen mit der Mondlandefähre auf dem Mond.

Saturn V (1967) Als Antwort auf den ersten bemannten Raumflug der Russen sollten US-Amerikaner auf dem Mond landen. Die dazu nötige Rakete konstruierten Ingenieure um den Deutsch-Amerikaner Wernher von Braun. 110 Meter hoch war diese Saturn V-Rakete, die 120 Tonnen Nutzlast in eine Erdumlaufbahn oder 45 Tonnen auf den Weg zum Mond bringen konnte. Als das Ungetüm am 9. November 1967 zu seinem ersten Flug vom Kennedy Space Center in Florida startete, ließ der Lärm der riesigen F1-Triebwerke im zwölf Kilometer entfernten Titusville Fensterscheiben aus dem Rahmen fliegen.

Raumfähre (1981) Das bisher einzige Raumfahrzeug, das nach dem Start in den Weltraum auf die Erde zurückkehrt und wiederverwendet werden kann, ist das US-amerikanische Space Shuttle (Abbildung). Erste Studien zu dieser Raumfähre gab es bereits 1969, erst zwölf Jahre später aber startete das Space Shuttle Columbia am 12. April 1981 zu seinem ersten Flug.

Raumstation (1971) Am 19. April 1971 startete Russland mit Saljut 1 die erste Raumstation, die fast ein halbes Jahr um die Erde kreiste, 24 Tage davon waren Kosmonauten an Bord. Am 19. Februar 1986 startete mit der russischen Mir die erste Raumstation, die für einen dauerhaften Wissenschaftsbetrieb eingerichtet war. Mir wurde immer weiter ausgebaut und war 15 Jahre in Betrieb, den größten Teil davon bemannt. Seit dem 20. November 1998 ist die internationale Raumstation ISS (Abbildung) in Betrieb.

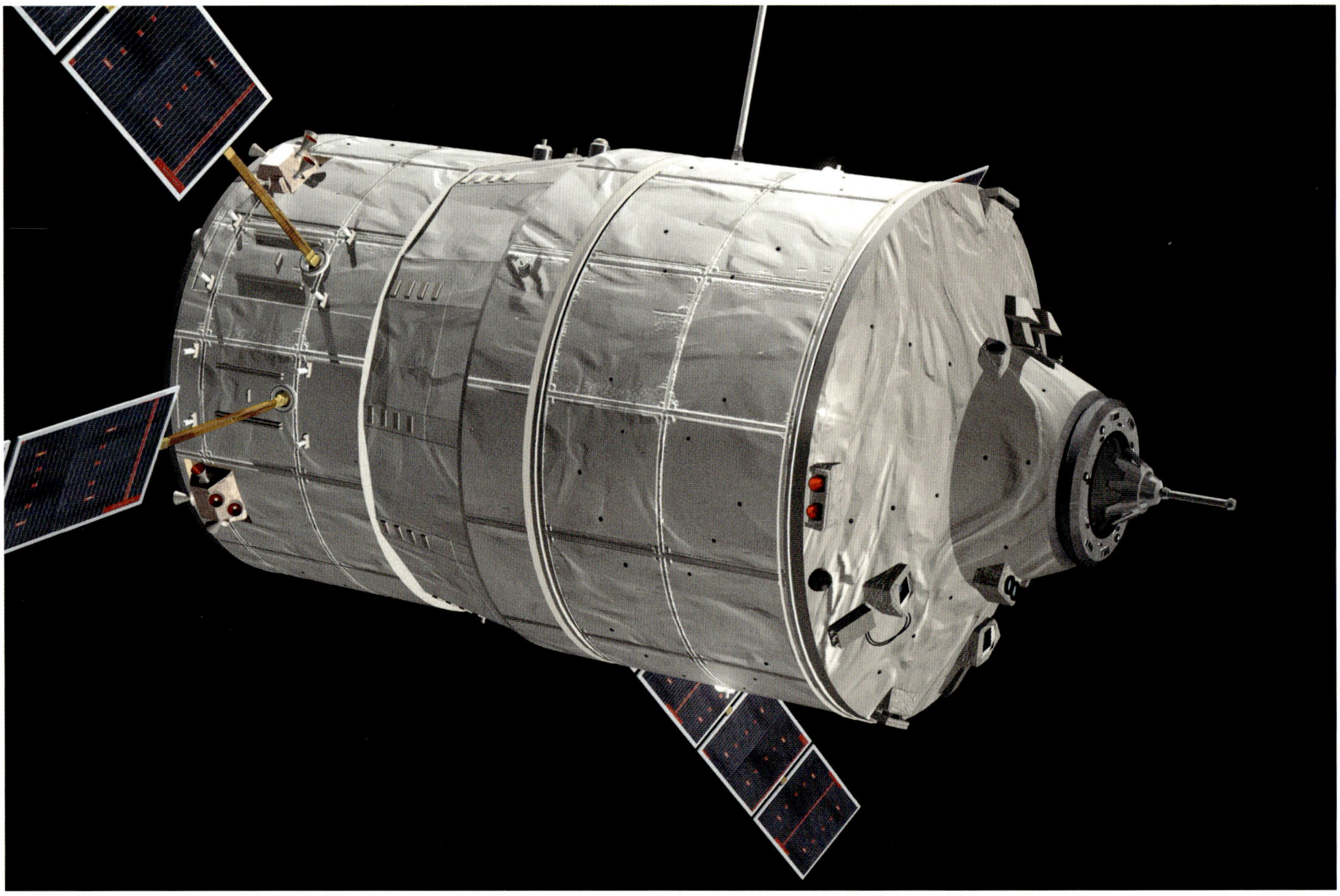

Raumtransporter (1978) Den Nachschub für Raumstationen bringen sogenannte »Raumtransporter«. Der erste dieser unbemannten Raumtransporter startete am 20. Januar 1978 zur russischen Raumstation Saljut 6. Neben diesem »Progress« genannten Raumfahrzeug und dem bemannten Space Shuttle versorgt seit dem 9. März 2008 auch ein europäischer Raumtransporter ATV (Abbildung) die internationale Raumstation.

Raumflugzeug (2004) Bis zum Jahr 2004 galt die Idee eines Raumflugzeugs, das wie ein Flugzeug startet und nach einem Weltraumflug auch wieder landet, als kaum realisierbar. Es gab weder geeignete Triebwerke für den Start, noch ein realisierbares Konzept für den sicheren Wiedereintritt in die Atmosphäre. Am 21. Juni 2004 aber schaffte das SpaceShipOne (Abbildung) einer privaten Firma immerhin einen Teilerfolg: Das Raumflugzeug klinkte in 14 Kilometern Höhe von einem Trägerflugzeug ab und erreichte aus eigener Kraft die hundert Kilometer Höhe, in der offiziell der Weltraum beginnt.

Ionenantrieb (1923) Einen speziell für den Weltraum geeigneten Antrieb entwarf bereits 1923 der deutsche Raumfahrtpionier Hermann Oberth: Elektrische Felder beschleunigen elektrisch geladene Ionen, die unmittelbar bevor sie aus einer Düse austreten neutralisiert werden. Solche Ionentriebwerke beschleunigen zwar langsam, können aber sehr lange laufen, weil sie ihre Energie zum Beispiel über Solarzellen direkt aus dem Sonnenlicht gewinnen. 1992 startete mit dem europäischen Satelliten Eureca das erste Ionentriebwerk in den Weltraum.

Ionentriebwerk

- ⊖ Elektronen
- ◎ Atome
- ⊕ Ionen

Magnetringe

positives Gitter
negatives Gitter

Magnetringe

Sonnensegel (1993) Wie der Wind auf den Meeren auf ein Segel bläst und so ein Schiff vorwärtsdrückt, könnte Sonnenlicht auch auf riesige Sonnensegel wehen und ein daran befestigtes Raumschiff antreiben. So könnten mit langsamer Beschleunigung nach einiger Zeit respektable Geschwindigkeiten erreicht werden. Das Entfalten solcher Sonnensegel wurde bereits 1993 an der russischen Raumstation Mir und 2004 von der japanischen Raumfahrtagentur ISAS getestet. Eine Verwendung als echter Antrieb war allerdings bis 2008 konkret nirgends geplant.

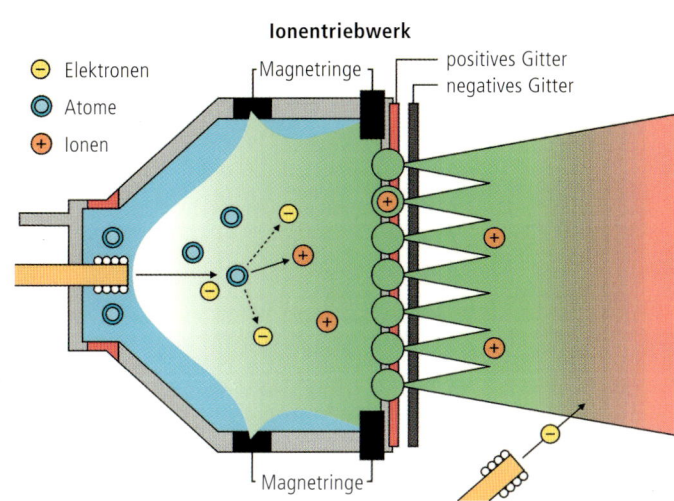

Orientieren mit der Sonne Als der Mensch größere Entfernungen zurücklegte, musste er sich auch besser orientieren. Als wichtigstes Hilfsmittel diente dabei bereits den Steinzeitmenschen der Sonnenstand: Am Mittag wandert die Sonne auf der Nordhalbkugel Richtung Süden. Mit der Sonne im Rücken läuft man dann also nach Norden, mit der Sonne auf der rechten Seite läuft man ostwärts. Wann diese Orientierung erstmals angewendet wurde, verliert sich im Dunkel der Steinzeit. (Arabische Gelehrte mit Sonnenuhr, Vermessungsgerät und Sextant, kol. Holzschnitt, 16. Jh.)

Sternenkompass Nachts beobachteten sicher bereits die ersten Vorfahren des modernen Menschen, dass die Sterne in einem riesigen Halbkreis über den Himmel »laufen«. Nur im Norden bleiben die Sterne auf der Nordhalbkugel an der gleichen Stelle. Ein anscheinend bewegungsloser Stern ist also der Nordstern. Wer darauf zuhält, kommt schnurstracks nach Norden. Und wer nach Westen will, muss den Nordstern zur Rechten zu haben. (Jakobsstab zur Messung von Sternhöhen, 16. Jh.)

Magnetkompass (1269) Vor mehr als 2000 Jahren war Chinesen und Griechen aufgefallen, dass sich Splitter von Magneteisensteinen in Nord-Süd-Richtung drehen. 1088 wird berichtet, dass chinesische Seefahrer diese Späne in kleinen Wasserbehältern schwimmen ließen, um die Himmelsrichtung auch unter Wolken feststellen zu können. Spätestens 1269 montierte dann ein unbekannter Seemann aus dem italienischen Amalfi solche Magneteisensteine auf einen beweglich gelagerten Stift und hatte damit den noch heute gebräuchlichen Magnetkompass erfunden.

Sextant (um 1730) Der Engländer John Hadley und der englische Siedler Thomas Godfrey in den amerikanischen Kolonien erfanden um 1730 unabhängig voneinander eine Kombination aus Spiegeln und einem kleinen Fernrohr, mit dem man den Winkel sehr exakt bestimmen kann, in dem ein Planet oder Stern sowie Sonne oder Mond über dem Horizont stehen. Mit diesem Sextanten lässt sich die Position des Schiffes auf eine Seemeile genau bestimmen.

GPS (1978) 1978 starteten die USA den ersten Navigationssatelliten in eine Umlaufbahn um die Erde. Dieser strahlt ständig die exakte Uhrzeit und seine genaue Position aus. Aus der Laufzeit des Signals kann ein Empfänger die Entfernung zum Satelliten berechnen. Hat er von drei der insgesamt rund 30 Satelliten die Entfernung, lässt sich mit diesem Global Positioning System oder GPS die eigene Position auf einige Meter genau ermitteln.

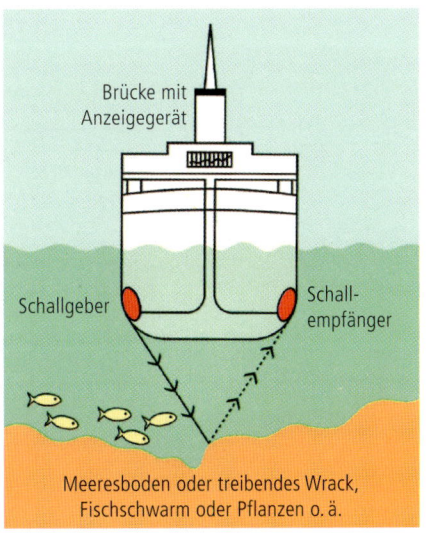

Brücke mit Anzeigegerät

Schallgeber

Schallempfänger

Meeresboden oder treibendes Wrack, Fischschwarm oder Pflanzen o. ä.

Echolot (1913) Nicht viel anders als das GPS funktioniert auch das Echolot eines Schiffes. Dabei werden Schallwellen ausgestrahlt und die Zeit bis zur Rückkehr des Echos vom Meeresgrund gemessen. Aus der Laufzeit lässt sich die Wassertiefe leicht ausrechnen. Der deutsche Physiker Alexander Behm hat dieses Echolot entwickelt und bekam am 22. Juli 1913 dafür das Reichspatent 282009.

ESSEN & TRINKEN

04

Die Erfindung der Landwirtschaft

Jahrtausende lang haben Menschen ihren Hunger nur mit dem gestillt, was sie jagen oder sammeln konnten. Zwar kannten sie vermutlich schon früh in ihrer Geschichte die Plätze, an denen zu bestimmten Zeiten mit guter Beute zu rechnen war oder nahrhafte Pflanzen besonders üppig wuchsen. Zwischen diesen Gegenden aber mussten die Menschen weit umherwandern. Im Laufe eines Jahres legten sie dabei viele Kilometer zurück, mit denen das Überleben der Sippe gesichert wurde. Vor vielleicht 12 500 Jahren aber kamen die Menschen im heutigen China erstmals auf die Idee, Hirse, Reis und Sojabohnen gezielt selbst anzubauen. Ungefähr gleichzeitig wurde die Landwirtschaft auch in einem Landstreifen zwischen Anatolien und dem heutigen Irak erfunden, der heute als »fruchtbarer Halbmond« bekannt ist.

Als die letzte Eiszeit zu Ende ging, wurde es dort vor 13 500 Jahren rasch wärmer. Auf den Grassteppen wuchs viel Wildgetreide, und in den Wäldern konnten reichlich Tiere gejagt werden. Statt wie früher mühsam umherzustreifen, konnten die Menschen ihre Nahrung jetzt aus festen Dörfern heraus suchen. Dann aber kappten vor rund 12 800 Jahren die Schmelzwasser des tauenden Eisschildes über dem fernen Nordamerika plötzlich den Golfstrom, der sozusagen die Warmwasserheizung Europas ist. Schlagartig wurde es wieder kälter, für fast tausend Jahre ähnelte das Klima in weiten Teilen Europas wieder der gerade zu Ende gegangenen Eiszeit.

Auch im Nahen Osten ließ der Klimaumschwung Wälder und Graslandschaften schwinden. Den gerade sesshaft gewordenen Jägern und Sammlern drohte der Hungertod, weil sie nicht mehr genug Wildgetreide und Tiere im Umkreis ihrer Siedlungen fanden. Auch fettreiche Nüsse und Eicheln wurden damals Mangelware. In dieser Situation kamen wohl einige Menschen auf die Idee, Wildgetreide nicht mehr zu sammeln, sondern selbst auszusäen. Das war zwar mühsamer als das bisherige Jagen und Sammeln, aber lieferte eben auch eine sicherere Basis für das tägliche Brot. Not ist offensichtlich eine wichtige Triebfeder für Erfindungen.

Einkorn (um 7800–5200 v. Chr.) Nach der Gerste nahmen die frühen Bauern dann ein Wildgetreide mit dem wissenschaftlichen Namen *Triticum monococcum* unter den Grabstock. Einkorn nennt man dieses Urgetreide, das noch heute im »fruchtbaren Halbmond« wächst.

Gerste (um 8500 v. Chr.) Gerste gehört zu den ältesten Getreidesorten, die der Mensch gezüchtet hat. Schon vor mindestens 10 500 Jahren haben Bauern diese ursprünglich aus dem Vorderen Orient und der östliche Balkanregion stammende Pflanze angebaut. (Miniatur, Ende 14. Jh.)

Emmer (um 6700 v. Chr.) Aus der zufälligen Kreuzung zwischen einem Wildgras und Einkorn entstand eine Emmer genannte Urweizen-Art, die im Südosten der Türkei, in Syrien, im Libanon, in Jordanien und Israel, aber auch im Irak und im Iran noch heute wild wächst. Emmer wurde bereits um 6700 vor Christus im heutigen Irak angebaut.

Weizen Durch Kreuzen einer weiteren Wildgrasart mit Emmer entstand schließlich der Weizen. Dieses Getreide ist zwar sehr anspruchsvoll, liefert aber auch hervorragende Erträge. Weizen ist daher weltweit noch vor Reis das am häufigsten angebaute Getreide. Der meiste Weizen wird in China geerntet, gefolgt von Indien, den USA, Russland und Frankreich. (Wandmalerei in der Grabkammer des Mennu, Dayr al-Bahri, Ägypten, um 1400 v. Chr.)

Roggen (um 1000 v. Chr.) Im Gegensatz zu Gerste und Weizen haben Bauern den Roggen erst relativ spät in der Geschichte auf ihre Felder gepflanzt. Wissenschaftler vermuten, dass dieses Getreide ursprünglich als Unkraut auf den Weizenfeldern Kleinasiens wuchs. Gezielt angebaut wurde Roggen vermutlich erst um 1000 vor Christus. Wahrscheinlich war den Bauern damals aufgefallen, dass diese genügsame Pflanze auch dort wuchs, wo es dem anspruchsvolleren Weizen zu kalt und zu karg war.

Hartweizen Aus Emmer wurde später Hartweizen gezüchtet, der kontinentales Klima mit kurzen und heißen Sommern gut verträgt. Er wird heute vor allem in Nordamerika und in den süd- lichen Ländern der ehemaligen Sowjetunion angebaut. Italienische Pasta wird meist aus Hartweizen hergestellt, der oft aus Nordamerika importiert wird.

Reis (um 10 000–6000 v. Chr.) Wilder Reis wurde im Osten Asiens wohl schon lange von Steinzeitmenschen gesammelt. Vermutlich mehrmals unabhängig voneinander kamen Menschen dann vor mindestens 8000 Jahren, vielleicht aber auch bereits vor 12 000 Jahren auf die Idee, Reis selbst auszusäen. Noch heute werden 95 Prozent der weltweiten Reisernte in China, Indien und Südostasien eingebracht. (Reisfeld in Chiang Mai, Nordthailand)

Hirse (um 10 000 v. Chr.) Seit mindestens 5000 Jahren wird in China die Hirse angebaut, vermutlich aber säten Menschen dieses Getreide bereits viel früher aus. Im Mittelalter galt Hirse in Mitteleuropa als »Armeleuteessen«.

Mais (um 4250 v. Chr.) Der älteste bisher gefundene Maiskolben wuchs vor etwa 6250 Jahren in Mexiko. Auf dieses Alter haben Wissenschaftler aus Panama und den USA ein Fossil aus der Höhle Guilá Naquitz im Südwesten der Landes datiert. Allerdings müssen Menschen diese wichtige Kulturpflanze schon deutlich früher zum ersten Mal angebaut haben. Denn der untersuchte Uralt-Kolben unterscheidet sich schon deutlich von seiner Wildform.

Soja (um 3000 v. Chr.) Auch Soja wurde vor mindestens 5000 Jahren bereits in China angebaut. Allerdings handelt es sich dabei um kein Getreide, sondern um eine Hülsenfrucht (Abbildung), die recht nahe mit der Gartenbohne verwandt ist. Die Sojabohne kam erst recht spät, wohl am Anfang des 18. Jahrhunderts, aus China in den Rest der Welt.

Mehl (um 25 000 v. Chr.) Das erste Mehl wurde mithilfe von Mahlsteinen mit der Hand gemahlen. Diese Erfindung ist deutlich älter als die Landwirtschaft, schon zu Zeiten der Jäger und Sammler wurde auf diese Weise Wildgetreide zerrieben. An einem in Israel entdeckten Mahlstein haben Wissenschaftler Stärke aus 23 000 Jahre alten Wildgerste- oder Wildweizenkörnern gefunden. Ein ähnliches Gerät aus dem Südosten Australiens soll sogar 27 000 Jahre alt sein.

Popcorn (um 2000 v. Chr.) Popcorn entsteht durch starkes Erhitzen einer speziellen Maissorte, die man Puffmais nennt. Der beliebte Snack ist nicht etwa eine Erfindung moderner Kinobesitzer. Als Christoph Kolumbus 1492 den Westen des amerikanischen Kontinents erreichte, stand Popcorn bei den dortigen Indianern schon auf dem Speiseplan. Archäologen haben zudem mindestens 4000 Jahre alte Puffmaiskörner gefunden, sodass die Tradition wahrscheinlich noch viel älter ist.

Windmühle (vor 1750 v. Chr.) Die ersten Windmühlen haben möglicherweise in Babylon gestanden. Jedenfalls werden solche Anlagen schon um 1750 vor Christus in einem Gesetzbuch von König Hammurabi erwähnt. (Windmühlen bei Consuegra, Spanien)

Wassermühle (1. Jh.) Auch Wassermühlen waren schon vor Christi Geburt bekannt. Der römische Ingenieur Vitruv hat ihren Einsatz schon im 1. Jahrhundert vor Christus ausführlich beschrieben. (Wachterbach-Mühle, Österreich)

Brot (um 8000 v. Chr.) Wann das erste Brot gebacken wurde, weiß niemand so genau. Vermutlich war das aber schon vor der Erfindung des Getreideanbaus vor mehr als 10 000 Jahren. Damals haben Menschen wohl die Körner von wildem Getreide mit anderen Zutaten zu einem Brei gekocht und dann auf einem heißen Stein zu einem Fladen gebacken.

Backofen (um 4000 v. Chr.) Der erste Backofen wurde vermutlich vor etwa 6000 Jahren in Ägypten erfunden. In diesen Lehmkonstruktionen konnte man das Brot nun bei hohen Temperaturen von allen Seiten gleichmäßig durchbacken. So wurden höhere, voluminösere Brote möglich als die vorher üblichen Fladen. (Traditioneller Lehmofen, Timbuktu, Mali)

Sauerteig (um 3000 v. Chr.) Wenn man zubereiteten Brotteig stehen lässt, siedeln sich Hefepilze aus der Luft darauf an. Diese Mikroorganismen setzen Gärprozesse in Gang. Ein solcher vergorener Hefeteig lässt sich zu einem Brot backen, das lockerer und schmackhafter ist als das aus unvergorenem Teig hergestellte Produkt. Auch das haben vermutlich schon vor mehr als 5000 Jahren die Ägypter entdeckt.

Knetmaschine (1. Jh. v. Chr.) Auch die Römer haben ihren Teil zur Weiterentwicklung des Brotbackens beigetragen. So erfanden sie eine Vorrichtung, die den Bäckern das anstrengende Teigkneten abnahm. Ein Ochse oder Sklave musste dabei um einen großen Trog laufen und so die dort hineinragenden Rührhölzer antreiben. Das Grabmal des Bäckers Eurysaces und seiner Frau in Rom in der Form eines Backofens zeigt auf dem oben umlaufenden Fries alle Produktionsschritte des Brotbackens, 40–30 v. Chr.

Bäckerei (um 3000 v. Chr.) Ebenfalls schon vor mehr als 5000 Jahren waren in Ägypten die ersten großen Bäckereien in Betrieb. Nicht umsonst trug das Kulturvolk am Nil in der Antike auch den Namen »Brotesser«: Zwischen den Jahren 2800 und 1500 vor Christus boten die Bäcker dort bereits um die 30 verschiedene Brotsorten an. (Wandmalerei mit der Darstellung einer Bäckerei, Grabkammer des Qenamun, Theben, Ägypten, um 1550–1295 v. Chr.)

Brezel (um 750) Die Römer backten ihr Brot in Ringform. Bald hatte dieses Ringbrot auch in der christlichen Kirche eine große Bedeutung. Damals beteten die Christen allerdings nicht mit gefalteten Händen, sondern kreuzten ihre Arme über der Brust und legten die Hände auf die Schulter. Irgendein Bäcker muss diese Bethaltung dann nachgeahmt haben, als er aus Brotteig einen ineinander verschlungenen Ring formte. Damit hatte er die Brezel erfunden, bei der heute aber kaum noch jemand an die Kirche denkt.

Croissant (1683) Angeblich soll das Croissant nicht in Frankreich, sondern in Wien erfunden worden sein, als die Türken 1683 die Stadt belagerten. Um die Hauptstadt zu erobern, gruben sie in der Nacht einen Tunnel unter der Stadtmauer. Die dabei entstehenden Geräusche aber hörte ein Bäcker am frühen Morgen in seiner Backstube und alarmierte die Stadtwache, die den Angriff abwehren konnte. Damit sein Beitrag zur Verteidigung der Stadt nicht vergessen würde, backte er aus Blätterteig ein Gebäck in Form des Symbols der türkischen Belagerer, dem Halbmond. Seither bereichert das Croissant so manchen Frühstückstisch.

Cornflakes (1894) John und William Kellogg arbeiteten 1894 in einem Erholungsheim, als sie eines Abends eine Schüssel mit gekochten Weizenflocken stehen ließen. Die getrockneten Flocken drehten die Brüder am nächsten Morgen aus Übermut durch eine Rolle und trockneten sie noch weiter. Ein Knüller aber waren die so erfundenen Cornflakes keineswegs, sie schmeckten einfach zu fad. Erst als die Brüder ihre Erfindung mit Malz und Zucker versetzten, wurden die Getreideflocken beliebter. Bald gründeten sie eine Firma, und stellten am Tag 33 Packungen Cornflakes her. Jede Packung wurde von Hand unterschrieben. Dieser Schriftzug findet sich noch heute auf den Kartons.

Flüssiges Grundnahrungsmittel Im Mittelalter brauten meist Klosterbrüder Bier, im Jahr 736 wird es in Bayern zum ersten Mal urkundlich erwähnt. Damals war Essen für große Teile der Bevölkerung meist knapp, und das Klosterbier sorgte für die notwendigen Kalorien. Auch Kinder wurden so mit Energie versorgt. Das klappte aus zwei Gründen gut: Damals enthielt das Bier noch weniger Alkohol als heute. Und es war ganz im Gegensatz zum Wasser meist keimfrei. (»Der Schluck«, Eduard Grützner, 2. Hälfte 19. Jh.)

Bier (um 3500–2900 v. Chr.) Getreidezubereitungen kann man nicht nur zu Brotteig, sondern auch zu Getränken vergären lassen. Dabei entsteht aus der Stärke im Getreide Alkohol. Das erste Bier wurde vermutlich in Mesopotamien getrunken, die ältesten bisher gefundenen Überreste des Getränks stammen aus der Zeit zwischen 3500 und 2900 vor Christus und wurden im heutigen Iran und in Ägypten entdeckt. (Ägyptische Statuette mit einer Frau am Maischbottich bei der Herstellung von Bier, um 2450–2290 v. Chr.)

Biergeld Auch der Fiskus schlug bald Kapital aus dem Grundnahrungsmittel Bier und erhob Steuern. Im 16. Jahrhundert war dieses Biergeld in Deutschland vielerorts eine der wichtigsten Steuerquellen. (Erhebung des Bierzehnts durch die Kirche, anonymer Holzstich, 15. Jh.)

Steinbier Um die Getreidestärke in Malzzucker zu verwandeln, muss die Maische erhitzt werden. Dazu warfen die Brauer manchmal einfach heiße Steine in die Flüssigkeit, an denen der entstehende Zucker zu Karamell schmolz. Werden die Steine anschließend beim Gären im Sud gelassen, löst sich der Karamellzucker wieder und gibt dem Bier einen rauchigen Geschmack. Dieses Steinbier wird heute fast ausschließlich in Franken und Baden-Württemberg gebraut.

Biergarten (16. Jh.) Das Märzenbier wurde in tiefen Felsenkellern gelagert, in die bis in den März frisches Eis aus den zugefrorenen Gewässern der Umgebung gebracht wurde. Dieses Eis hielt den Keller bis in den Sommer kalt. Über den Felsenkeller wurden seit dem 16. Jahrhundert oftmals Kastanien gepflanzt, deren flache Wurzeln die Kellerdecke nicht gefährdeten und deren dichtes Laub bis in den Herbst für kühlen Schatten sorgte. Da man im Sommer im Schatten dieser Bäume das Bier aus dem Eiskeller sehr gut trinken konnte, war so auch der Biergarten erfunden.

Märzenbier Gärt der Malzzucker bei Temperaturen unter 10 Grad Celsius, dauert dieser Vorgang länger, und die Hefe sinkt am Ende auf den Boden. Ein solches untergäriges Bier hält deutlich länger als das obergärige. Vor Erfindung der Kältemaschine konnte es aber nur in der kalten Jahreszeit bis Ende März gebraut werden. Daher heißt dieses Bier noch heute Märzen- oder Lagerbier.

Schankordnung (um 1700 v. Chr.) Die ersten bekannten Vorschriften zum Ausschank von Bier stammen aus einer im Jahr 1700 vor Christus veröffentlichten Gesetzessammlung des Königs Hammurabi von Babylon. Vorgeschrieben war darin unter anderem, dass Bierpanscher in ihren Fässern ertränkt werden sollten. Auch auf das Ausschenken minderwertigen Bieres und auf das Dulden politischer Diskussionen in der Gastwirtschaft stand die Todesstrafe.

Chicha (um 1000) Auch in anderen Teilen der Welt haben Menschen schon vor Jahrtausenden vergorene Getränke erfunden. Die älteste bisher bekannte Großbrauerei der Anden haben Wissenschaftler auf dem peruanischen Berg Cerro Baúl gefunden. Vor mehr als 1000 Jahren haben Angehörige des Wari-Reiches dort große Mengen Chicha gebraut. Eine besonders schmackhafte Variante dieses vergorenen Getränkes aus Getreide oder Früchten haben sie vermutlich mithilfe der Samen des Pfefferbaums produziert.

Reinheitsgebot (1155) Bereits 1155 wurde in Nürnberg in Franken ein erstes Reinheitsgebot für Bier erlassen. 1434 legte die Stadt Weißensee in Thüringen fest, dass Bier nur aus Hopfen, Malz und Wasser gebraut werden darf. Ein ähnliches Reinheitsgebot verordnete Bayern 1516 dann für das gesamte Land: Nur noch Gerstenmalz durfte verwendet werden, auch der Bierpreis wurde reguliert.

Wein (um 5000 v. Chr.) Vor mindestens 7000 Jahren züchteten Bauern im Gebiet des heutigen Georgien und im Süden des heutigen Irak die ersten Reben aus wildem Wein. Die auf der Schale reichlich vorhandenen Hefen vergären den Saft der Trauben auch ohne weitere Zusätze wie Zucker, Säure oder Enzyme zu Alkohol. Der entstehende Wein wurde rasch in reicheren Kreisen zum beliebten Getränk. Der Weinbau breitete sich im gesamten Nahen Osten aus, vor 3700 Jahren wurden auch auf Kreta erste Trauben gekeltert. Im Römischen Reich wurde Wein schließlich zur Massenware, die zeitweilig billiger als Wasser war. (»Bacchus«, Caravaggio, um 1593/94)

Cabernet Sauvignon (vor 1635) Eng verwandt mit Merlot und Carmenère ist die Sorte Cabernet Sauvignon, die nach dem Merlot die zweithäufigste Rotweinsorte der Welt ist. Bereits 1635 wurde sie urkundlich erwähnt. Entstanden ist der Cabernet Sauvignon nach Erbgut-Analysen wohl aus den Sorten Cabernet Franc und Sauvignon Blanc. Die Sorte ist für ihre tiefroten Weine mit kräftigem Aroma bekannt.

Syrah Als der Weinbau sich ausbreitete, begannen Winzer, genau wie Ackerbauern beim Getreide, Rebsorten zu züchten, die besonders gut mit ihren Böden und dem Klima ihrer Heimat zurecht kamen oder die zu besonders aromatischen Weinen vergoren werden konnten. Insgesamt entstanden so bis zu 10 000 Rebsorten. Beim Rotwein gilt der Syrah oder Shiraz als eine der ältesten Sorten. Er entstand aus einer Kreuzung der noch älteren französischen Sorten Dureza und Mondeuse Blanche irgendwo im Tal der Rhône. Wie bei anderen Sorten auch lässt sich das genaue Alter dieser Rebe allerdings kaum bestimmen.

Kelter Während die Weinbeeren für Rotwein komplett zerdrückt werden und die Mischung aus Schalen, Stielen und Saft anschließend gemeinsam gärt, hatten bereits die Römer eine Weinpresse entwickelt, mit deren Hilfe reiner Saft zum Vergären gewonnen werden konnte. Vorher wurde diese Most genannte Flüssigkeit ausgepresst, indem Menschen über die zerkleinerten Trauben liefen, wie das römische Mosaik aus dem 4. Jh. zeigt. Aus dem lateinischen Wort »calcare« für »auf etwas herumtreten« entstand dann auch der noch heute verwendete Fachbegriff Kelter für eine Weinpresse.

Baumkelter Schon die Römer kannten die Baumkelter: Dabei erzeugte ein mächtiger Eichenstamm als Hebel den hohen Druck, der den Most auspresst. (Weinkelter für Moet & Chandon, um 1905)

Spindelkelter Im Mittelalter wurden die langlebigen, aber aufwändig zu bauenden Baumkeltern zunehmend von Spindelkeltern verdrängt, bei denen ein Schraubengewinde den nötigen Druck fürs Auspressen erzeugt. Seit dem 20. Jahrhundert sorgten zunächst Druckluft und später elektrischer Strom für den nötigen Pressdruck.

Rosinen Wohl bereits die ersten Weinbauern kamen auf die Idee, reife Weintrauben in der Sonne oder im Schatten zu trocknen. Durch den Wasserverlust verschrumpeln die entstehenden Rosinen zwar, aber gleichzeitig steigt der Zuckerhalt auf rund 60 Prozent. Dieser hohe Zuckerhalt hindert fast alle Mikroorganismen am Wachsen. Rosinen können daher ungekühlt lange gelagert werden.

Heunisch (11./12. Jh.) Seit dem Hochmittelalter lässt sich die Rebsorte Heunisch in Mitteleuropa nachweisen. Ihr Ursprung ist unbekannt, vermutlich wurde der Heunisch bereits von den Römern nach Mitteleuropa gebracht. Bis in das 19. Jahrhundert war der Heunisch die wichtigste Rebsorte Mitteleuropas, die hohe Erträge, aber nur geringe Qualität brachte. Es gab eine rote und eine weiße Variante. Vom Heunisch stammen mindestens 75 der bekannten Rebsorten ab. Heute wird der Heunisch nur noch in Kroatien, Slowenien, Rumänien und der Ukraine in geringen Mengen angebaut.

Chardonnay In Burgund stand wohl bereits seit der Römerzeit die rote, direkt aus einer Wildrebe stammende Sorte Spätburgunder oder Pinot Noir oft direkt neben den von den Römern importierten Heunisch-Reben. Kreuzungen waren an der Tagesordnung, aus einer entstand die Chardonnay-Rebe. Diese gilt heute als Edelrebe, sie nimmt weltweit die größte Anbaufläche für Weißwein ein. Ihr hohes Qualitätspotenzial führte zur Verbreitung um die ganze Welt. (Weinkelter im ehemaligen Laienrefektorium des Klosters Eberbach, Eltville)

Obstwein Auch aus Äpfeln, Erdbeeren, Johannisbeeren, Brombeeren, Holunder und Kirschen wird in Mitteleuropa wohl bereits seit Jahrtausenden durch Gärung ein Alkoholgetränk gewonnen. Obwohl das Herstellungsprinzip sehr ähnlich ist, werden diese Getränke nicht Wein, sondern Obstwein genannt.

Traminer (um 1000 v. Chr.) Ebenfalls eventuell bereits von den Römern wurde die Traminer-Rebe in die nördlicheren Gebiete Europas gebracht. Traminer ist eine europäische Ursorte und eng mit der Wildrebe *Vitis silvestris* verwandt, die bereits vor mehr als 3000 Jahren in Bulgarien kultiviert wurde. Aus der rötlichen Variante Gewürztraminer wird Weißwein gekeltert, die weiße Variante Sauvignon Blanc ist ein Elternteil der wichtigen Rotwein-Rebe Cabernet Sauvignon.

Kaffee (vor 9. Jh.) In den Berg-Regenwäldern im Südwesten Äthiopiens wächst das weltweit einzige Vorkommen von wildem Kaffee. Dort hat die Pflanzenart *Coffea arabica,* die derzeit etwa 90 Prozent des weltweit getrunkenen Kaffees liefert, ihren Ursprung. Wann die ersten Äthiopier auf die Idee kamen, die Kaffeebohnen in ein anregendes Getränk zu verwandeln, weiß niemand so genau. Erwähnt wird Kaffee jedenfalls schon in Berichten aus dem 9. Jahrhundert. Die damals übliche Zubereitungsart für Kaffee wird in Äthiopien heute noch praktiziert. Man röstet die Bohnen in einer Eisenpfanne, mahlt oder zerstampft sie und gießt das Ganze dann mit Wasser und Zucker in einem bauchigen Tongefäß auf.

Kaffeefilter (1908) Die Hausfrau Melitta Bentz hatte Anfang des 20. Jahrhunderts die Nase endgültig voll vom störenden Kaffeesatz in ihren Tassen. Also experimentierte sie mit Löschblättern aus den Schulheften ihrer Söhne, die sie in einen durchlöcherten Topf legte. Am 8. Juli 1908 bekam die Hausfrau ein Patent für ihre Erfindung, im Dezember des gleichen Jahres gründete sie ein bis heute existierendes Unternehmen, um Kaffeefilter professionell herzustellen.

Kaffeemaschine (um 1800) Die ersten automatischen Kaffeemaschinen, die noch mit Spiritus betrieben wurden, kamen schon vor rund 200 Jahren auf den Markt. Allerdings waren diese Modelle für Normalverdiener noch unbezahlbar. Erst nach dem Zweiten Weltkrieg fanden die Apparate weitere Verbreitung. Die erste moderne Filterkaffeemaschine »Wigomat« wurde 1954 patentiert und fand in Deutschland rasch zahlreiche Käufer. Die Abbildung zeigt eine der ersten elektrischen Kaffeemaschinen aus den 1950/60er Jahren der Firma Eicke.

Espresso (um 1900) Um 1900 begannen erste Bars in Italien, heißes Wasser mit hohem Druck durch fein gemahlenes Kaffeepulver zu pressen. Es entsteht ein starker Kaffee mit einer »crema« genannten, haselnussbraunen Schaumschicht, der Espresso.

»Pemberton's French Wine Coca« (19. Jh.) Im 19. Jahrhundert rührte der US-amerikanische Pharmazeut John Stith Pemberton einen Sirup aus Wein, Kolanüssen, der Damiana-Pflanze und einem Extrakt aus den Blättern der Kokapflanze zusammen. Das Gebräu namens »Pemberton's French Wine Coca« sollte gegen Kopfschmerzen, Müdigkeit und Depressionen helfen. Gleichzeitig sollte das darin enthaltene Kokain einen Ersatz für das Schmerzmittel Morphin bieten, dessen Nebenwirkungen damals schon bekannt waren.

Cola (1886) Da in manchen Regionen der USA allerdings ein Alkoholverbot eingeführt wurde, musste Pemberton den Wein wieder von der Zutatenliste seiner Spezialmixtur streichen. Damit hatte er die Coca Cola erfunden. Am 8. Mai 1886 wurde der mit Sodawasser vermischte Sirup zum ersten Mal öffentlich ausgeschenkt. In »Jacob's Pharmacy« in Atlanta ging das Glas zu fünf Cent über den Tresen. Vom medizinischen Produkt entwickelte sich das Gebräu dann zu einem der erfolgreichsten Erfrischungsgetränke der Welt.

Tee (vor 221 v. Chr.) Die ersten Teetrinker der Geschichte waren die Chinesen. Wann sie genau mit der Zubereitung des aromatischen Getränks begonnen haben, weiß niemand so genau. Sicher ist jedenfalls, dass die chinesische Teezeremonie älter als 2000 Jahre ist. Denn schon im Jahr 221 vor Christus wurde in China eine Steuer auf Tee erhoben. (Chinoiserie des 18. Jh.)

Teebeutel (Anfang 20. Jh.) Die Geschichte des Teebeutels begann mit einem Missverständnis. Der US-amerikanische Teehändler Thomas Sullivan verschickte Anfang des 20. Jahrhunderts seine Teeproben in kleinen Seidenbeuteln. Die Kunden hängten diese gleich mitsamt ihres Inhalts ins Wasser – in der falschen Annahme, dass sie zu diesem Zweck gedacht seien. Die praktische Idee setzte sich durch, und im Jahr 1929 brachte die deutsche Firma Teekanne die ersten Teebeutel aus Spezialpergament auf den Markt.

Schokolade (1848) Bei der Herstellung von entöltem Kakaopulver bleibt Kakaobutter übrig. Wenn man Kakaomasse damit anreichert, entsteht ein geschmeidiger Teig, den man in Formen gießen kann. Genau das taten die Mitarbeiter der britischen Firma Fry & Sons: Im Jahr 1848 präsentierten sie eine Schokolade zum Essen statt zum Trinken. Die Tafel sollte ein durchschlagender Erfolg werden.

Kakao (um 1100 v. Chr.) Das Kakaogetränk wurde in Mittelamerika erfunden. In Honduras haben Archäologen Reste von Gefäßen gefunden, an denen noch der Kakao-Inhaltsstoff Theobromin haftete. Demnach dürfte der Kakao-Genuss schon etwa ab 1100 vor Christus üblich gewesen sein. Allerdings enthielt das Getränk damals Alkohol. Auch die Azteken, denen der Kakao als heilig galt, brauten ab dem 14. Jahrhundert Varianten aus Wasser, Kakao, Mais, Vanille und scharfem Pfeffer, die mit den heute üblichen Geschmacksrichtungen wenig zu tun hatten.

Zucker (um 8000 v. Chr.) Das älteste bisher bekannte Zuckerrohr wuchs etwa um das Jahr 8000 vor Christus auf den Inseln Melanesiens und Polynesiens. Über Ostasien gelangte die Pflanze wohl etwa 2000 Jahre später nach Indien und Persien. (Kultivierung von Zucker, Miniatur, Codex Vindobonensis, um 1457)

Kakao-Presse (1828) Im Jahr 1828 ließ sich der Holländer Conrad van Houten, möglicherweise auch sein Vater Casparus van Houten, eine hydraulische Presse patentieren, mit der man Kakaobutter vom Rest der Kakaomasse trennen konnte. Statt des traditionell dickflüssigen Kakaos erhielt man aus dem so entölten Pulver ein Getränk, das einfacher zuzubereiten und besser verdaulich war. Kakao wurde daraufhin auch in europäischen Tassen immer beliebter.

Zuckerhut (6. Jh.) Die Perser machten sich als Erfinder des Zuckerhuts einen Namen: Sie füllten heißen Zuckerrohrsaft in kegelförmige Gefäße aus Holz oder Ton, an deren Spitze der Zucker auskristallierte.

Würfelzucker (um 1840) Aus einem steinharten Zuckerhut kleine Stücke zum Süßen herauszubrechen, war harte Arbeit. Besser portionierbar wurde das süße Luxusgut erst, als der Schweizer Jacob Christoph Rad Anfang der 1840er Jahre zunächst eine Form und dann eine Presse für Würfelzucker erfand.

Futterrübe Als Winterfutter züchteten Bauern aus dem Gänsefußgewächs der Gemeinen Rübe wohl bereits vor Jahrtausenden die sogenannte Futterrübe, die in Erdmieten gut haltbar ist und dem Vieh als Kraftfutter im Winter gegeben wird.

Zuckerrübe (1747) Als der Chemiker Andreas Sigismund Marggraf 1747 nachgewiesen hatte, dass Futterrüben etwa acht Prozent Zucker enthalten, begannen erste Versuche, aus diesem bisher als Viehfutter verwendeten Produkt Zucker zu gewinnen. Mit der Zeit wurden Rüben mit immer höherem Zuckergehalt gezüchtet, heutige Zuckerrüben enthalten bis zu 20 Prozent Zucker.

Zuckerrübe
Z.-Richtung

DIE ZUCKERFABRIKATION.
Zerreiben der Zuckerrüben.

LIEBIG COMPANY'S FLEISCH-EXTRACT u. PEPTON.

Zuckerfabrik (1802) Der Physikochemiker Franz Carl Achard entwickelte eine Fabrik, die im März 1802 an der Oder den ersten Zucker aus Zuckerrüben lieferte. In einer solchen Anlage wird mit warmem Wasser Zucker aus Rübenschnitzeln herausgespült. Anschließend wird aus dem entstandenen Zuckerwasser das Wasser ausgekocht, bis der Zucker zu kristallisieren beginnt. (Farblithographie, 1900)

Süßstoff (1878) Im Jahr 1878 entwickelten die Chemiker Constantin Fahlberg und Ira Remsen von der Johns Hopkins University in den USA den ersten synthetischen Süßstoff. Ihr »Saccharin«, das 1885 zum ersten Mal auf den Markt kam, ist 300 Mal so süß wie Zucker. In Deutschland wurde die Substanz im Jahr 1902 auf Druck der Zuckerindustrie apothekenpflichtig und durfte nur an Diabetiker abgegeben werden. Erst im Zweiten Weltkrieg wurde sie als normaler Süßstoff wieder zugelassen.

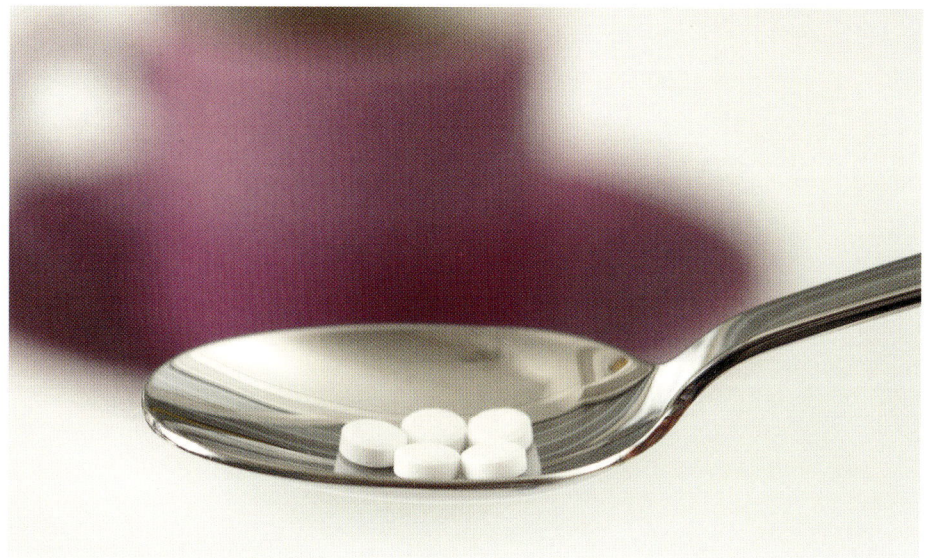

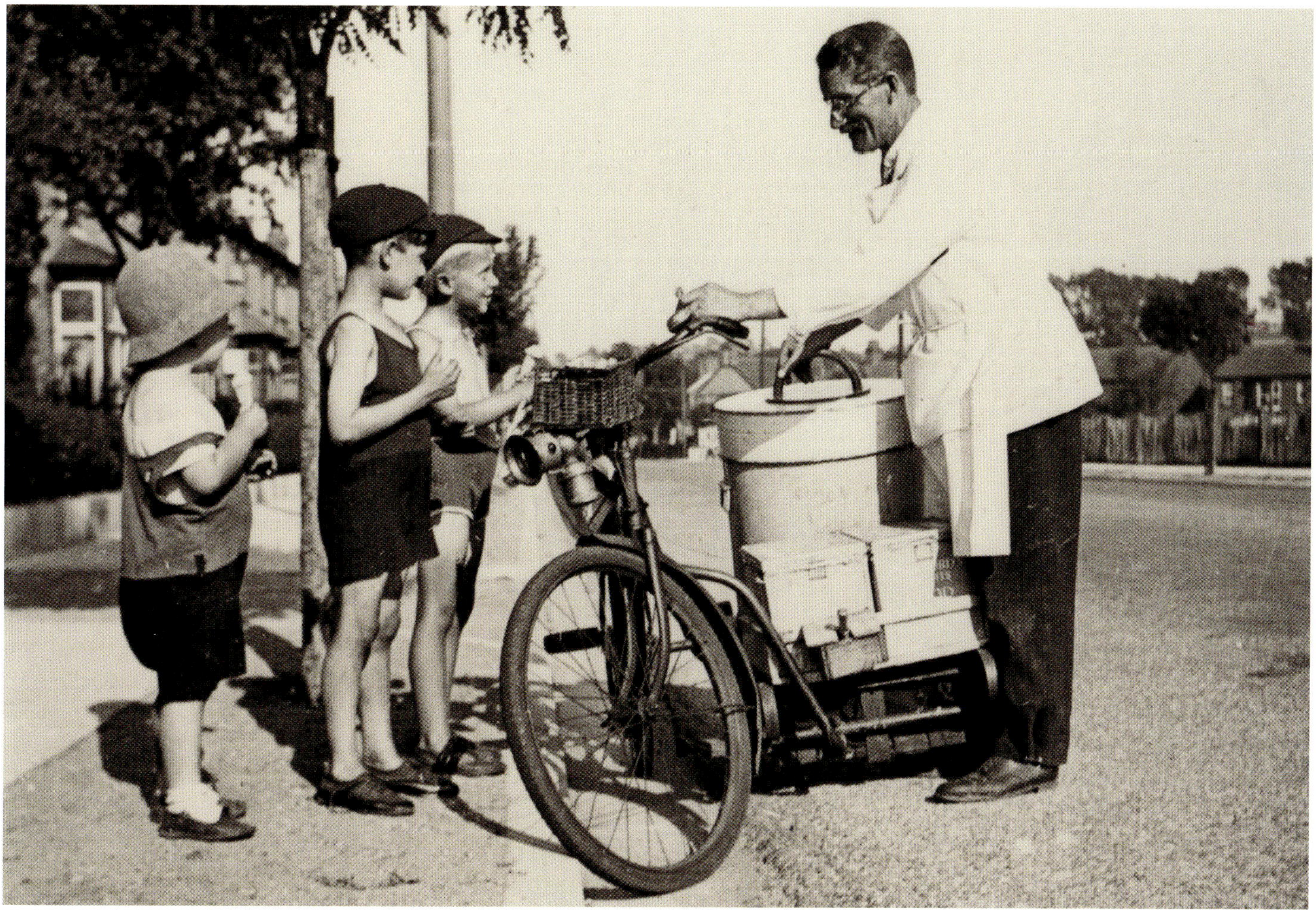

Speiseeis (6. Jh. v. Chr.) Die ersten Speiseeis-Hersteller der Geschichte haben vermutlich in China gelebt. Doch auch in der europäischen Antike waren gefrorene Leckereien schon beliebt. Der griechische Dichter Simonides von Keos zum Beispiel beschrieb schon im 6. Jahrhundert vor Christus raffinierte Rezepturen aus Gletscherschnee, Früchten, Honig und Rosenwasser. (Eisverkäufer, um 1925)

Eiswaffel (1903) Als der italienische Einwanderer Italo Marchony 1896 in New York als Eisverkäufer unterwegs war, ärgerte er sich über die Unmengen von Geschirr, auf denen er das Eis servierte und das er nach Gebrauch wieder spülen musste. Kurzerhand bastelte er zunächst Papiertüten und formte später einen innen hohlen Kegel aus Waffelteig, in dem er sein Eis verkaufte. Am 13. Dezember 1903 bekam er dann das US-Patent 746971 für eine Form, in der sich diese Eiswaffeln herstellen lassen.

Softeis (1948) 1948 arbeitete ein britisches Forscherteam, zu dem auch die spätere Premierministerin Margaret Thatcher gehörte, an einem neuen Verfahren zur Herstellung von Speiseeis. Statt bei minus 15 Grad Celsius stellten sie ihr Eis bei minus vier Grad her und schäumten das Gemisch mit Pressluft auf. Dieses Softeis wird heute vor allem in den USA verkauft.

Eis am Stiel (1905) Als der 11-jährige Kalifornier Frank Epperson 1905 sein halbvolles Limonadenglas mit einem Löffel zum Umrühren eines Abends auf der Fensterbank vergaß, war er mit einem Schlag ein Star unter seinen Freunden. In der Nacht gab es nämlich für San Francisco einen ungewöhnlich starken Frost, und der Junge hatte das Eis am Stiel erfunden. Zum finanziellen Erfolg wurde die »Popsicle« genannte kalte Süßigkeit aber erst, als er 1923 den Teelöffel durch ein Stück Birkenholz ersetzte und das Ganze zum Patent anmeldete.

Eismaschine (1876) Mit Erfindung der Kältemaschine durch Carl von Linde 1876 ließ sich Speiseeis nun auch in großen Mengen und das ganze Jahr über herstellen. In modernen Eismaschinen verdampft in einem Zylinder Ammoniak, der dabei einen kleineren Zylinder im Inneren kräftig abkühlt. In diesem Zylinder befindet sich die flüssige Eismischung, von der eine dünne Schicht an der Stahlwand anfriert, aber gleich wieder von einem Rührwerk abgekratzt wird. Eismaschinen für den Haushalt enthalten statt der Ammoniak-Kühlung eine ähnliche Mini-Kühlanlage wie eine Kühltruhe.

Spaghetti-Eis (Ende der 1960er Jahre) Der Eisfabrikant Dario Fontanella presste Ende der 1960er Jahre in Mannheim erstmals sein Vanille-Eis durch einen gekühlten Fleischwolf auf einen Teller mit einem Häufchen Schlagsahne. Als er darüber noch einen Schuss Erdbeersauce drapierte, war das erste Spaghetti-Eis fertig.

Eisportionierer (1933) 1933 erfand Sherman Kelly im US-Bundesstaat Ohio einen »The Ice Scoop« genannten Portionierer für Speiseeis, der zwar ein wenig Übung erfordert, aber heute noch in vielen Eisdielen sehr beliebt ist: Der zylindrische Griff enthält im Inneren ein Material, das die Wärme der Hand des Eisverkäufers rasch in die metallische Halbkugel leitet, mit der die Eiskugel geformt wird. Die warme Halbkugel schmilzt die Eismasse ein wenig an und dringt leicht ein. Auch fällt die Eiskugeln anschließend leicht in den Eisbecher. Das einfache Gerät lässt sich obendrein einfach reinigen.

Kaugummi (1848) Die Geschichte des Kaugummis reicht bis in die Steinzeit zurück. Schon vor Tausenden von Jahren haben Menschen das Harz bestimmter Bäume gekaut, verraten archäologische Funde. Auf einem 5000 Jahre alten Stück Birkenharz aus Finnland sind sogar noch die Zahnabdrücke eines steinzeitlichen Kaugummi-Fans zu erkennen. Der erste Kaugummi-Hersteller moderner Prägung war der US-Amerikaner John Curtis Jackson, der 1848 mit der Herstellung eines Produktes auf Fichtenharz-Basis begann. (Kochen von Rohgummi, 1950er Jahre)

Gummibärchen (1922) Fruchtgummis in Bärenform wurden 1922 vom Bonner Süßwarenunternehmer Hans Riegel erfunden und avancierten zum Dauerbrenner im Sortiment seiner Firma Haribo.

Banane (um 8000 v. Chr.) Wildbananen enthalten so viele Samen, dass sie ungenießbar sind. Doch irgendwann vor etwa zehntausend Jahren müssen Jäger und Sammler in Südostasien samenarme Mutanten dieser Früchte gefunden haben. Diese Varianten haben Bauern dann auf ihre Äcker gepflanzt und mithilfe von Schösslingen weiter vermehrt. Inzwischen sind Bananen weltweit zu einer der wichtigsten Nutzpflanzen überhaupt avanciert.

Apfelbaum Niemand weiß, wann die ersten Menschen begannen, die asiatischen Wildapfelbäume *Malus sieversii* mit ihren bis zu sieben Zentimeter dicken Äpfeln bewusst anzubauen. Alle heutigen Kuuläpfel stammen jedenfalls von diesem Baum ab, der heute noch im Süden Kasachstans und im Nordwesten Chinas wächst. Die Hauptstadt Kasachstans heißt daher völlig zurecht »Vater des Apfels« oder Alma-Ata.

Birne (vor 150 v. Chr.) Auch Birnen wurden bereits sehr früh aus Wildbirnen gezüchtet. Bereits 150 vor Christus kannten die Römer fünf oder sechs Birnensorten. Im 17. Jahrhundert gab es allein in Frankreich um die 300 Sorten, heute gibt es weltweit mindestens 5000 Birnensorten. (Farblithografie aus »Meyers Lexikon«, um 1880)

Pflaume (vor 150 v. Chr.) Aus der Kirschpflaume des Balkans und Kleinasiens und dem in Europa und Asien weit verbreiteten Schlehdorn wurden die ersten Pflaumenbäume gezüchtet. Bereits 150 vor Christus hatten die Römer den Kulturbaum nach Europa gebracht. Karl der Große sorgte im achten Jahrhundert nach Christus für die Verbreitung der Pflaume in Mitteleuropa.

Kirsche Bereits in der Steinzeit waren Wildkirschen ein beliebtes Obst, schließen Forscher aus versteinerten Kirschkernen in den Höhlen der Steinzeitmenschen. Der römische Feldherr Lucius Licinius Lucullus brachte von einem Feldzug aus der Stadt Giresun in der heutigen Türkei dann um das Jahr 70 vor Christus die ersten Kirschen nach Europa. Bereits 150 Jahre später hatte der Kirschbaum dann die britischen Inseln erreicht. (Kirsche, Jacques Le Moyne de Morgues, um 1568)

Haselnuss Vor 9000 Jahren waren Haselnuss-Sträucher die wichtigsten Gehölze in Mitteleuropa, entsprechend beliebt waren die Nüsse bei den Steinzeitmenschen. Heute werden allerdings meist die Haselnüsse der verwandten Lambertshasel verkauft, die aus Südosteuropa stammt.

Walnuss (um 7000 v. Chr.) Die Walnuss kommt natürlicherweise vom Mittelmeerraum bis nach Mittelasien vor. Die Früchte wurden bereits vor 9000

Jahren verzehrt, im 6. Jahrhundert vor Christus brachten die Griechen die ersten Kultur-Nussbäume nach Europa.

Himbeere In den kühleren Regionen Nordamerikas, Europas und Asiens kommen vielerorts Himbeeren vor, die bei den Steinzeitmenschen sehr begehrt waren. Indianer setzten Himbeeren auch

als Heilmittel gegen Bauchschmerzen ein. Einer Legende nach sollen am Ida-Berg in Kreta die ersten Himbeerkulturen angelegt worden sein.

Erdbeere Auch die Walderdbeere war bei den Mitteleuropäern der Steinzeit bereits sehr beliebt. Im Mittelalter wurden im Wald zum Teil richtige Felder angelegt, die aber die typischen kleinen Früchte der Walderdbeere lieferten. Erst als Siedler am Sankt-Lorenz-Strom in Kanada die Scharlach-Erdbeere mit relativ großen Früchten und in Südamerika die Chile-Erdbeere fanden, wurden diese Arten um 1750 in Holland zur heutigen Garten-Erdbeere gekreuzt.

Brombeere Brombeeren sind ähnlich der Himbeere über Nordamerika, Europa und Nordafrika bis nach Mittelasien verbreitet. Allerdings wurden die Früchte früher vor allem als Heilmittel gegen Zahnfleischentzündungen und als Farbstoff verwendet. Erst im 19. Jahrhundert wurden Brombeeren dann auch als Nahrungspflanzen im größeren Stil angebaut.

Kartoffel (um 11 000 v. Chr.) Ursprünglich stammt die Kartoffel aus den Anden Perus. Dort kamen die Indianer wohl bereits vor vielen Jahrtausenden auf die Idee, die Knollen zu züchten. Bei Ausgrabungen in Chile wurden 13 000 Jahre alte Kartoffelschalen entdeckt. Heute gibt es allein in Peru 3000 Kartoffelsorten. Im 16. Jahrhundert brachten die Eroberer Südamerikas die Kartoffel dann nach Europa, wo sie zunächst als Zierpflanze und ab dem frühen 18. Jahrhundert auch als Grundnahrungsmittel angebaut wurde. (Kartoffelernte in Peru, Stich aus »Nueva coronica y buen gobierno«, Felipe Guaman Poma de Ayala, um 1613)

Tomate Zur näheren Verwandtschaft der Kartoffel gehört in der Familie der Nachtschattengewächse die Tomate, deren Heimat ebenfalls Süd- und Mittelamerika ist. Wann Tomaten zum ersten Mal kultiviert wurden, ist unbekannt, dagegen gibt es mit Mexiko und Peru gleich zwei Regionen, wo die ersten Tomatenpflanzen gezogen werden konnten. Da die Pflanze im Mittelmeerklima gut wächst, wurde sie in Europa bereits in den 1540er Jahren kultiviert und kam wohl bald darauf auf den Speiseplan. 1692 jedenfalls erwähnt ein Kochbuch aus Neapel bereits Tomatenspeisen. (Kolorierter Kupferstich aus »Hortus Eystettensis«, von Basilius Besler, 1613)

Aubergine (um 2000 v. Chr.) Mit der Aubergine kommt ein weiteres Nachtschattengewächs häufig auf den Teller, allerdings stammen die wilden Vorfahren dieser Pflanze nicht aus Amerika, sondern aus dem Osten Asiens. Dort wurden Auberginen bereits vor 4000 Jahren angebaut. Anders als viele andere Gewächse aus Asien gelangte die Eierfrucht aber nicht schon mit Griechen oder Römern nach Europa, sondern erst nachdem die Mauren im Jahr 711 die iberische Halbinsel erobert hatten.

Paprika (um 7000 v. Chr.) Noch ein weiteres Nachtschattengewächs kommt aus Südamerika. Die Ahnen der Paprika waren im nördlichen Amazonasbecken zu Hause. Bereits vor 9000 Jahren aber wurden im heutigen Mexiko die ersten Paprika gezüchtet, damit gehört diese Frucht zu den ältesten Kulturpflanzen Amerikas. Christoph Kolumbus brachte dann die ersten Paprika nach Europa.

Schwarze Tollkirsche Die Schwarze Tollkirsche wächst in weiten Teilen Europas, in Kleinasien und Nordafrika wild. Die Früchte ähneln Tomaten, sind aber viel kleiner und schwarz. Sie enthalten das Gift Atropin, das seit der Antike als Schmerzmittel und krampflösendes Medikament verwendet wurde. Essen Kinder drei bis fünf Beeren, sterben sie ohne Behandlung innerhalb von 14 Stunden an Atemlähmung, bei Erwachsenen können bereits zehn Beeren tödlich sein.

Tabak Nachtschattengewächse schützen verschiedene Pflanzenteile oft mit Alkaloiden, die häufig giftig sind und auf das Gehirn einwirken. Daher wurden sie schon früh als Rauschmittel benutzt. Die wirtschaftlich wichtigste Art ist heute der Tabak, der wie die verwandten Kartoffeln, Tomaten oder Paprika aus Amerika stammt. Dort wurde er bereits vor Ankunft der Europäer geraucht.

Hund (vor 15 000 v. Chr.) Viel früher als sie Nutzpflanzen züchteten, kannten die Menschen der Steinzeit bereits Haustiere. Der älteste archäologische Fund eines Haushundes in der zentralrussischen Ebene ist rund 17 000 Jahre alt. Analysen des Erbgutes dagegen zeigen, dass die Entwicklungen von Hund und Wolf sich bereits vor 135 000 Jahren trennten. Die Geschichte des Hundes als Haustier beginnt damit bereits in der Zeit, als der moderne Mensch Homo sapiens gerade erst entstanden war.

Hauskatze (um 7000 v. Chr.) Als die Menschen sesshaft wurden, schloss sich ihnen vermutlich bald die Falbkatze an, die auch afrikanische Wildkatze genannt wird. Sie vertilgte bereits vor 9000 Jahren am Rande der ersten Siedlungen Tierabfälle, die Menschen dort deponierten. Für die Siedlung war das praktisch, weil sich die Bewohner nicht weiter um die Abfälle kümmern mussten, die Katzen wiederum hatten eine sichere Nahrungsquelle gefunden.

Hausziege (um 11 000 v. Chr.) Vermutlich bereits vor 13 000 Jahren begannen die Menschen im Gebiet des heutigen Irak, die im Westen Asiens lebende Bezoarziege zu züchten. Zunächst wurden die Tiere wohl ausschließlich als »lebendiger Fleischvorrat« gehalten, das Fell war als Kleidung beliebt, aus Hörnern und Knochen wurden Gebrauchsgegenstände hergestellt. Da Ziegen auch in unwirtlichen Gegenden genug Nahrung finden, gelten sie noch heute als die »Kuh des kleinen Mannes«.

Hausschaf (um 11 000 v. Chr.) Vermutlich unmittelbar nachdem die ersten Ziegen als lebender Fleischvorrat gehalten wurden, kamen Menschen in der gleichen Region auf die Idee, das Mufflon Armeniens zu ähnlichen Zwecken zu halten. Mit der Zeit entwickelte sich daraus das Hausschaf, das zunehmend auch seiner Wolle wegen gehalten wurde.

Hausrind (um 9000 v. Chr.) Rund zweitausend Jahre vergingen, bis die ersten Bauern und Viehzüchter nach Schaf und Ziege vor rund elftausend Jahren eine weitere Art als Nutztier hielten. Diesmal gelang die Erfindung allerdings unabhängig voneinander in zumindest zwei verschiedenen Weltgegenden: In Indien und im Mittelmeerraum kamen Menschen damals auf die Idee, die in der jeweiligen Gegend lebenden Wildrinder als Fleischlieferanten zu halten.

Zebu Das Zebu genannte Nutztier entstand aus einem in Indien heimischen Wildrind. Auf Grund seiner Herkunft kommt es viel besser als das aus dem Mittelmeerraum stammende Europäische Rind mit den Bedingungen der Tropen zurecht. (Tonskulptur eines Zebus aus Persien, um 1200–750 v. Chr.)

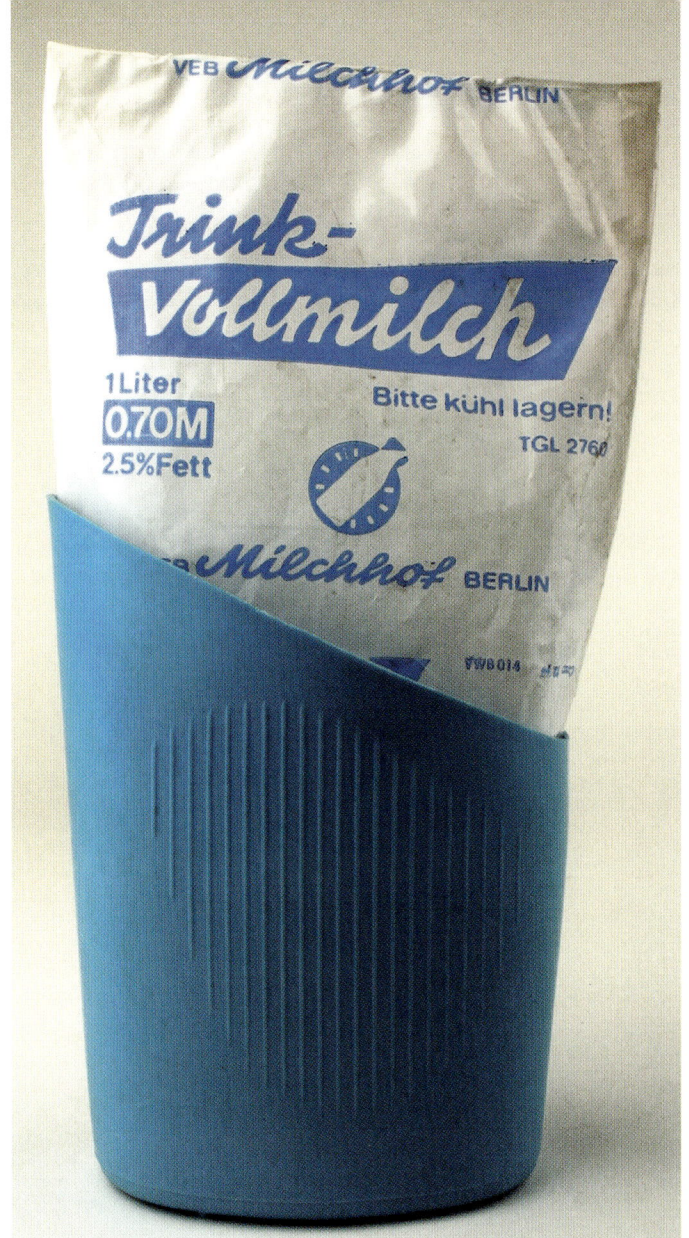

Milchgetränke (um 6000 v. Chr.) Erst in den letzten 8000 Jahren haben sich die Nord- und Mitteleuropäer zu begeisterten Milchtrinkern entwickelt. Vorher konnten die meisten Erwachsenen der Region Milch nicht verdauen, zeigen genetische Untersuchungen von Skeletten aus dieser Zeit. Im Erwachsenenalter fehlte diesen Menschen das Enzym Lactase. Das aber braucht man, um Milchzucker verwerten zu können, ansonsten drohen Bauchschmerzen und andere Verdauungsbeschwerden. Als vor etwa 8000 Jahren die ersten gezähmten Ziegen, Schafe und Kühe nach Europa kamen, konnten ihre Besitzer mit der Milch ihrer Tiere also noch gar nichts anfangen.

Bei einzelnen Steinzeithirten aber muss die für das Abschalten der Lactase-Produktion zuständige Erbinformation verändert gewesen sein. Sie konnten das Enzym auch als Erwachsene noch bilden und damit das neue Getränk verdauen. Und das brachte enorme Vorteile mit sich. Denn die Milchtrinker hatten auch in Jahren mit schlechter Ernte ein nahrhaftes Lebensmittel und konnten ihre Kinder nach dem Abstillen besser versorgen. Also zogen diese Menschen mehr Nachwuchs groß, und die genetische Information für Milchzucker-Verträglichkeit breitete sich aus.

Sahne (um 6000 v. Chr.) Lässt man Milch stehen, setzen sich an der Oberfläche die fettreichen Bestandteile ab. Sie wurden wohl bereits von den ersten Milchbauern abgeschöpft und als extrem nährstoffreiche Spezialität verzehrt. Heute wird diese Sahne meist in Zentrifugen vom Rest der Milch abgetrennt. (Querschnitt durch eine frühe Milchzentrifuge, 1938)

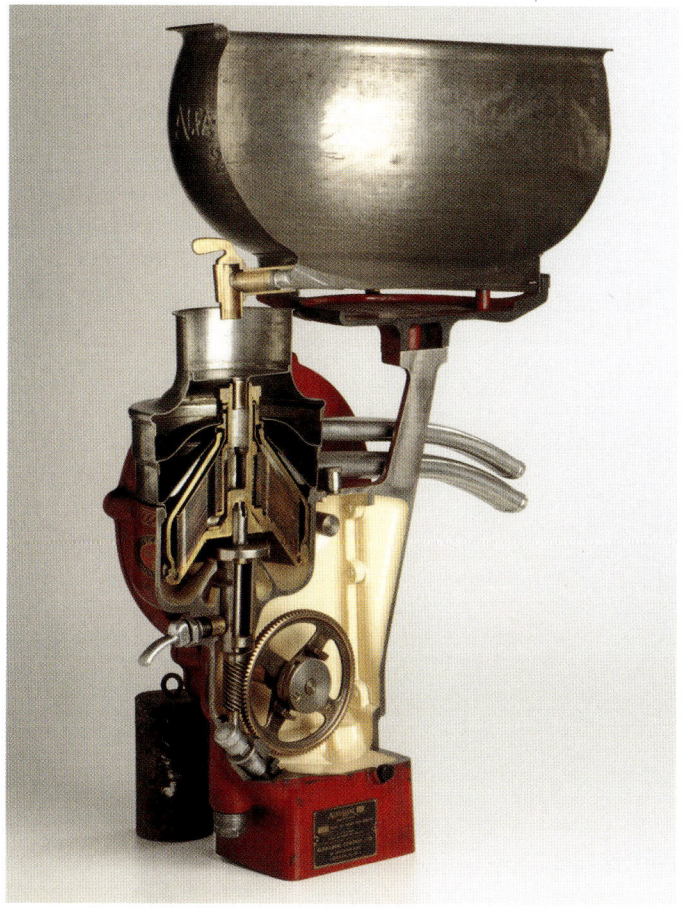

Butter (um 3000 v. Chr.) Aus der Sahne wurde bereits vor mindestens 5000 Jahren Butter hergestellt. Durch Schlagen werden die enthaltenen Fettkügelchen zerstört und beginnen, miteinander zu verkleben. So entsteht zunächst Schlagsahne. Später wird daraus ein festeres Gemisch, aus dem durch Kneten der wässrige Anteil entfernt werden kann, der heute als Buttermilch verkauft wird. Übrig bleibt das feste Fett, die Butter ist erheblich haltbarer als die Sahne. (Magd mit Butterschleuder, 1808)

Joghurt (5. Jh. v. Chr.) Niemand weiß, weshalb sich die Thraker des 5. Jahrhunderts vor Christus auf dem Balkan mit Milch gefüllte Säcke aus Lammhäuten um die Hüfte geschlungen haben. Das Ergebnis dieser seltsamen Sitte aber ist heute in aller Munde: Die Körperwärme gibt den Mikroorganismen in der Milch die nötige Temperatur, um die Milch zu vergären. Dabei entsteht eine feste Substanz, die in der Sprache der Thraker als »Schnittmilch« oder »Jog-urt« bezeichnet wurde. Einmal erfunden, konnten die Thraker gar nicht genug Joghurt produzieren und banden die Lammfellsäcke mit Milch schließlich auch ihren Pferden um den Leib.

CHEESE.

1—Gorgonzola. 2—Double Gloucester. 3—Koboko. 4—Parmesan. 5—Dutch. 6—Roquefort. 7—Schabzieger. 8—Dunragit. 9—York Cream. 10—Port du Salut. 11—Cheddar. 12—Pommel. 13—Camembert. 14—Mainzer. 15—Cheshire. 16—Stilton. 17—Cream Bondon. 18—Gruyère. 19—Wiltshire Loaf. 20—Cheddar Loaf.

Käse (um 100 000 v. Chr.) Käse kannten wohl bereits die Jäger und Sammler vor hunderttausend Jahren: Er bildet sich im Magen junger Wiederkäuer aus Milch und galt als Delikatesse, wenn ein solches Tier erbeutet wurde.

Hausschwein (um 8500 v. Chr.) In China, im Vorderen Orient und im Gebiet des heutigen Deutschland kamen Steinzeitmenschen vor ungefähr 10 500 Jahren unabhängig voneinander auf die Idee, Wildschweine ähnlich wie zuvor bereits Ziegen und Schafe zu zähmen. Das neue Nutztier wurde entweder in freilaufenden Herden in Wäldern oder auf eingezäunten Weiden gehalten und dient bis heute fast ausschließlich der Versorgung mit Fleisch.

Käserei (um 7000 v. Chr.) Als vor mehr als zehntausend Jahren Schafe, Ziegen und Kühe gehalten wurden, lernten die Menschen das gezielte Käsen wohl zufällig: Legt man eine mit Milch gefüllte Tierblase in die Sonne oder ans Feuer, wurde die Milch erst sauer und gerann bald darauf zu einem Sauermilchkäse. Der aber war viel haltbarer als die ohne Kühlschrank verderbliche Milch. Bereits vor 7000 Jahren gab es dann in Mesopotamien und Kleinasien richtige Käsereien. (Käserei, Xylografie, 1892)

Wurst Schweine haben dicke Fettpolster, die oft nicht gleich nach dem Schlachten gegessen werden konnten. Von Körperteilen wie dem Kopf oder den Füßen blieben Fleischreste übrig, die ebenfalls nicht als Braten taugten. Um diese »Abfälle« nicht wegwerfen zu müssen, wurden sie klein geschnitten und gut gewürzt in sauber gewaschene Därme gefüllt. Trocknen, Räuchern oder Kochen machte diese Wurst genannte Speise recht haltbar.

Haushuhn (um 6000 v. Chr.) Noch heute lebt das Bankiva-Huhn *Gallus gallus* wild in Indien und Indonesien. Wohl vor etwa 8000 Jahren begannen Chinesen, diese Hühner als Nutzgeflügel zu halten, gesicherte Nachweise sind dagegen nur 4500 Jahre alt und stammen aus Indien. Genutzt werden vor allem die Eier und das Fleisch. Da Hühner 200 bis 300 Eier im Jahr legen, sind sie in ärmeren Regionen oft der wichtigste Lieferant von tierischem Protein.

Nudel (um 2000 v. Chr.) Nudeln werden normalerweise aus grob gemahlenen Weizen, Reis oder Mais und Wasser hergestellt. Bei Ausgrabungen am Gelben Fluss im Nordwesten Chinas wurden 4000 Jahre alte Nudeln aus Hirse gefunden. In Mitteleuropa steht auf Grund der relativ geringen Sonneneinstrahlung oft nur Weichweizen als Grundstoff für Nudeln zu Verfügung. Da diese Nudeln sehr weich wären, werden sie durch Zugabe von Eiern gehärtet. (Werbeplakat, um 1929)

Hausgans Bereits vor mehr als zweitausend Jahren hielten sich Germanen die ersten Graugänse der Art *Anser anser*. Vor allem die weichen Federn dienten als Isoliermaterial in wärmenden Decken, Gänsebraten gilt noch heute als Festtagsessen. Graugänse kommen auch im 21. Jahrhundert wild an der Nordsee vor. Genau dort wurde bereits im 13. Jahrhundert die Emdener Gans gezüchtet, die heute als älteste noch lebende Gänserasse gilt. Allerdings gibt es nur noch wenige reinrassige Emdener Gänse.

Hausente Vermutlich wurde die Hausente zunächst in Südost-asien gezüchtet, allerdings kommen auch andere Weltgegenden dafür in Frage. Schließlich stammt die Hausente von der Stockente ab, die praktisch überall in Europa, Asien und Nordamerika verbreitet ist. In den ersten Stunden nach dem Schlüpfen akzeptieren die Küken von Enten und Gänsen das Lebewesen als Mutter, das sie zuerst sehen. Auch als ausgewachsene Vögel orientieren sich so geprägte Enten und Gänse am Menschen, der Übergang vom Wild- zum Haustier ist daher besonders einfach.

Honigbiene (um 5000 v. Chr.) Vor mindestens 7000 Jahren begannen Menschen in Anatolien zum ersten Mal, Bienen zu halten, um Honig zu gewinnen, der vermutlich seit Urzeiten auch bei den Jägern und Sammlern als Delikatesse galt. Vor 4000 Jahren glich bei den Ägyptern die Imkerei dann bereits weitgehend den heute angewendeten Methoden.

Pute (14. Jh.) In Amerika gab es kaum Tiere, die als Fleischlieferanten gehalten werden konnten. Wichtigste Ausnahme ist das Truthuhn *Meleagris gallopavo,* das in den Wäldern der USA und im südlichen Kanada brütet und das als größter Hühnervogel der Welt gilt. Bereits die Azteken im heutigen Mexiko hielten diese massigen Tiere vor mehr als 600 Jahren als Fleischdelikatesse. Obwohl sie vor allem in Europa »Puten« genannt werden, sind gezüchtete Truthühner die gleiche Art wie ihre noch immer in den amerikanischen Wäldern lebenden wilden Verwandten.

Honigschleuder Bienen erzeugen Honig aus Nektar und speichern dieses extrem nährstoffreiche Konzentrat in Waben aus Wachs. Um diesen Honig in Reinform zu erhalten, entdeckeln die Imker die Waben und geben sie in eine »Honigschleuder« genannte zylinderförmige Trommel. Wird diese gedreht, fliegt der zähflüssige Honig nach außen und läuft an der Wand eines außen angebrachten Zylinders nach unten, wo er aufgefangen wird.

Honig Da Zucker als weißes Gold bis ungefähr 1850 ein extrem teures Luxusgut war, galt Honig bis dahin als der Süßstoff der ärmeren Kreise.

Kuchen Mehl, Butter und Honig gab es auch auf den mittelalterlichen Bauernhöfen reichlich, sodass man daraus einen Teig machen und ein süßes Gebäck herstellen konnte. Eier halten diese Mischung zusammen, Aromastoffe geben ihr einen angenehmen Geschmack. Der erste Kuchenbäcker schuf diese beliebte Süßspeise daher wohl bereits in der Steinzeit. (Kuchen aus Pompeji, 79 n. Chr.)

Gugelhupf Kuchen wurden ursprünglich wohl in einem rundlichen Napf gebacken. Dabei war der innerste Bereich allerdings oft noch gar nicht gar, während die Oberfläche bereits verkohlte. Ein findiger Bäcker zog daher im Inneren der runden Backform eine Art Kamin hoch. Da auch dort heiße Luft durchstreicht, gart der Kuchen viel gleichmäßiger, und der »Gugelhupf« war erfunden.

Schwarzwälder Kirschtorte (1930) Im Frühjahr 1930 nahm im Tübinger Café Walz der Konditormeister Erwin Hildenbrand Schokoladenbiskuitböden und aromatisierte sie mit Kirschwasser. Darauf kam eine Schicht Sahne mit einigen Kirschen und ein weiterer aromatisierter Biskuitboden. Mehrere solcher Schichten überzog er schließlich mit Sahne, die er mit Schokoraspeln garnierte. Damit hatte er die inzwischen bekannteste Torte Deutschlands, die Schwarzwälder Kirschtorte, erfunden.

Hacke Der Boden lässt sich viel effektiver lockern und verspricht dadurch höhere Erträge, wenn die Spitze eines Grabstocks verbreitert wird. Die breite Fläche heißt »Blatt«, das den Grabstock in eine Hacke verwandelt. Allerdings bildet das Blatt nicht die geradlinige Verlängerung zum Stil, sondern sitzt rechtwinklig daran. Wann die Hacke erfunden wurde, verliert sich im Dunkel der Geschichte, im Gebrauch ist das Gerät als Garten- und Spitzhacke noch heute.

Grabstock (um 200 000 v. Chr.) Für die ersten Bauern war ein Werkzeug außerordentlich hilfreich, das Menschen schon viel früher erfunden hatten und das Forscher heute »Grabstock« nennen. Das ist schlicht ein rund ein Meter langer Stock, dessen eines Ende angespitzt und manchmal sogar im Feuer gehärtet war. Schon vor weit mehr als 200 000 Jahren holten Menschen mit diesem einfachen Werkzeug nahrhafte Wurzeln aus dem Boden. Mit einem solchen Grabstock lassen sich aber natürlich auch leicht Löcher in den Boden stanzen, in die man Setzlinge pflanzt oder Saatkörner legt. War der Boden hart, befestigten die Steinzeitbauern auch schon mal eine Steinscheibe am oberen Teil des Stocks, erhöhten so das Gewicht, und die Spitze drang leichter in den Boden.

Spaten Verbreitert man das Blatt einer Hacke weiter, bringt es wieder in geradliniger Verlängerung am Stil an und verlängert diesen, entsteht ein Spaten. Mit ihm lässt sich auch schwerer Boden lockern, aber auch wenden.

Pflug (um 5500 v. Chr.) Vor mehr als 7500 Jahren waren Grabstock und Spaten einen wichtigen Schritt weiter entwickelt. Aus dieser Zeit datieren die Spuren eines primitiven Pfluges im Kanton Luzern der heutigen Schweiz. Das ist nichts anderes als ein Grabstock, dessen Stil so angebracht ist, dass man das Gerät durch den Boden ziehen kann. Dadurch wird der Boden viel schneller gelockert. Erfunden wurde das Gerät wohl deutlich früher als vor 7500 Jahren. (Totenbuch des Neb Hepet mit Darstellungen der Landwirtschaft, um 2000 v. Chr.)

Jochgeschirr (um 3500 v. Chr.) Vor rund 5500 Jahren tauchte im Nahen Osten und in Europa nahezu gleichzeitig das erste Jochgeschirr auf. Das war ein starkes Holzstück, das den Zugochsen vor oder hinter die Hörner gebunden wurde. Seile führten von diesem Joch zum Pflug, den der Ochse beim Vorwärtsgehen hinter sich her zog.

Zugochsen (um 5500 v. Chr.) Anfangs zog der Bauer wohl selbst den Pflug, später kam er auf die Idee, kräftige Ochsen vorzuspannen, die ihm diese anstrengende Arbeit abnahmen. Nach Europa kamen solche Ochsengespanne vor rund 7500 Jahren. Später wurden auch Esel, Maultiere und Kamele vorgespannt. Um den Pflug in der Erde zu halten, läuft der Bauer meist hinterher und drückt ihn nach unten. Da ein weiterer Mensch die Tiere führen muss, benötigt ein Zugochsen-Pflug zwei Menschen als Begleiter.

Joch Mit Zugochsen und Jochgeschirr wurde auch ein Maß erfunden: Das »Joch« bezeichnete noch bis in die Mitte des 20. Jahrhunderts die Fläche, die ein erfahrener Bauer oder Knecht an einem Tag mit Ochsengespann und Jochgeschirr umpflügen kann. Je nach Boden waren das 3000 bis 6000 Quadratmeter, also nicht einmal die Fläche eines modernen Fußballfeldes.

Deichsel Oft wurden die Ochsen paarweise ins Joch gespannt. Zwischen den Tieren wurde dazu eine Deichsel genannte Holzstange am Joch befestigt, die ihrerseits am Pflug oder an der Vorderachse des Wagens befestigt wurde, den die Tiere ziehen sollten. Für Anhänger wurde diese Deichsel in den modernen Fahrzeugbau übernommen. (Wattwagen, 1878)

Widerristjoch Um auch Tiere ohne Hörner vor den Pflug spannen zu können, wurde das Widerristjoch erfunden. Dazu wurde ein Balken vor die höchsten Stelle zwischen Hals und Rücken gelegt. Mit diesem Widerrist schieben vor allem in Entwicklungsländern noch heute viele Tiere den Balken und ziehen über das Jochgeschirr Pflüge oder Wagen hinter sich her. Mit weiteren Hölzern um den Hals wird der Balken am Widerrist fixiert.

Pferd (um 3000 v. Chr.) Vor etwa 5000, vielleicht auch bereits vor 7000 Jahren gelang es vermutlich an verschiedenen Orten, Wildpferde zu domestizieren. Damit hatte man nicht nur erstmals die Möglichkeit, deutlich größere Entfernungen als bisher zurückzulegen. Man konnte diese kräftigen Tiere auch vor den Pflug spannen.

Kumt (um 500 v. Chr.) Ein Widerristjoch überträgt die Kraft vom Pferd auf den Pflug aber nur schlecht, deshalb wurden bis ins Mittelalter in Europa meist nur Ochsen vorgespannt. Vor 2500 Jahren erfanden Chinesen dann das Kumt. Das ist ein steifer, gepolsterter Ring um den Hals des Zugtieres, der die Kraft relativ gleichmäßig auf Widerrist, Brustkorb und Schultern des Tieres verteilt. So wird die Zugkraft des Tieres voll nutzbar.

Räderpflug (4. Jh.) Vor rund 1600 Jahren bauten die Bauern in Europa erstmals Räder an den Pflug. So mussten die Zugochsen weniger Kraft für das Ziehen des Geräts aufbringen, die Energie floss nun stärker in das eigentliche Pflügen.

Pflugschar (3. Jh. v. Chr.) Bereits vor 2300 Jahren wurden in China die »Pflugschar« genannten waagrecht schneidenden Blätter des Pfluges aus Eisen gefertigt. Das verbesserte nicht nur die Haltbarkeit, sondern verringerte auch den Kraftaufwand für die Zugtiere.

Kehrpflug (15. Jh.) Im 15. Jahrhundert wurde der Kehrpflug erfunden, bei dem das Streichblech so umgesetzt werden kann, dass es die Erde entweder nach rechts oder nach links wendet. Am Ende der Furche setzte der Bauer das Streichblech um und pflügte in die Gegenrichtung eine neue Furche, ohne die vorherige wieder zuzuwerfen.

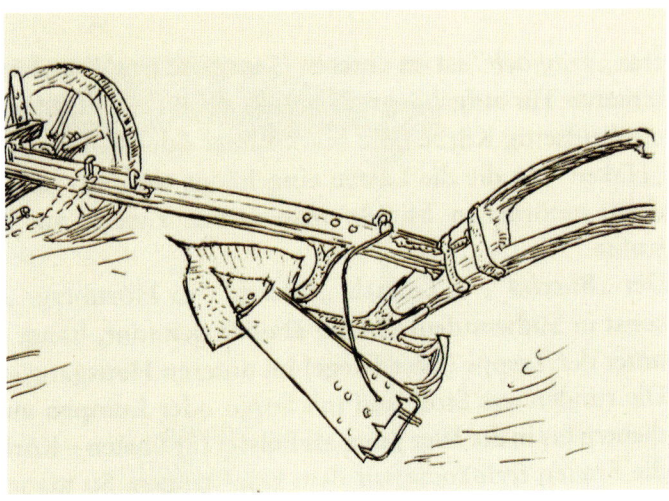

Streichblech (6. Jh.) Schon früher brachten die Chinesen hinter der scharfen Spitze des Pfluges Bretter an. Solange der Pflug vorwärts gezogen wird, schiebt sich die aus dem Boden geschnittene Erdschicht darauf und dreht sich beim Herunterfallen so um, dass Pflanzen nach unten liegen. Dadurch ersticken sogenannte Unkräuter meist. Ungefähr vor 1400 Jahren fertigten Chinesen dieses Streichblech aus Eisen. Nach Europa aber kam es erst um 1800.

Erntemesser (um 10 000 v. Chr.) Zu den ersten landwirtschaftlichen Geräten überhaupt gehörte das Erntemesser. Schon um 10 000 vor Christus nutzten die Menschen am östlichen Mittelmeer diese an geraden Holz- oder Hornstücken befestigten Feuersteinklingen, um Wildgräser und Getreide abzuschneiden.

Dampfpflug (um 1810) Um 1810 wurden die ersten Dampfmaschinen auf Räder gestellt. Diese Lokomobile wurden um 1850 zum ersten Mal an das Ende eines Ackers gestellt und zogen über Seilwinden den Pflug über das Feld. Erstmals ersetzte damit der Dampfpflug in der Landwirtschaft die bisher ausschließlich genutzte Muskelkraft.

Sense (5. Jh. v. Chr.) Sensen haben im Gegensatz zu Sicheln eine weniger stark gekrümmte Schneide, dafür aber einen längeren Stiel. Diese Gerätschaften werden mit beiden Händen geführt und erlauben ein deutlich schnelleres Ernten. Die ersten Sensen sind aus einer etwa von 500 bis 100 vor Christus dauernden Epoche der Eisenzeit bekannt, die Wissenschaftler »La-Tène-Zeit« nennen. Der gut biegbare Werkstoff Eisen ermöglichte damals das Herstellen der dafür nötigen großen Schneideblätter.

Sichel (um 2500 v. Chr.) Ein kurzer Stiel mit einer gekrümmten Klinge, die man mit einer Hand führen kann – auch solche typischen Sicheln waren schon lange vor Christi Geburt in Gebrauch. Auf vielen Ernteszenen aus altägyptischen Gräbern und Tempeln sind Bauern mit Sicheln dargestellt, die Getreide abschneiden. Und auch in Mitteleuropa waren diese Geräte schon in der Zeit zwischen 2500 und 1500 vor Christus bekannt. (»Gott mit der Sichel und weibliches Idol«, Tisza-Kultur, Ungarn, 4./3. Jahrtausend v. Chr.)

Mähbinder (1872) Im Jahr 1872 erfand der Amerikaner Charles Withington ein Gerät, das gleich zwei Arbeitsschritte der Getreideernte automatisierte. Bis dahin hatte man das Getreide mit der Sense geerntet und dann für den Transport per Hand zu »Garben« genannten Bündeln zusammengebunden. Nun aber übernahm der Mähbinder sowohl das Abschneiden als auch das Bündeln. Das Gerät wurde zunächst von Pferden, später von Traktoren über den Acker gezogen.

Mähdrescher (20. Jh.) Im 20. Jahrhundert wurde dann auch der letzte Schritt der Getreideernte von Maschinen übernommen. Findige Tüftler kombinierten fahrbare Mähbinder und Dreschmaschinen zu den heute üblichen Mähdreschern. Diese Geräte schneiden die Halme ab, dreschen die Körner heraus und trennen diese von Halmen und anderem Abfall. In Deutschland wurde der erste Mähdrescher 1935 von Claas Harsewinkel gebaut.

Dreschmaschine (18. Jh.) Um an die Körner aus den Ähren zu kommen, gab es Jahrhunderte lang nur eine Möglichkeit: Mit Dreschflegeln musste man so lange auf das am Boden liegende Getreide einschlagen, bis die Körner herausfielen. Erst im 18. Jahrhundert entwickelten Mechaniker wie der Schotte Andrew Meikle die ersten Dreschmaschinen, die zunächst von Dampfmaschinen, später von Elektromotoren oder Traktoren angetrieben wurden.

Schöpfrad (um 1200 v. Chr.) Vom Wind, von Tieren oder von Wasserkraft angetriebene Schöpfräder gehören zu den ältesten technischen Anlagen der Geschichte. Wissenschaftler vermuten, dass die ersten solchen Einrichtungen zum Heben von Wasser um das Jahr 1200 vor Christus in Mesopotamien im Einsatz waren. Mit ihrer Hilfe haben die Bauern damals ihre Felder bewässert. (Wasserschöpfrad in Sakije, Ägypten)

Konservieren (um 7000 v. Chr.) Schon die Jäger und Sammler der Steinzeit waren gezwungen, Nahrungsmittel haltbar zu machen, um Reserven für schlechte Zeiten anlegen zu können. Wann sie dazu welche Methoden erfanden, verliert sich im Dunkel der Geschichte. Die ältesten Konservierungstechniken sind aber wohl das Trocknen in der Sonne und das Räuchern. Archäologische Funde zeigen, dass Menschen wohl schon vor 9000 Jahren Lebensmittel geräuchert haben.

Rasenmäher (1830) Langsam wurde die Sache einfach zu aufwändig. Die großen Schlossparks und Landschaftsgärten und dann auch noch die Rasenplätze für immer beliebter werdende Sportarten wie Tennis oder Fußball – das alles musste noch Anfang des 19. Jahrhunderts mühsam mit der Sense gemäht werden. Allein im Park von Blenheim Palace in England waren zu diesem Zweck ständig 50 Männer im Einsatz. Dann aber sah der britische Ingenieur Edward Beard Budding eines Tages eine Maschine in einer Weberei, die den hergestellten Stoff an einer Klinge vorbeiführte. Die schnitt überstehende Fasern ab und sorgte so für ein gleichmäßigeres Aussehen. Warum das gleiche Prinzip nicht auch auf Gras anwenden? Budding begann zu tüfteln und meldete im Jahr 1830 den ersten handbetriebenen Rasenmäher zum Patent an.

Einlegen (um 3000 v. Chr.) Schon vor Jahrtausenden haben Menschen entdeckt, dass sich Lebensmittel durch Essig und Öl haltbar machen lassen. In Mesopotamien wurden schon um 3000 vor Christus gekochte Fleisch- und Fischstücke in Gefäßen mit Sesamöl aufbewahrt. Das Konservieren in aus Palmwein hergestelltem Essig war im Orient sogar schon um 5000 vor Christus bekannt.

Sauerkraut (3. Jh. v. Chr.) Weißkohl kann man haltbar machen, indem man ihn von Milchsäurebakterien vergären lässt. Das auf diese Weise entstehende Sauerkraut ist entgegen allen Klischees keine deutsche Erfindung. So ist bekannt, dass sich die Arbeiter beim Bau der Chinesischen Mauer im 3. Jahrhundert vor Christus zu einem großen Teil von gesäuertem Kohl und Reis ernährt haben. Auch in der griechischen und römischen Antike war das so konservierte Gemüse bekannt und galt als äußerst gesund.

Pökeln (um 2500 v. Chr.) Mithilfe von Salz kann man vor allem Fleisch und Fisch Wasser entziehen. Bakterien, die diese Lebensmittel verderben lassen, gedeihen dadurch schlechter. Diese Methode war in Babylonien schon um 2500 vor Christus bekannt. (»Einsalzen des Fangs in Skandinavien«, Holzschnitt zu »Historia de gentibus septentrionalibus«, Olau Magnus, 1555)

Konservendose (1812) Anfang des 19. Jahrhunderts hatte der französische Kaiser Napoleon I. eine hohe Belohnung für ein Konservierungsverfahren ausgesetzt, das eine gute Versorgung der Truppen auf langen Feldzügen gewährleisten sollte. 1810 wurde dieser Preis dem Koch und Konditor François Nicolas Appert zugesprochen. Denn der hatte herausgefunden, dass man Lebensmittel haltbar machen kann, wenn man sie luftdicht abschließt und zum Abtöten der Bakterien genügend lange kocht. Seine ersten so hergestellten Konserven waren noch aus zerbrechlichem Glas und damit für Militärtransporte eher unpraktisch. Doch ab 1812 setzte er Weißblechbüchsen ein. Damit gilt er als Erfinder der Konservendose.

Weckglas (1892) In den 1880er Jahren tüftelte der Chemiker Rudolf Rempel aus Gelsenkirchen eine Methode aus, mit der man die bisher bekannten Einkochverfahren noch effektiver gestalten konnte. Er verwendete Gläser mit abgeschliffenem Rand, die er mit einem Gummiring und einem Blechdeckel verschloss und in einem Wasserbad erhitzte. Dazu konstruierte er einen Apparat, der die Deckel während des Kochens festhielt. 1892 ließ er sich diese Erfindung patentieren. Nachdem er nur ein Jahr später gestorben war, erwarb Johann Carl Weck das Patent. Er gründete eine eigene Firma, um Gläser und Einkochapparate zu produzieren. Bald war diese Form der Konservierung in Deutschland als »Einwecken« bekannt.

Pasteurisierung (1865) Ebenfalls im 19. Jahrhundert fand der französische Chemiker Louis Pasteur heraus, dass man die Haltbarkeit von Lebensmitteln schon durch kurzzeitiges Erhitzen auf etwa 70 Grad Celsius deutlich steigern kann. Denn dadurch werden Bakterien und Hefen abgetötet, die Nahrungsmittel verderben lassen oder sogar Krankheiten verursachen. Noch heute wird diese vitaminschonende »Pasteurisierung« zum Beispiel zum Haltbarmachen von Milch und Fruchtsäften eingesetzt.

Kühlen (2. Jh.) Schon im antiken Griechenland war bekannt, dass gekühlte Lebensmittel länger halten. Der Schriftsteller Athenaios beschrieb um 200 nach Christus das Aufbewahren von Lebensmitteln in Tongefäßen, die ständig feucht gehalten wurden. Durch die Verdunstung des Wassers blieb der Inhalt dieser Behälter kühl. (Amphoren aus Pompeji, 79 n. Chr.)

Eisschrank (Ende 19. Jh.) Gegen Ende des 19. Jahrhunderts eroberte das Kühlen auch private Haushalte: In ein mit Zinkblech ausgeschlagenes Fach eines mit Kork, Sägespänen oder Stroh isolierten Schrankes wurde Eis eingelegt, das empfindliche Speisen im Inneren kühl hielt. Mehrmals in der Woche musste das geschmolzene Eis vom Eismann ersetzt werden.

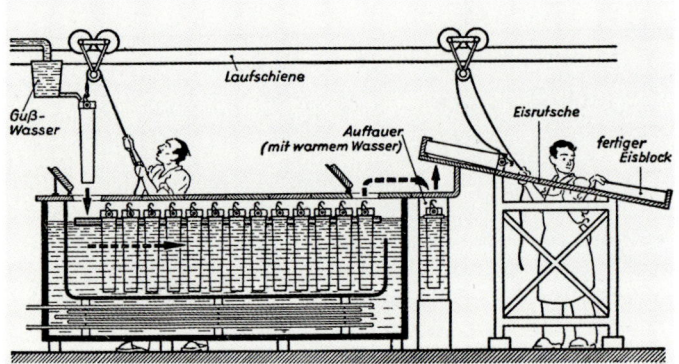

Kompressorkühlschrank (1876) 1876 entwickelte der deutsche Ingenieur Carl von Linde den ersten Kompressorkühlschrank. In ihm fließt zum Beispiel flüssiges Ammoniak durch ein Expansionsventil, dehnt sich aus und verwandelt sich dabei in ein Gas. Die zum Verdampfen benötigte Energie nimmt der Ammoniak aus der Wärme im Inneren des Kühlschranks und kühlt ihn so ab. Ein meist mit elektrischem Strom angetriebener Kompressor verdichtet dieses Gas wieder zu flüssigen Ammoniak, die dabei frei werdende Wärme gibt ein Kühlschrank über die schwarzen Röhrchen an seiner Rückseite an die Raumluft ab. Im Prinzip schaufelt er also Wärme aus dem Kühlschrank in die Umgebung. (Schema einer Anlage zur Eisfabrikation nach Linde)

Kältemaschine (1876) Als das stechend riechende Ammoniak durch andere Substanzen ersetzt werden konnte, kamen Kompressorkühlschränke in den 1920er Jahren auch für Haushalte in Frage. Vorher wurden diese Maschinen als Kältemaschinen in der Industrie verwendet, die erstmals mit Hilfe der Technik Wasser zu Eis gefrieren ließen. Dieses Eis ersetzte zum Beispiel in Brauereien bald das Natureis.

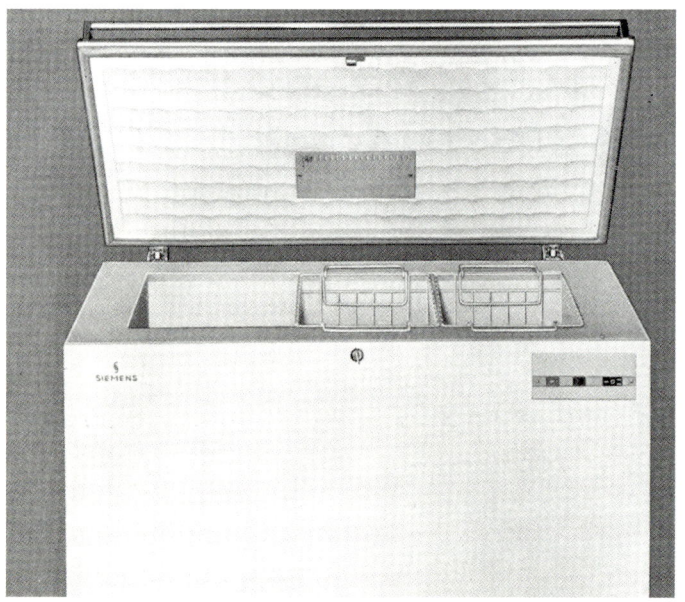

Gefriertruhe Während Kühlschränke Lebensmittel zwischen zwei und acht Grad Celsius frisch halten, kann man mit dem gleichen Prinzip auch deutlich tiefere Temperaturen erreichen und Lebensmittel einfrieren. Bei Temperaturen unter minus 18 Grad Celsius können viele Lebensmittel mehrere Monate bis zu zwei Jahren konserviert werden.

Absorberkühlschrank Auch ein Absorberkühlschrank entzieht dem Inneren des Gerätes Wärme, die flüssiges Ammoniak verdampft. Im Absorber wird das Gas mit flüssigem Wasser zusammengeführt. Eine Gasflamme oder auch Sonnenenergie treibt Ammoniak aus dieser Mischung wieder aus, ein Kondensator verflüssigt das Gas, das anschließend wieder zum Kühlen eingesetzt werden kann. Da Absorberkühlschränke auch mit Solarenergie betrieben werden können, werden sie heute für Regionen ohne Stromnetz entwickelt.

Tiefkühlkost (1924) Als der Biologe Clarence Birdseye auf einer Forschungsreise in Labrador sah, wie Einheimische bei minus 45 Grad Celsius Fische fingen, die an der Luft sofort gefroren und etliche Tage später zubereitet wie frisch aus dem Wasser schmeckten, kam ihm die Idee für die Tiefkühlkost. Entscheidend war offensichtlich das schnelle Einfrieren. 1924 entwickelte er ein Industrieverfahren dafür und brachte den ersten Tiefkühlfisch auf den Markt.

Nahrungszubereitung (um 1 500 000 v. Chr.) Während manche Tiere Nahrung für karge Zeiten aufbewahren, bereitet nur der Mensch sein Essen auch zu. Die ersten Spuren einer Nahrungszubereitung finden sich in Kenia und sind 1,5 Millionen Jahre alt. Damals schabten Frühmenschen mit primitiven, aus Steinen geschlagenen Klingen Fleisch von den Knochen einer Antilope. Allerdings gab es einfachere Steinklingen bereits vor mehr als zwei Millionen Jahren, mit denen andere Frühmenschen große Knochen spalten konnten, um an das nährstoffreiche Mark heranzukommen.

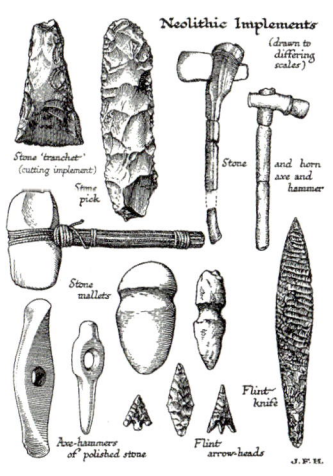

Garen Wesentlich besser konnten die Frühmenschen Nahrung verwerten, als sie Kochen lernten, weil sie dann bestimmte, zum Beispiel in Bohnen enthaltene Gifte durch Erhitzen zerstören konnten. Wann der erste Mensch gekocht hat, ist unbekannt. Eine erste Methode könnte das Erhitzen von Steinen im Feuer gewesen sein. Auf diesen heißen Steinen oder auch in heißer Asche konnte man dann Nahrung garen oder rösten, ohne sie zu verkohlen.

Herdstelle (um 500 000 v. Chr.) Eine flache Grube im Boden, Steine außen herum und in der Mitte ein kleines Holzfeuer: So einfach sieht die erste Herdstelle aus, an der Menschen vor einer halben Million Jahren in China, aber auch in der Nähe von Nizza ihr Essen erhitzten. Am Grundprinzip dieser Herdstelle hat sich bis ins Mittelalter wenig geändert.

Kochen Das Kochen beherrschten die Menschen lange vor der Erfindung von Tongefäßen oder gar Metallkesseln. Sie erhitzten dazu einfach Steine im offenen Feuer und legten sie in vorher ausgehobene Erdlöcher. Daneben kamen Muschelschalen oder Schildkrötenpanzer mit dem zu kochenden Essen und Wasser.

Grill Schichtet man auf zwei gegenüberliegenden Seiten der Herdstelle oder des Lagerfeuers Steine auf, kann man einen Spieß mit einem Braten oder auch einem gehäuteten kleineren Tier über das Feuer hängen. Wann dieser erste Grill in Betrieb ging, verliert sich im Dunkel der Steinzeit. (Buchmalerei, England, um 1340)

Erdbackofen In solchen Erdlöchern wurden in der Steinzeit Feuer angezündet. Nach dem Erlöschen konnten dann an den Wänden Fladenbrote gebacken werden.

Kochgrube (7000–5000 v. Chr.) Als feste Gefäße aus Ton und Metall erfunden waren, wurden diese auf Dreibeinen oder an Deckenhaken über die Herdstelle mit dem offenen Feuer platziert. Erstmals konnte das Kochen so kontinuierlich kontrolliert werden. (Monatsbild Dezember, »Deutscher Kalender«, Holzschnitt, 1480)

Rauchfang Im offenen Feuer einer Herdstelle entstehen flüchtige Substanzen, die gesundheitsgefährdend sein können. Da es nicht hereinregnen sollte, zog dieser Rauch durch eine Öffnung im Dach oder in der Wand auch nicht optimal ab, vermutlich gehörte das Husten damals zum Kochen. Das änderte sich erst, als zu einem unbekannten Zeitpunkt der erste Rauchfang erfunden wurde, der die Gase mit Steinen oder Blechen konzentriert und ins Freie leitet. Mit Erfindung des Rauchfangs rückte die Herdstelle erstmals von der Mitte des Kochraums an eine Wand, die dann gleichzeitig eine Seite des Rauchfangs bilden konnte. (Altbauküche mit Rauchfang, Berlin 1955)

ESSEN & TRINKEN

Kochherd (1735) Um das Jahr 1735 entwickelte Francois de Cuvilliés für die Küche der Amalienburg von Schloss Nymphenburg im Westen Münchens den ersten Kochherd: Die Feuerstelle wurde einfach eingemauert, darüber lag eine Eisenplatte mit Löchern, auf denen die Töpfe standen. Der Rauch wurde über einen Rauchfang abgeleitet.

Sparherd (1780er Jahre) In den 1780er Jahren verbesserte der Physiker Benjamin Thompson in München den Brennstoff-Verbrauch des Kochherdes erheblich: Das Feuer flackerte nun auf einem Brennrost, durch den von unten Frischluft mit viel Sauerstoff strömen konnte. Mit Klappen konnte die Verbrennung gezielt gesteuert werden. Solche Sparherde benötigten nur noch die Hälfte des vorher nötigen Brennholzes.

Kochmaschine (Anfang 19. Jh.) Am Anfang des 19. Jahrhunderts wurden erste Herde aus Metall entwickelt. Erste Kochmaschinen mit mehreren Feuerrosten wurden gebaut, von denen Züge die Hitze zu den Kochstellen leiteten. Verschiedene Backröhren waren darin genauso eingebaut wie »Heißwasserbereiter«. So hießen Blechgefäße, deren Außenwände von den Rauchgasen erwärmt wurden, die wiederum Wasser in ihrem Inneren erhitzten. Solche aufwändigen Geräte aber konnten sich nur die begüterten Schichten leisten. (Kochmaschine in der Küche von Schloss Chenonceau, Touraine, Frankreich, um 1820)

Herdring (um 1860) Anfangs wurden die Töpfe durch runde Löcher direkt in das Feuer im Kochherd gehängt. Um keine Rauchgase in den Raum dringen zu lassen, mussten die Töpfe genau in die Löcher der Herdplatte passen. Später ließen sich die Löcher mit eisernen Ringen verkleinern, die ineinander gelegt werden konnten. Jetzt konnten verschiedene Topfgrößen eingesetzt werden. Um 1860 setzten sich solche Herde auch in ärmeren Kreisen durch.

Elektroherd (1859) Am 20. September 1859 erhielt George Simpson in den USA ein Patent für den ersten Elektroherd. Er hatte in die Platte eines Kohleherdes einen Draht eingebaut, der mit Strom erhitzt werden konnte. Da Strom aber kaum verfügbar war und die Wärme nur durch Ein- und Ausschalten reguliert werden konnte, setzte sich dieser Elektroherd nicht durch.

Gasherd (Anfang 19. Jh.) Bereits am Anfang des 19. Jahrhunderts wurde mit Kochherden experimentiert, die statt mit Holz oder Kohle mit Gas befeuert wurden. Durchsetzen konnte dieser Gasherd sich allerdings erst, als in den Städten ein größeres Gasnetz aufgebaut wurde.

Siebentaktschaltung (1893) Später wurden im Elektroherd drei Teilwiderstände eingebaut, die sich in Reihe oder parallel schalten ließen. So konnten über einen Stufenschalter über verschiedene Kombinationen dieser Widerstände sieben Stromstärken eingestellt werden, die eine Platte des Elektroherdes verschieden stark erhitzten. 1893 wurde der erste solche Elektroherd auf der Weltausstellung in Chicago vorgestellt, in den 1920er Jahren setzte er sich dann in den Haushalten Europas und der USA zunehmend durch.

Mikrowellenherd (1946) Als Percy Spencer in den 1940er Jahren ein Radargerät entwickelte, ärgerte er sich maßlos über den Schokoriegel, der während des Experimentes in seiner Tasche geschmolzen war. Offensichtlich hatten die Mikrowellen des Radargerätes Energie auf die Schokolade übertragen und sie so erhitzt. 1946 ließ sich seine Firma Raytheon den ersten Herd patentieren, der mit diesem Prinzip Speisen erhitzte: Der Mikrowellenherd war erfunden.

Ceran-Kochfeld (1972) Moderne Elektroherde haben häufig eine Kochplatte aus Glaskeramik, die unter dem Namen »Ceran« vermarktet wird. 1972 stellte die Firma Schott den ersten Herd vor, bei dem eine elektrische Heizspirale ihre Energie direkt durch ein Glaskeramikfeld auf die darauf stehenden Töpfe übertrug.

Induktionskochfeld (1984) Eine großflächige Spule kann ein magnetisches Wechselfeld durch eine Glaskeramikplatte in den Metallboden eines daraufstehenden Topfes übertragen. Dadurch entstehen Wirbelströme, die das Metall aufheizen, das wiederum seine Wärme an die Speisen im Inneren des Topfes weiterleitet. Seit 1984 gibt es solche Induktionsherde, die nicht nur weniger Energie verbrauchen, sondern bei denen auch die Herdplatte kalt bleibt. So wird die Verbrennungsgefahr verringert, und überkochende Milch kann zumindest nicht mehr anbrennen.

Römertopf Wohl seit die Menschen die erste Keramik herstellten, nutzten sie daraus hergestellte Gefäße nicht nur als Vorratsgefäße, sondern auch als Kochtöpfe. Weil Metalltöpfe anfangs sehr teuer waren, blieben die Keramikgefäße vor allem in den ärmeren Schichten bis in die Neuzeit in Gebrauch. Eine Renaissance erlebte der Keramiktopf in den 1970er und 1980er Jahren als »Römertopf«.

Dampfkochtopf (1679) 1679 erfand der Franzose Denis Papin einen Topf, der dicht verschließt. Kocht darin Wasser, erhöht sich der Druck, da der Dampf nicht entweichen kann. Dadurch aber wird das Wasser heißer als 100 Grad Celsius und darin befindliche Speisen garen deutlich schneller als in normalen Töpfen. Zwar explodierte dieser Dampfkochtopf gleich bei der ersten Vorführung, trotzdem hat er sich mittlerweile in Haushalten relativ gut durchgesetzt, weil er durch das schnelle Garen viel Heizenergie spart. (Dampfkocher Denis Papins, um 1679)

Teflonpfanne (1938/54) Um das Anheften von Speisen zu verhindern, werden Bratpfannen gern beschichtet. Dabei kommt häufig das unter dem Handelsnamen Teflon bekannte Polytetrafluorethylen zum Einsatz. Allerdings ist es eine moderne Sage, dass solche Teflonpfannen ein Nebenprodukt der 1957 begonnenen Raumfahrt seien. Teflon wurde vielmehr bereits 1938 recht zufällig vom US-amerikanischen Chemiker Roy Plunkett entdeckt. Colette Gregoir kam dann 1954 in Frankreich auf die Idee, Töpfe und Pfannen mit diesem Material zu beschichten.

JAGD, MILITÄR & WAFFEN

05

Sicherheit hat ihren Preis

Um sich gegen Raubtiere zu wehren oder um
selbst zu jagen, erfanden Frühmenschen sehr bald
die ersten Waffen. Die aber ließen sich auch erfolgreich gegen andere Menschen einsetzen. In
der frühen Steinzeit fällt daher die Unterscheidung
zwischen Jagd- und Militärwaffe schwer. Damals
wie heute aber war der militärische Bereich eine
wichtige und oft sogar die mit Abstand stärkste
Triebkraft für Erfindungen in verschiedenen Berei-
chen. Für die Entwicklung von Kriegsschiffen oder
Düsenkampfflugzeugen wurden schon immer
mehr Geld und Sachmittel bereitgestellt als für
viele zivile Projekte. Ohne Jagd, Militär und Waffen
lässt sich daher die Geschichte der Erfindungen
nicht erzählen.

Biologen interessieren sich brennend für Militärtechnik, weil sie das Wettrüsten der Armeen mit
ähnlichen Vorgängen im Bereich des Lebens vergleichen können: Werden die Kiefer des Feindes
kräftiger, antwortet der Käfer mit einem härteren
Panzer, der diesen Kiefern mehr Widerstand ent-
gegensetzt. Genauso reagierten die Ritter, als
Langbogen erfunden wurden, die den Pfeilen
mehr Durchschlagskraft gaben. Ein Kettenhemd
hielt diese schnellen Pfeile nicht mehr ab, also
wurden wieder Plattenpanzer getragen. Und genau wie der Ritter und sein Pferd ächzen wohl
auch die Käfer mit den schweren Panzern unter
der größeren Last ihres besseren Schutzes. Sicherheit hat eben ihren Preis. Leichter wird das Leben
erst, wenn alle auf Waffen verzichten. Was den
Menschen leichter fallen dürfte als den Käfern.

JAGD, MILITÄR & WAFFEN

Speer (um 400 000 v. Chr.) Als die Menschen in der Jungsteinzeit die Klinge erfunden hatten, kamen sie wohl rasch auf die Idee, scharfe Spitzen mit Birkenharz auf langen, stabilen Ästen zu befestigen. Im Landkreis Helmstedt in Niedersachsen wurden solche Speere aus Fichtenstämmchen gefunden, die zwischen 270 000 und 400 000 Jahre alt sind. Sie ähneln modernen Wettkampfspeeren, die von heutigen Athleten 70 Meter weit geworfen werden. Damit war die erste Fernkampfwaffe der Menschheit erfunden. (Zwei bronzene Speerspitzen aus Griechenland, 5./4. Jh. v. Chr.)

Pfeil und Bogen (um 30 000 v. Chr.) Es dürfte mindestens 30 000 Jahre her sein, dass Steinzeitjäger auf die Idee kamen, zwischen die Enden eines biegsamen Jungbaum-Stammes ineinander verdrillte Därme von gejagtem Wild zu spannen. Spannte der Jäger einen kurzen Speer in einen solchen Bogen, konnte er deutlich weiter schießen, als er die Waffe werfen konnte. (Griechische Vasenmalerei, um 450 v. Chr.)

Streitaxt (um 40 000 v. Chr.) Als in der frühen Steinzeit die ersten Äxte zum Fällen von Bäumen aufkamen, wurden diese wohl auch sofort als Waffen eingesetzt. Später entstanden spezielle Wurf- und Streitäxte, mit denen man auf kurze Entfernung treffen oder im Nahkampf angreifen konnte. Die hier abgebildete bronzene Streitaxt stammt aus China und wurde um 1000 v. Chr. gefertigt.

Armbrust (3. Jh. v. Chr.) Im 3. Jahrhundert v. Chr. wurden in China und Griechenland erstmals Bogen quer auf das vordere Ende eines kräftigeren, kurzen Stämmchens montiert. Eine Haltevorrichtung hielt die Sehne gespannt, ermöglichte so ein sehr starkes Spannen und entlastete gleichzeitig den Schützen. Die Normannen entwickelten diese Armbrust weiter und setzten sie als typische Scharfschützenwaffe bei der Schlacht von Hastings 1066 gegen die Angelsachsen ein. Das abgebildete Exemplar stammt aus dem 16. Jh.

Hellebarde (13. Jh.) Im 13. Jahrhundert montierten Bauern in Süddeutschland Gartenmesser an die Spitze eines Speeres. Mit diesem Stangenbeil konnten sie gut auf dem Feld arbeiten, gleichzeitig hatten sie eine Waffe, die sich auch ohne militärisches Training effektiv einsetzen ließ. Als erste Schusswaffen aufkamen, wurden diese Hellebarden rasch zu Schauwaffen, wie sie die Schweizer Garde im Vatikan noch heute trägt (Abbildung).

Langbogen (14. Jh.) Im Mittelalter wurden zunehmend längere Bogen gebaut. Zum Spannen dieser Langbogen brauchte der Schütze erheblich mehr Kraft, dafür flog der Pfeil viel schneller und hatte so mehr Durchschlagskraft. Selbst 2,5 Zentimeter dicke Eichenbretter soll ein Langbogenschuss durchschlagen haben. Im 14. und 15. Jahrhundert scheint der Einsatz dieser Waffe einige Schlachten entschieden zu haben.

Schwert (2. Jt. v. Chr.) Als in der frühen Bronzezeit viel mehr Metall als vorher zur Verfügung stand, hämmerten die Menschen in fast allen ostasiatischen, orientalischen und abendländischen Kulturen lange Klingen. Diese Schwerter (Abbildung) ließen sich als Hieb- und Stichwaffe einsetzen.

Fränkischer Haken Im Mittelalter kamen vor allem in Mitteleuropa kurze und sehr starke Klingen auf, die tiefe Einschnitte hatten. Mit diesen fränkischen Haken konnten Schwertangriffe besser abgefangen werden, oft verhakte sich das Schwert auch darin und brach.

Schild (um 3000 v. Chr.) Die Soldaten wollten ihren Körper allerdings auch großflächig vor Angriffen schützen. Schon in der Steinzeit stellte man dazu aus Weiden ein Geflecht her und spannte ein Tierfell darüber. Stabiler waren die Schilde der Pharaonen und Sumerer, die Leder über ein Holzgestell spannten. Als Metallwaffen verfügbar waren, wurden die Schilde schließlich mit Metallplatten verstärkt und am Ende ganz aus Metall gefertigt. (Schwarzfigurige Vase, Griechenland, 6./5. Jh. v. Chr.)

Kettenhemd (3. Jh. v. Chr.) Erheblich beweglicher waren die Kämpfer der Kelten, als sie im dritten Jahrhundert v. Chr. die Rüstung durch ein leichteres Kettenhemd ersetzten. Das bestand aus Drahtringen, die ineinander verflochten waren und so einen beweglichen Panzer bildeten, der wie ein Hemd mit Ärmeln oder auch wie ein Strumpf geformt sein konnte. (Kettenhemd aus dem 15./16. Jh.)

Rüstung (14. Jh. v. Chr.) Ein Schild musste geführt werden und blockierte so eine Hand. Einen besseren Schutz bot daher eine Rüstung, die direkt am Körper getragen wurde und zumindest die empfindlichsten Körperteile schützte. Bereits im 14. Jahrhundert v. Chr. umhüllten in Mykene im heutigen Griechenland Bronze-Panzer die Brust der Kämpfer, schränkten aber mit ihrem Gewicht von mehr als 30 Kilogramm die Beweglichkeit erheblich ein. Bein- und Armschienen sowie ein Helm ergänzten diese Rüstung.

Ritterrüstung (12. Jh.) Vor den im Mittelalter zunehmend verwendeten Langbogen oder den Lanzen der Reiter bot eine Kettenrüstung aber nicht mehr genug Schutz. Daher begannen die europäischen Ritter bereits im späten 12. Jahrhundert, zunächst die empfindlichen Körperteile wieder mit schweren Metallpanzern zu schützen. Später umhüllte diese Ritterrüstung aus mehreren Dutzend Metallplatten samt Eisenschuhen den gesamten Körper. Noch immer ungepanzerte Körperteile wie die Achseln und die Genitalien wurden mit einer Kettenrüstung unter den Metallplatten geschützt.

Palisade (um 8000 v. Chr.) Seit die Menschen vor mehr als 10 000 Jahren in feste Siedlungen zogen, schützten sie ihre Heimat so gut es ging vor Feinden, die manchmal aus dem Tierreich, meist aber aus den Reihen der eigenen Artgenossen kamen. Steinzeitliche Dörfer sind daher in der Regel von einer Reihe 20 bis 30 Zentimeter starker und drei bis vier Meter langer, zugespitzter Pfähle umgeben. Diese Palisade konnte nur mühsam überwunden werden, dabei war der Feind obendrein ziemlich wehrlos.

Stadtmauer (um 7000 v. Chr.) Erheblich massiver wird eine Palisade, wenn sie nicht aus Holz, sondern aus Stein gebaut wird. Die erste Stadtmauer hatte vermutlich bereits 7000 v. Chr. die Stadt Jericho. Ungefähr 2700 v. Chr. schützten die Einwohner von Uruk in Mesopotamien ihre Stadt mit einer 9,5 Kilometer langen Mauer, aus der um die 900 Wehrtürme aufragten. Die wohl erfolgreichste und bestdurchdachteste Befestigungsanlage, die sogenannte Theodosianische Stadtmauer (Abbildung) von Konstantinopel, wurde zwischen 413 und 439 angelegte und erstreckte sich seinerzeit auf einer Länge von 20 km.

Katapult (4. Jh. v. Chr.) Um Befestigungsanlagen zu beschädigen oder die dahinter liegende Stadt anzugreifen, wurde in der griechischen Stadt Syrakus auf Sizilien im vierten Jahrhundert v. Chr. das erste Katapult erfunden. Es konnte Steine oder auch Brandgeschosse einige Hundert Meter weit schleudern.

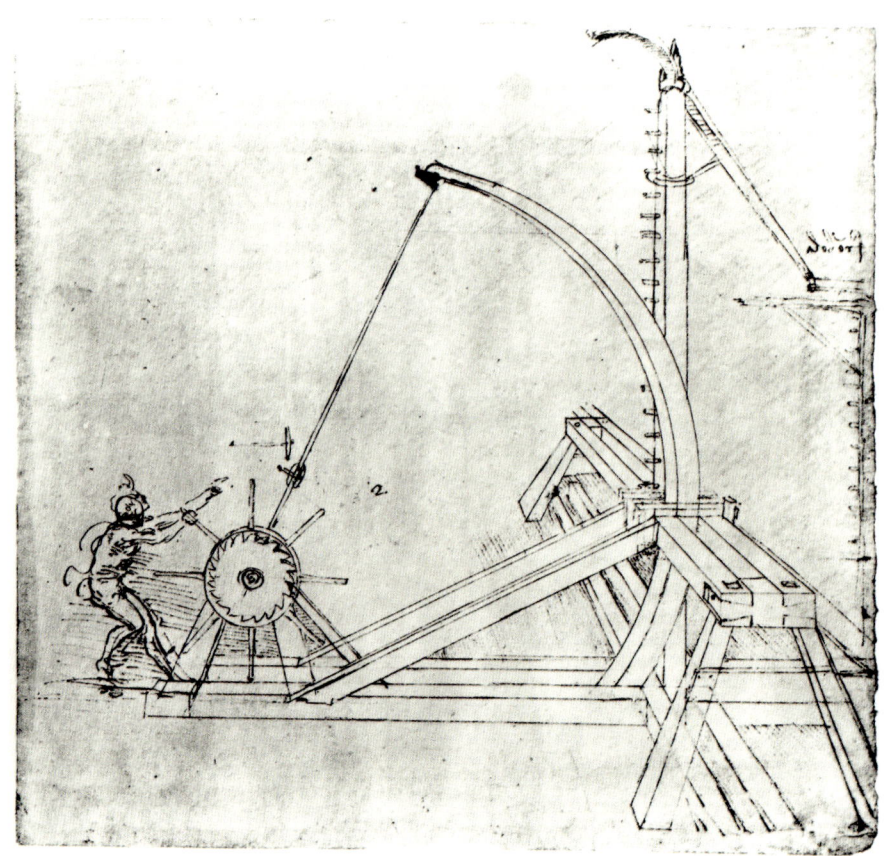

Kanone (3. Jh. v. Chr.) Im dritten Jahrhundert v. Chr. erfand der griechische Philosoph Archimedes die erste Kanone. Kochendes Wasser erzeugte Wasserdampf, der dann ein Projektil durch ein Metallrohr abschoss. Nach der Erfindung des Schwarzpulvers bauten die Chinesen 1288 eine 34 Zentimeter lange Feuerwaffe aus Gusseisen, die später in der Mandschurei bei Ausgrabungen gefunden wurde. In Europa wurden erste Kanonen 1284 bei der Verteidigung der Stadt Forli in Oberitalien eingesetzt.

Schwarzpulver (Mitte 13. Jh.) Bereits im siebten Jahrhundert beschossen die Byzantiner mit einem sogenannten »griechischen Feuer« feindliche Schiffe. In dieser Flüssigkeit war Salpeter der Wirkstoff, der den Brand auslöste. Nach und nach wurden flüssige Bestandteile dieser Brandmischung wie das Erdöl durch feste Stoffe wie pulverisierte Holzkohle ersetzt. In der Mitte des 13. Jahrhunderts erwähnen dann Chinesen, Araber und Europäer gleichermaßen dieses Schwarzpulver, das nach einem harten Schlag explodiert.

Gewehr (um 1300) Ein Handrohr war ein aus Metall gegossenes Rohr. Ein Ende war verschlossen und hatte eine Öffnung, aus der die Lunte ragte. Diese ließ, einmal angezündet, Schwarzpulver im Rohr explodieren, das wiederum ein Geschoss aus dem Lauf trieb. Um 1300 tauchen diese ersten, sehr primitiven Gewehre in verschiedenen Teilen der Welt auf. Erst als im 15. Jahrhundert die Zündung mit dem sogenannten Luntenschloss verbessert wurde, konnte der Schütze beim Abdrücken auch zielen, und die ersten Hakenbüchsen (Abbildung) begannen, sich gegen Langbogen und Armbrust durchzusetzen.

Revolver (1818) Pistolen waren lange kaum kriegstauglich, weil sie nur einen Schuss abgeben konnten und der Soldat danach wehrlos war. Die Situation änderte sich erst, als der US-Amerikaner Artemus Wheeler am 10. Juni 1818 eine Pistole konstruierte, in der mehrere Patronen in den Kammern einer drehbaren Trommel steckten. Als sein Landsmann Samuel Colt diesen Revolver 1835 weiter verbesserte, setzte sich diese Waffe zunehmend durch.

Pistole (1547) Um auch Reiter mit Feuerwaffen ausrüsten zu können, mussten die schweren Gewehre leichter werden. Ein wichtiger Schritt zu einer solchen Pistole war im 15. Jahrhundert in Deutschland die Entwicklung des kompakten Zündmechanismus des Radschlosses. Erstmals wurden diese Pistolen 1547 in der Schlacht bei Mühlberg im Grenzgebiet zwischen den heutigen deutschen Ländern Brandenburg, Sachsen und Sachsen-Anhalt bei einer größeren Kampfhandlung eingesetzt. (Spanische Pistole, 17. Jh.)

Amphibienfahrzeug (332 v. Chr.) Als Alexander der Große 332 v. Chr. die Stadt Tyros im heutigen Libanon belagerte, sollen die mit ihm kämpfenden Zyprioten bereits Amphibienfahrzeuge eingesetzt haben, die als Boot im Wasser und als Wagen an Land fuhren. Der Italiener Agostino Ramelli entwarf 1588 einen Kampfwagen, der an Land von Pferden gezogen und im Wasser mit Muskelkraft und Schaufelrädern angetrieben wurde. Seit 1899 wurde dann häufig unter Boote ein Fahrgestell montiert, und Autos wurden durch gute Abdichtung schwimmfähig gemacht. Die Alliierten setzen im Zweiten Weltkrieg sogar einen schwimmfähigen Panzer ein.

Maschinengewehr (1718) James Puckle aus London erhielt am 15. Mai 1718 ein Patent auf ein Maschinengewehr, für das sich aber niemand interessierte. Der US-Amerikaner Richard Gatling erfand 1861 während des Bürgerkriegs in seinem Land eine Schusswaffe, bei der mehrere Läufe mit einer Handkurbel gedreht und nacheinander abgefeuert wurden (Abbildung). 1885 präsentierte dann der Brite Hiram Maxim ein Gewehr, bei dem der Rückstoß eines Schusses die Patronenhülse auswirft und den nächsten Schuss lädt. 500 Schuss feuerte sein Maschinengewehr in der Minute.

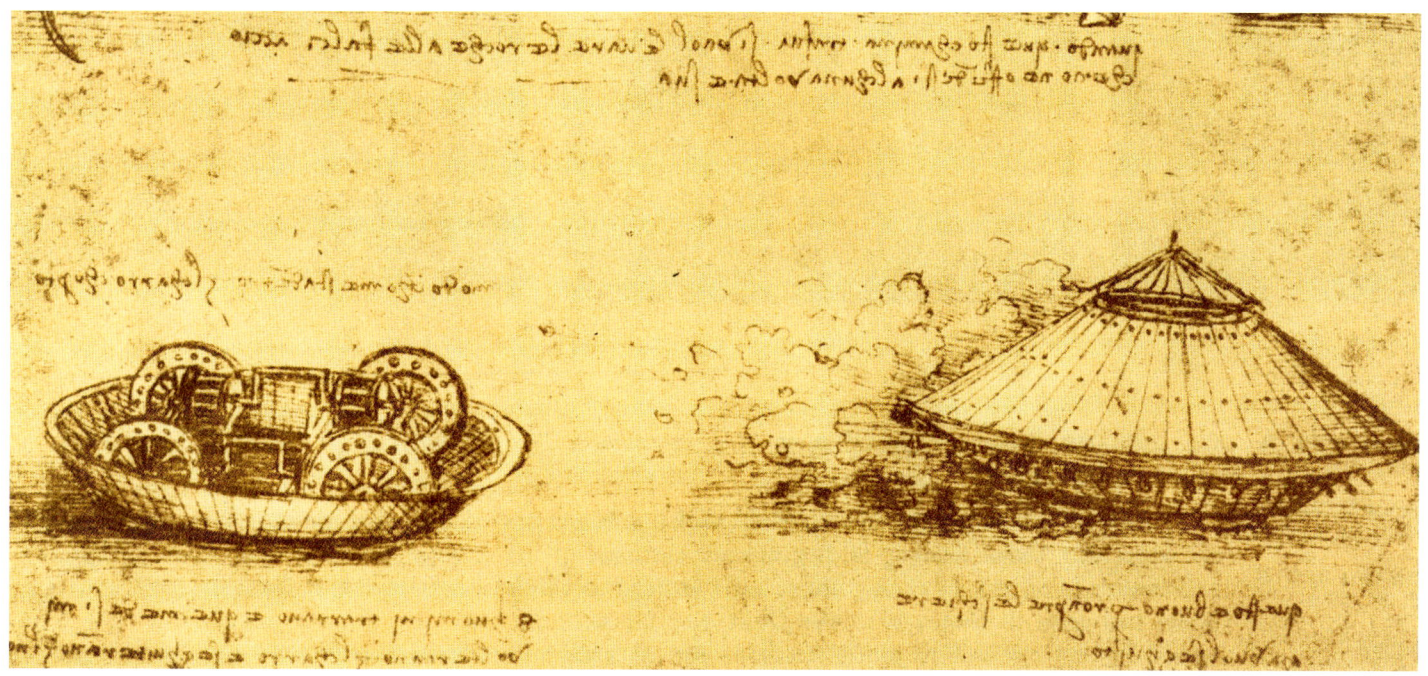

Panzer (1906) Schon Leonardo da Vinci skizzierte ein gepanzertes Gefährt, in dem sich Soldaten geschützt fortbewegen und von dem aus sie Pfeile abschießen konnten (Abbildung). Den ersten Panzer im heutigen Sinn baute jedoch Gottlieb Daimlers Sohn Paul 1906 in Wien. Als bei einer Vorführung dieser Maschine die Pferde der kaiserlichen Offiziere vor dem Motorenlärm erschraken und durchgingen, wurde diese Erfindung aber wieder zu den Akten gelegt. Erst als im Herbst 1914 der Erste Weltkrieg zum Stellungskrieg wurde, griffen die Engländer die Idee wieder auf. Am 15. September 1916 startete die vierte britische Armee an der Somme den ersten Panzerangriff der Geschichte.

Lastensegler (um 1930) Anfang der 1930er Jahre entwickelten zunächst die deutschen und sowjetischen, später dann auch andere Armeen sogenannte Lastensegler. Sie wurden von Schleppflugzeugen zunächst in die Nähe und von einem Piloten dann segelnd genau ins Ziel gebracht. Anfangs trugen Lastensegler nur Luftlandetruppen und ihre Ausrüstung, später transportierten sie sogar Panzer.

Düsenflugzeug (1939) Erheblich schneller wurden Flugzeuge, als der Propellerantrieb durch sogenannte Strahltriebwerke ersetzt wurde. Das erste Düsenflugzeug der Welt war die Heinkel He 178, die am 27. August 1939 in Deutschland ihren Jungfernflug hatte.

Senkrechtstarter (1966) Mit schwenkbaren Propellern oder zusätzlichen Schubdüsen, die senkrecht stehen und so gegen die Schwerkraft beschleunigen, kann ein Flugzeug – wie ein Helikopter – aus dem Stand ohne Startbahn starten und ohne Landebahn wieder sicher zur Erde zurückkommen. Großbritannien entwickelte mit dem Kampfflugzeug »Harrier« den ersten Senkrechtstarter, der 1966 erstmals in die Luft stieg.

Radar (1904) Der deutsche Tüftler Christian Hülsmeyer entwickelte in Düsseldorf ein Gerät, das die Position von Fahrzeugen aus den Echos elektromagnetischer Wellen ermittelte, die am Metall von Schiffen oder Zügen reflektiert werden. Am 30. April 1904 erhielt er ein Patent auf dieses »Telemobiloskop«. Allerdings interessierte sich niemand für dieses gut funktionierende Gerät. Der Schotte Robert Watson-Watt erfand dieses Ortungssystem 1919 erneut und ortete mit einem solchen Gerät am 26. Februar 1935 erstmals ein Flugzeug. An Ostern 1939 gab es an der britischen Ostküste bereits eine Kette von 20 Radarstation, die angreifende Flugzeuge auf große Entfernung entdeckten.

Tarnkappenbomber (1977) Um ihre Flugzeuge vor dem Radar zur verbergen, ließ die US-Luftwaffe von der Firma Lockheed einen Bomber entwickeln, der mit Kunststoff beschichtet war und 80 bis 90 Prozent der Radarstrahlen absorbierte. Auch die Form der Lockheed F-117 machte das Flugzeug für Radargeräte nahezu unsichtbar, bescherte dem Gerät aber auch den Spottnamen »Kakerlake«. Am 1. Dezember 1977 hob dieser »Tarnkappenbomber« zum ersten Probeflug ab.

Marschflugkörper (1942) Robert Lusser und Fritz Gosslau entwickelten in Deutschland ein unbemanntes Flugzeug, das eine Ladung Sprengstoff ins Ziel fliegen sollte. Am 24. Dezember 1942 startete die Fieseler Fi 103 zum ersten Mal von einer Rampe in Peenemünde. Als V1 wurde dieser erste Marschflugkörper ab dem 13. Juni 1944 vor allem für Angriffe auf London und Antwerpen eingesetzt.

Torpedo (Mitte 19. Jh.) Der Italiener Giovanni Lupis konstruierte in der Mitte des 19. Jahrhunderts in Österreich-Ungarn ein Gerät, das im Wasser eine Sprengladung bis zu einem Schiff tragen konnte. Diese sollte dann am Rumpf explodieren. Zunächst wurde das Fahrzeug von einem Uhrwerk und einem Propeller angetrieben und durch Seile von Land aus gesteuert. Zusammen mit dem britischen Maschinenbauer Robert Whitehead entwickelte der Tüftler den Torpedo weiter, verpasste ihm einen Druckluftantrieb und führte ihn am 21. Dezember 1866 der Marine erfolgreich vor.

Luftkissenboot (1915) Am 2. September 1915 stach das erste Luftkissenboot der Welt mit einer Geschwindigkeit von weit über 30 Knoten (55 Stundenkilometer) in See. Dagobert Müller hatte dieses auf Luftpolstern über dem Wasserspiegel schwebende Fahrzeug für die Marine von Österreich-Ungarn als Träger von Torpedos konstruiert. Obwohl das von fünf Flugzeugmotoren angetriebene Luftkissenfahrzeug alle Erwartungen erfüllte, wurde seine Entwicklung 1917 eingestellt. Aber die Geschichte des Luftkissenfahrzeugs war damit noch nicht beendet. Im Jahr 1955 ließ sich der Brite Christopher Cockerell ein weiterentwickeltes Luftkissenfahrzeug patentieren (Abbildung), das er Luftkissenboot nannte.

U-Boot (1776) Der US-Amerikaner David Bushnell baute 1776 aus Eisen und Eichenholz mit der »Turtle« (Schildkröte) das erste richtige U-Boot. Es wurde unter Wasser mit Handkurbeln angetrieben, mit denen der Mann an Bord Propeller in Bewegung setzte. Zum Einsatz kam es gleich im Befreiungskrieg der USA.

Sonar (1915) Weil getauchte U-Boote für ein Schiff auf dem Wasser praktisch kaum zu entdecken sind, entwickelte der französische Physiker Paul Langevin 1915 das in Deutschland entdeckte Echolot weiter. Mit den reflektierten Schallwellen dieses Sonars konnte er schließlich U-Boote immerhin noch in 1500 Metern Entfernung unter Wasser orten. (Sonarbild eines gesunkenen Schiffes)

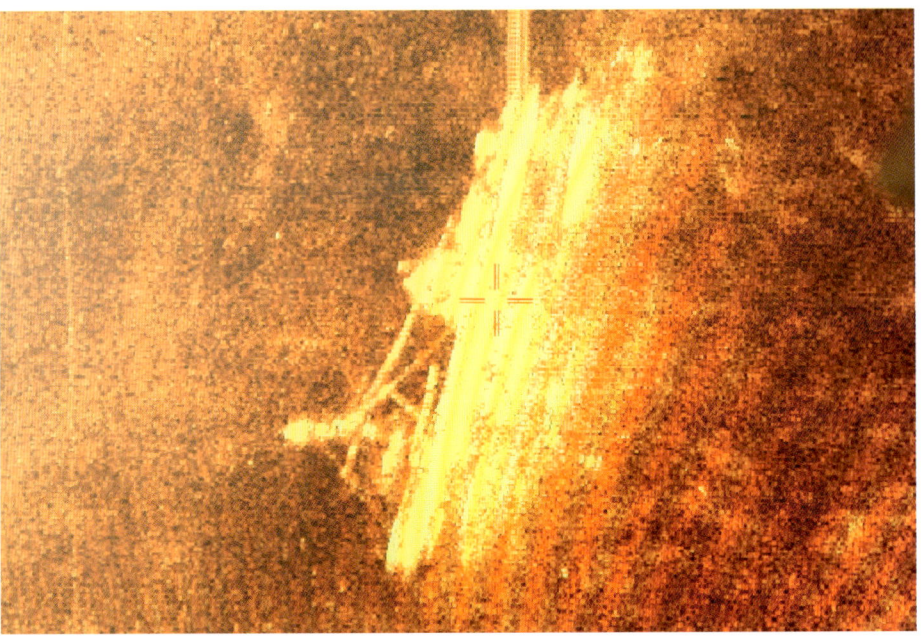

Flugzeugträger (1914) Am 14. November 1910 startete der US-Amerikaner Eugene Ely von einer dafür am Bug des Kriegsschiffes USS Birmingham angebrachten Plattform mit einem Curtiss-Doppeldecker. Am 18. Januar 1911 landete er auf einer ähnlichen Holzplattform auf der USS Pennsylvania. Im Dezember 1914 stellte die britische Kriegsmarine die HMS Ark Royal (Abbildung) in Dienst. Allerdings hatte dieser erste echte Flugzeugträger keine Startbahn, sondern schoss seine Wasserflugzeuge mit einer Art Katapult in die Luft. Nach der Landung auf dem Wasser wurden die Flugzeuge mit einem Kran wieder an Bord gehievt.

Kernwaffen (1933) Der ungarische Physiker Leo Szilard (Abbildung) dachte im September 1933 darüber nach, mit Neutronen schwere Atomkerne so zu zertrümmern, dass dabei genug Neutronen für eine Kettenreaktion frei werden. Die würde dann viel Energie freisetzen und wäre als Kernwaffe geeignet. Der Forscher wurde von nahezu allen Kollegen verlacht. Als in Deutschland 1938 die erste Kernspaltung tatsächlich nachgewiesen wurde, berechneten im März 1940 die deutsch-österreichischen Emigranten Rudolf Beierls und Otto Frisch in England, dass eine solche Kernwaffe in Nazi-Deutschland entwickelt werden könnte, und warnten die britische Regierung davor.

Wasserstoffbombe (1952) So katastrophal die Wirkung einer Atombombe auch war, die Militärs dachten rasch über eine noch schrecklichere Waffe nach. In der Wasserstoffbombe dient eine Atombombe als Zünder, der schwere Wasserstoff-Isotope so stark erhitzt, dass sie verschmelzen. Dabei wird viel mehr Energie als bei einer Atombombe frei. Am 31. Oktober 1952 zündete das US-Militär auf dem Eniwetok-Atoll im Pazifik die erste Wasserstoffbombe, die 800 Mal stärker als die Hiroshima-Bombe war.

Atombombe (1942/45) Bereits im August 1939 warnten die aus Deutschland und Ungarn emigrierten Physiker Leo Szilard, Albert Einstein und Eugene Paul Wigner den Präsidenten der USA vor einer deutschen Atombombe. Erst ab 1942 aber entwickelten dann Tausende von Forschern und Technikern unter der Leitung von Robert Oppenheimer in Los Alamos im US-Bundesstaat New Mexico die erste Atombombe. Am 16. Juli 1945 wurde sie erstmals getestet. Die beiden weiteren bis dahin gebauten Atombomben warfen US-amerikanische Bomberbesatzungen am 6. und 9. August 1945 auf die japanischen Großstädte Hiroshima und Nagasaki. Ob diese Atombombenabwürfe legitim waren, ist bis heute umstritten.

Bunker Buster Seit dem Ende der 1990er Jahre entwickeln die USA sogenannte Bunker Buster. Damit bezeichnen Militärexperten kleine Atomwaffen, die mit hoher Geschwindigkeit tief in den Boden geschossen werden und dort explodieren. Die entstehenden Schockwellen zerstören unterirdische Militäranlagen, mit denen sich einige Staaten wie der Iran oder die Schweiz vor Angriffen einer überlegenen Luftwaffe schützen wollen. Diese vergleichsweise billigen und zielgenauen Bunker Buster könnten die Hemmschwelle für den Einsatz von Atomwaffen drastisch verringern, befürchten viele Militärexperten.

Neutronenbombe (1958) Der US-Amerikaner Samuel Cohen entwickelte 1958 eine Wasserstoffbombe, die viel mehr Neutronen freisetzt als eine normale Wasserstoffbombe. Wird eine solche Neutronenbombe eingesetzt, sind die Sachschäden geringer als bei einer normalen Wasserstoffbombe, die Personenschäden aber um ein Vielfaches höher. Erst US-Präsident Ronald Reagan ließ dann ab 1981 rund 700 solcher Neutronenbomben bauen, die sein Nachfolger George H. W. Bush wieder vernichten ließ. (Modell einer russischen Wasserstoffbombe)

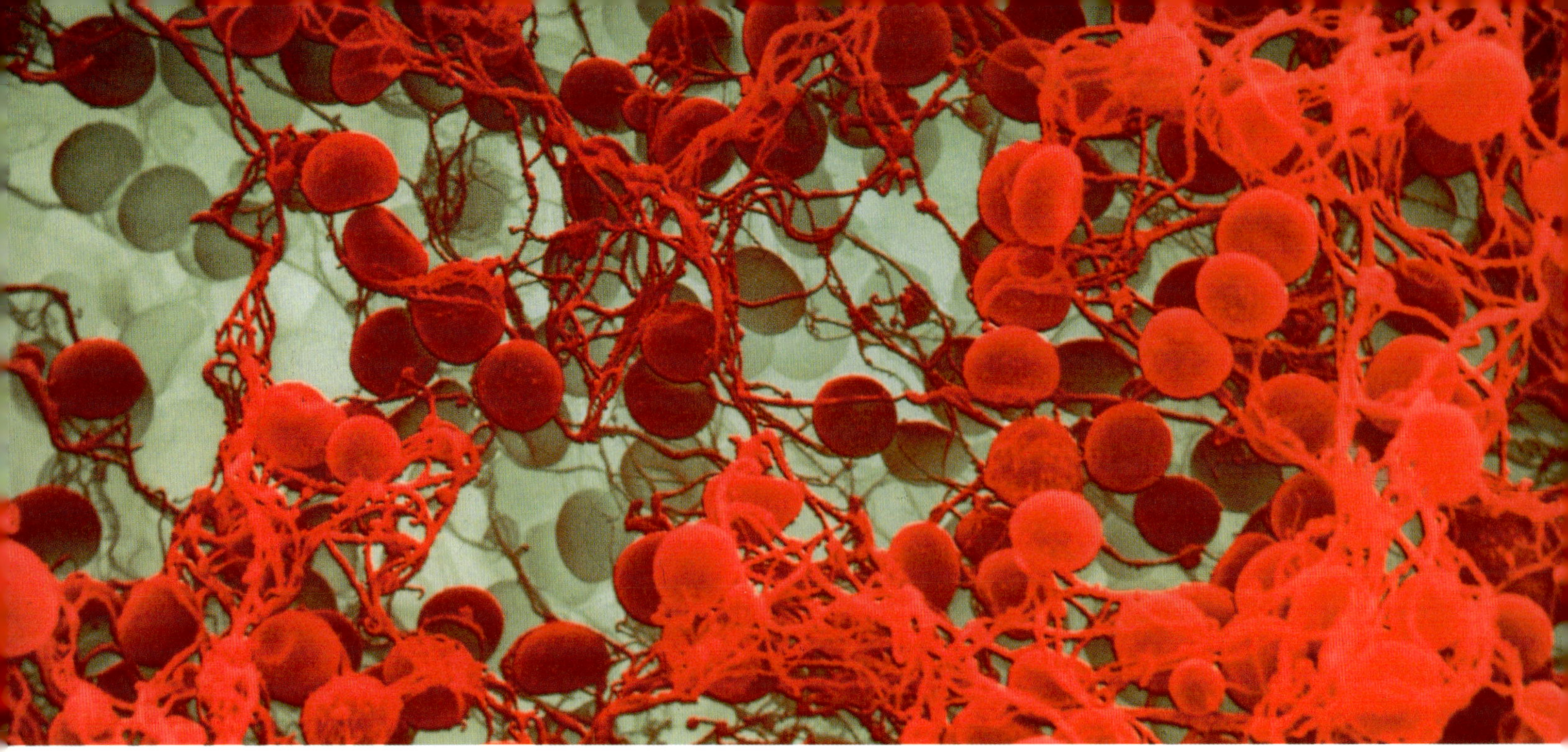

MEDIZIN & HYGIENE

06

Uralte Leiden

Schon an den Skeletten der frühen Menschen-Ver-
wandtschaft finden sich die Spuren verschiedener
Krankheiten. So haben Wissenschaftler an einem
1,5 Millionen Jahre alten Unterkiefer aus Kenia die
ältesten bekannten Hinweise auf einen Tumor entdeckt. In Südafrika tauchte das Skelett eines Vor-
menschen auf, der sich vor etwa einer Million Jahren die Hüfte ausgerenkt hat. Und der nach
seinem Fundort benannte etwa 630 000 Jahre alte
»Heidelberg-Mensch« litt unter einer Zahnbetter-
krankung und einer Arthritis der Kiefergelenke.

Auch die Neandertaler hatten mit einer ganzen Palette von Krankheiten zu kämpfen. Ein in La Chapelle-aux-Saints in Frankreich entdecktes Skelett
wies zum Beispiel nicht nur Gelenkschäden durch
Arthritis auf, sondern auch einen verheilten Rip-
penbruch. Zudem besaß dieser Neandertaler keine
Backenzähne mehr, sodass er auf dem bloßen Kiefer kauen musste. Sein berühmter Artgenosse aus
dem Neandertal bei Düsseldorf hatte sich den linken Arm gebrochen, den er anschließend nie mehr
richtig bewegen und belasten konnte. Seit es
Menschen gibt, haben sie also mit den verschie-
densten Leiden zu kämpfen. Und ebenso lange
versuchen sie, etwas dagegen zu unternehmen.

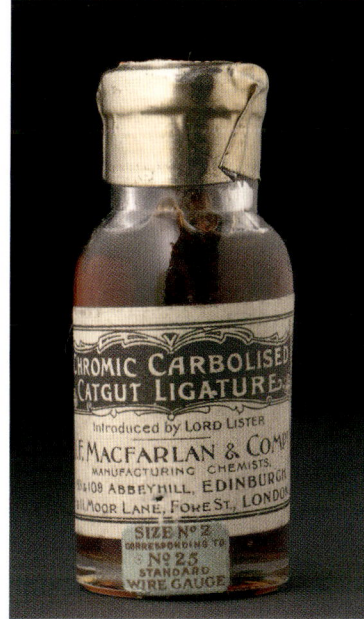

Erfolgreiche Behandlungsmethoden sind dabei
keineswegs eine Erfindung der jüngsten Geschichte. Allerdings hat die Medizin gerade in den
letzten Jahrzehnten enorme Fortschritte gemacht.
Ärzte haben inzwischen Möglichkeiten, von denen
ihre Kollegen noch vor hundert Jahren nur träu-
men konnten. Es gibt Medikamente für Krankheiten wie Diabetes, die früher als Todesurteil galten.
Chirurgen transplantieren Organe und führen
komplizierte Operationen am Herzen durch. Und
ein kleiner Pieks genügt, damit so manche Geißel
der Menschheit ihren Schrecken verliert. Impfun-
gen gegen Wundstarrkrampf, Kinderlähmung
oder Pocken haben zahllosen Menschen das Leben
gerettet oder zumindest Leiden erspart.

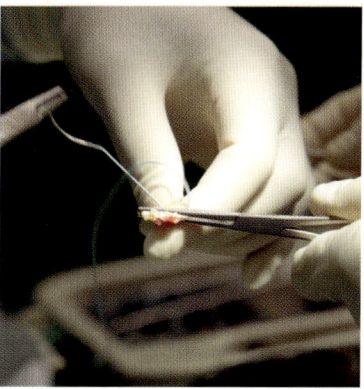

Krankenpflege (um 30 000 v. Chr.) Ziemlich viel Pech hatte ein Neandertaler-Mann, der in Shanidar im Irak gefunden wurde. Sein Schädel war schwer verletzt, sodass er wahrscheinlich auf dem linken Auge nichts mehr sehen konnte. Ihm fehlte eine Hand, ein Arm war verkrüppelt, ein Bein mehrfach gebrochen. Und trotzdem hat er offenbar noch längere Zeit gelebt. Auch viele andere seiner Artgenossen haben schwere Verletzungen lebend überstanden. Das aber kann nur eins bedeuten: Ihre Gefährten haben Kranke und Unfallopfer nicht etwa hilflos zurückgelassen, sondern betreut und gepflegt. (Hippokrates [um 460 –375 v. Chr.], Begründer der wissenschaftlichen Heilkunde, zur Zeit der Pest einen Kranken heilend, kol. Holzstich, 1876)

Krankenhaus (4. Jh. v. Chr.) Wo die ersten Kliniken standen, die sich nicht der Religion, sondern nur der Heilung von Kranken widmeten, ist unklar. Auf Sri Lanka soll es schon im 4. Jahrhundert vor Christus solche Krankenhäuser gegeben haben. (Ärzte am Krankenbette, Kupferstich, 1682)

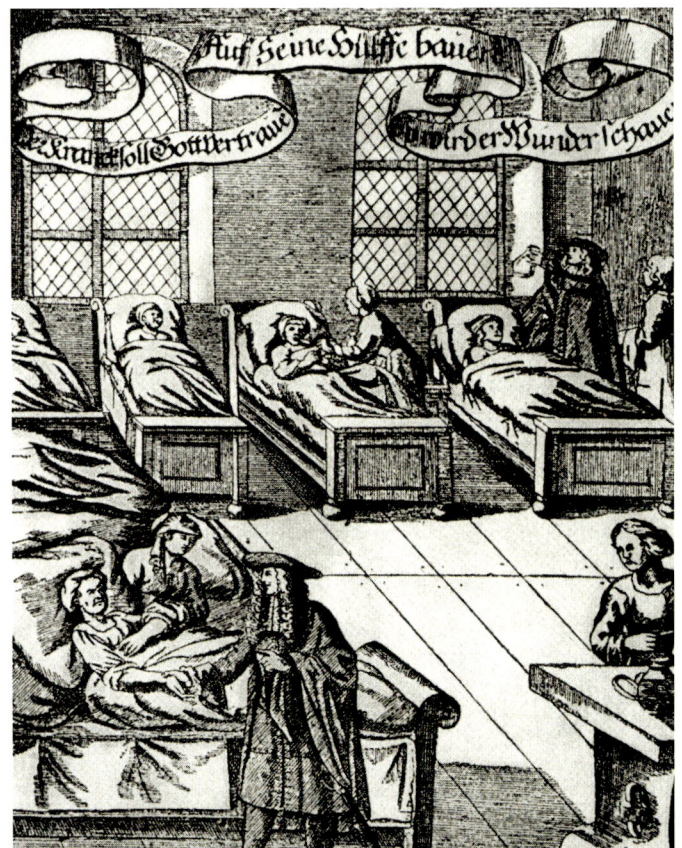

Kurklinik (2. Jt. v. Chr.) Die Idee, spezielle Orte für die Heilung von Kranken zu schaffen, war schon in der Antike bekannt. In ägyptischen Tempeln fanden sich ebenso Patienten ein wie in den Heiligtümern des griechischen Gottes Asklepios, wie beispielsweise auf der griechischen Insel Kos (Abbildung), wo Kranke auf Heilung im Schlaf hofften.

Verband Sehr wahrscheinlich haben schon die Steinzeitmenschen ihre Wunden mit Blättern, Moos oder anderen Pflanzenmaterialien abgedeckt und gebrochene Arme und Beine ruhig gestellt. Die Heilkundigen der Antike hatten dann schon sehr ausgefeilte Verbandstechniken. Die Ägypter nutzten zu diesem Zweck feines Leinen, das mit Öl oder Honig getränkt war. (Treibarbeit auf skythischem Becher, 2. Hälfte 4. Jh. v. Chr.)

Verbandwatte (19. Jh.) Im 19. Jahrhundert machte der Tübinger Chirurg Viktor von Bruns eine Erfindung, mit der man Wunden deutlich besser versorgen konnte als zuvor. Bis dahin hatte man tiefe Wunden mit einem Material aus gezupften Leinenfäden abgedeckt, das allerdings nicht steril war. Von Bruns verwendete nun gebleichte Baumwolle, die er entfettete und so saugfähig machte. Die industrielle Produktion der Verbandwatte begann im Jahr 1871. (Medizinische Verbände, aus: J. F. Henkels »Anleitung zum Chirurgischen Verbande«, 1830)

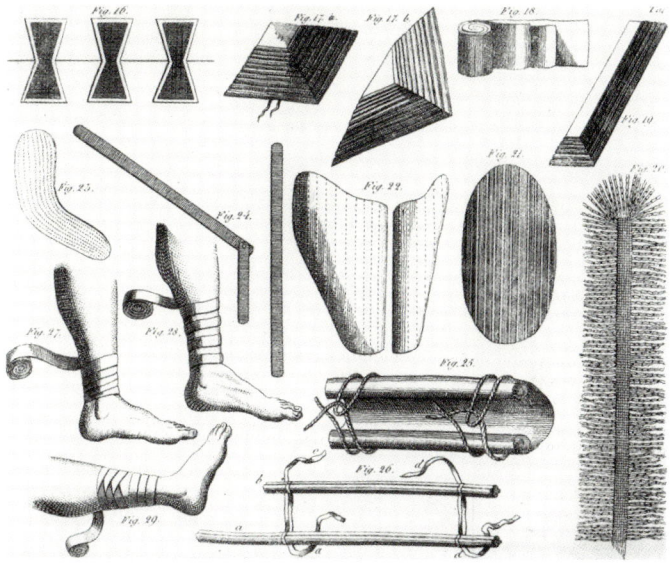

Kauterisierung (5. Jh. v. Chr.) Als beste Möglichkeit, eine Blutung zu stillen und Infektionen zu verhindern, beschrieb der griechische Arzt Hippokrates im 5. Jahrhundert vor Christus die Kauterisierung (Abbildung). Dabei wurde die Wunde mit einem glühenden Eisen ausgebrannt.

Pflaster (1882) Der Apotheker und Firmengründer Paul Carl Beiersdorf (Abbildung) aus Hamburg meldete im Jahr 1882 die »Herstellung von gestrichenen Pflastern« zum Patent an. Allerdings klebten sie noch mit Harz auf der Haut und lösten daher mitunter unangenehme Allergien aus. Auch Kautschuk erwies sich zwar als gutes Material für Klebestreifen, war aber ungeeignet für das Haften auf menschlicher Haut. Daher vermischte Oscar Troplowitz, Beiersdorfs Nachfolger in der Firma, den Kautschuk mit Zinkoxid. So erhielt er 1921 ein gutes Heftpflaster, das unter dem Namen »Leukoplast« ein internationaler Erfolg wurde.

Verbandgaze (1874) 1874 entwickelte der schottische Arzt Sir Joseph Lister einen keimtötenden Wundverband. Das leichte Gewebe der »Listerschen Carbolgaze« (Abbildung) wurde mit Karbolsäure getränkt, um Krankheitserreger abzutöten. Dadurch konnten zahlreiche Vereiterungen und Fälle von Wundbrand verhindert werden.

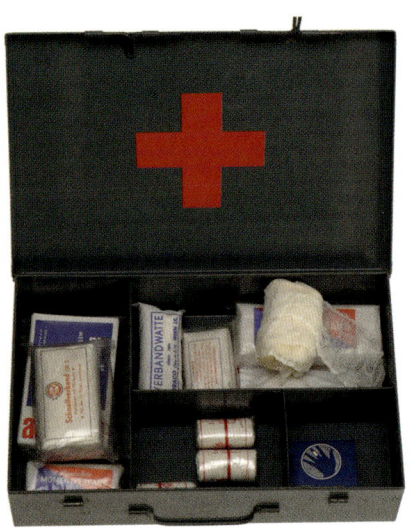

Verbandskasten (1882) Ein Erste-Hilfe-Kasten wurde schon 1882 hergestellt und kam bei der Bergisch-Märkischen Eisenbahn zum Einsatz, die vor allem im Rheinland, im Ruhrgebiet und großen Teilen Nordrhein-Westfalens fuhr.

Wundpflaster (1922) Leukoplast war zwar ein gutes medizinisches Klebeband, konnte aber kein Blut aufnehmen. Also kombinierte die Firma Beiersdorf ihr Produkt mit einer Auflage aus Mull. So entstand 1922 ein Pflaster, wie es bis heute bei kleinen Verletzungen verwendet wird. Es trug den heute noch gängigen Namen »Hansaplast«.

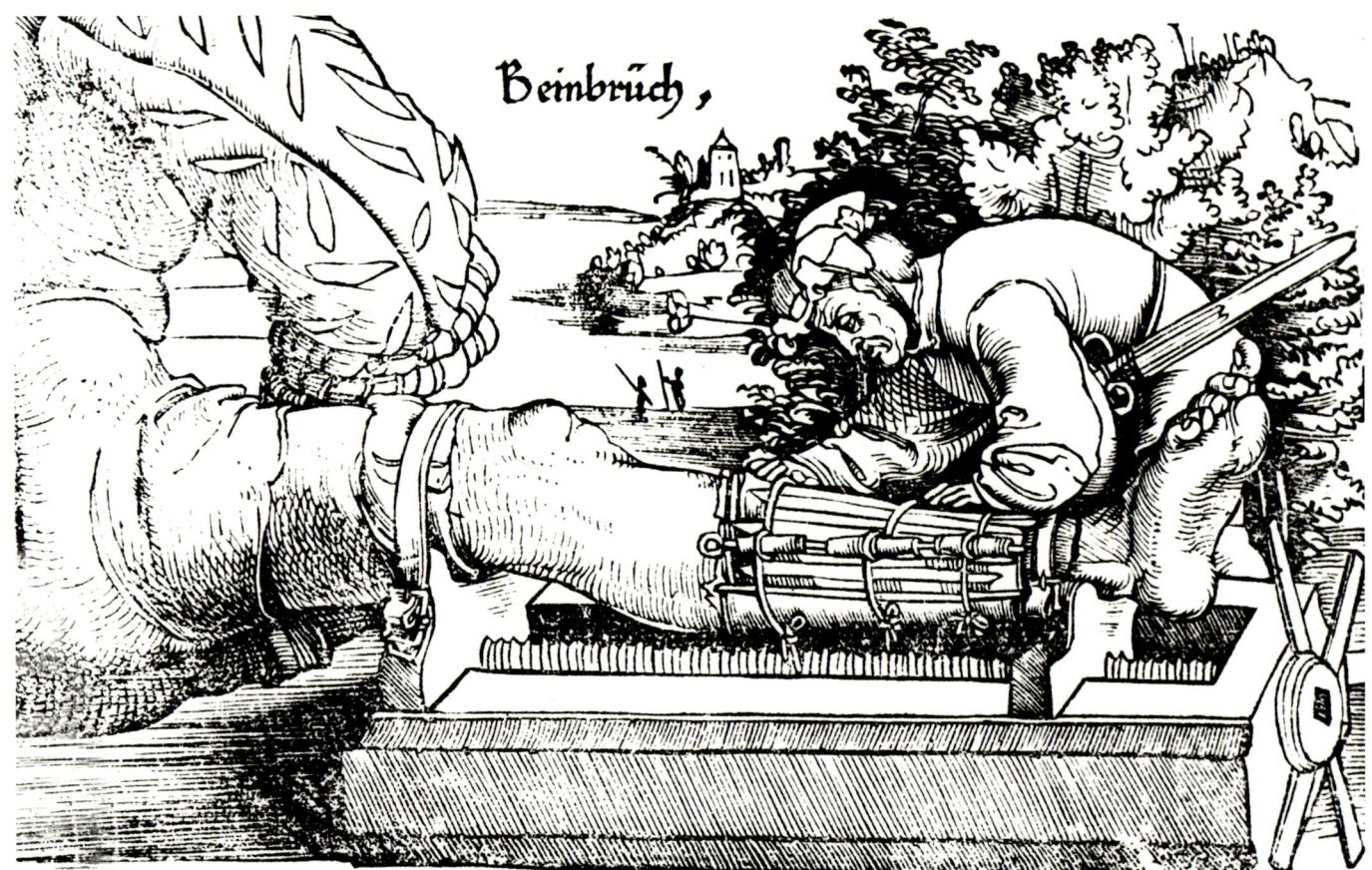

Schiene Schon in der Steinzeit kamen Menschen auf die Idee, gebrochene Gliedmaßen mit geraden Holzstücken zu schienen. Diese Konstruktionen versuchte man entweder zu umwickeln oder mit Lehm oder Ton zu stabilisieren. (Schienen eines gebrochenen Beins mithilfe einer Maschine, Holzschnitt, um 1500)

Gipsverband (1851) Alle Stabilisierungsmethoden für geschiente Gliedmaßen hatten sich im Laufe der Jahrtausende als nicht besonders haltbar erwiesen. Das wollte der niederländische Militärarzt Antonius Mathijsen endlich ändern. 1851 erfand er einen Verband aus Baumwollbinden und Gips, der sich leicht anlegen ließ und schnell trocknete. Einmal fest geworden, war er sehr stabil und leicht – eine Kombination, die ihm in der Medizin rasch zum Durchbruch verhalf.

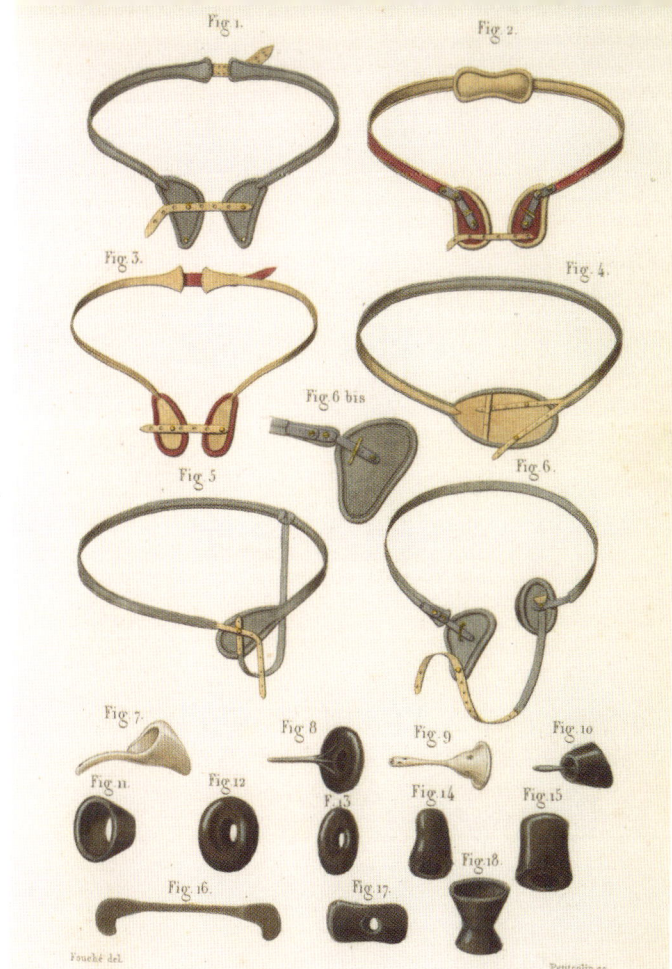

Bruchband (6./7. Jh.) Mit einer Art Korsett wurde früher verhindert, dass sich bei einem Leistenbruch die Eingeweide vorschieben. Bekannt war diese Therapie schon im frühen Mittelalter. Das älteste bekannte Bruchband wurde in einem Gräberfeld aus dem 6. und 7. Jahrhundert bei Villingen-Schwenningen in Baden-Württemberg gefunden. Heute ist diese Methode allerdings wegen möglicher Hodenschäden und anderer Nebenwirkungen nicht mehr üblich.

Wundnaht (um 3000 v. Chr.) Auf die Idee, klaffende Wunden zu vernähen, sind Mediziner schon vor Jahrtausenden gekommen. So haben Archäologen in Ägypten Chirurgennadeln gefunden, die etwa um das Jahr 3000 vor Christus verwendet wurden. Wie das Ergebnis dieser Behandlungen aussah, zeigt eine Naht am Bauch einer immerhin 3300 Jahre alten ägyptischen Mumie. (Chirurgische Instrumente aus Pompeji, 1. Jh.)

Catgut (2. Jh.) Jahrhundertelang war »Catgut« in der Medizin das Nähmaterial schlechthin. Obwohl dieser Fachbegriff eigentlich »Katzendarm« heißt, wurden diese Fäden aus dem Darm von Schafen, manchmal auch aus dem von Rindern hergestellt. Schon der griechische Arzt Galen empfahl im 2. Jahrhundert nach Christus den Einsatz dieses Materials zum Vernähen von Wunden. Heute wird Catgut aus Angst vor Infektionen mit der Rinderseuche BSE nicht mehr verwendet.

Synthetikfaden (1935) 1935 entwickelte der deutsche Arzt und Chemiker Bernd Braun bei der gleichnamigen Firma im nordhessischen Melsungen das erste synthetische Nähmaterial. Der »Synthofil« genannte Faden wurde vom Körper mit der Zeit wieder abgebaut.

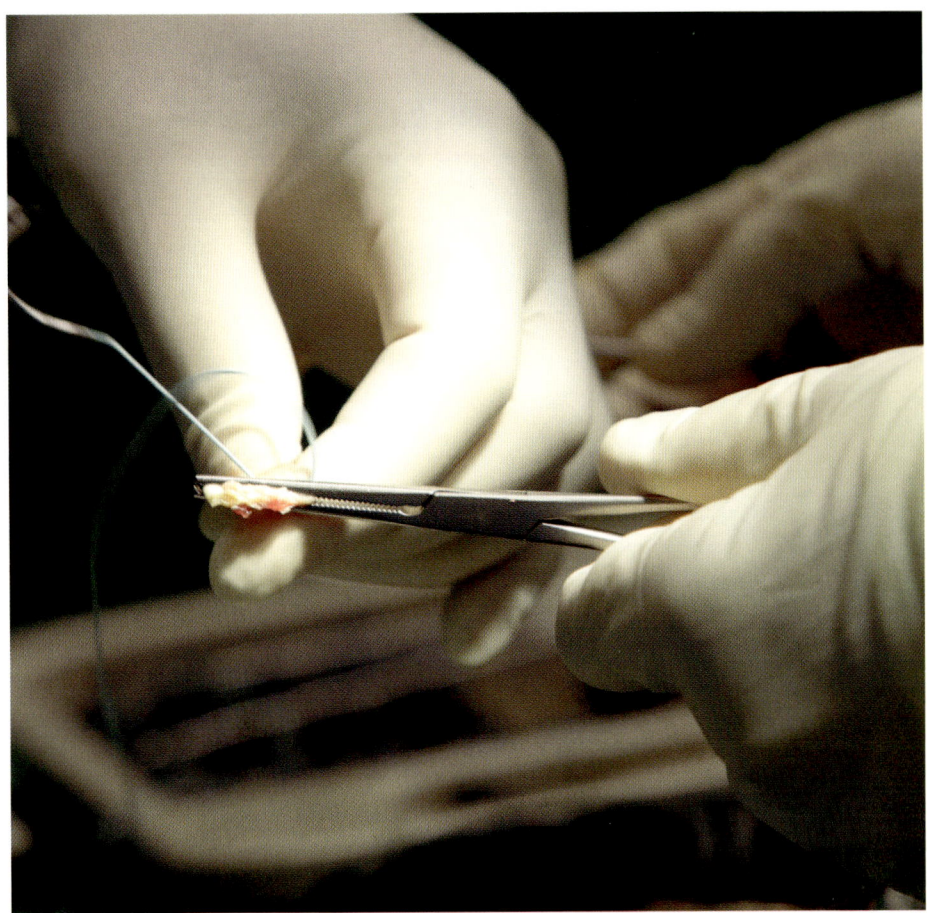

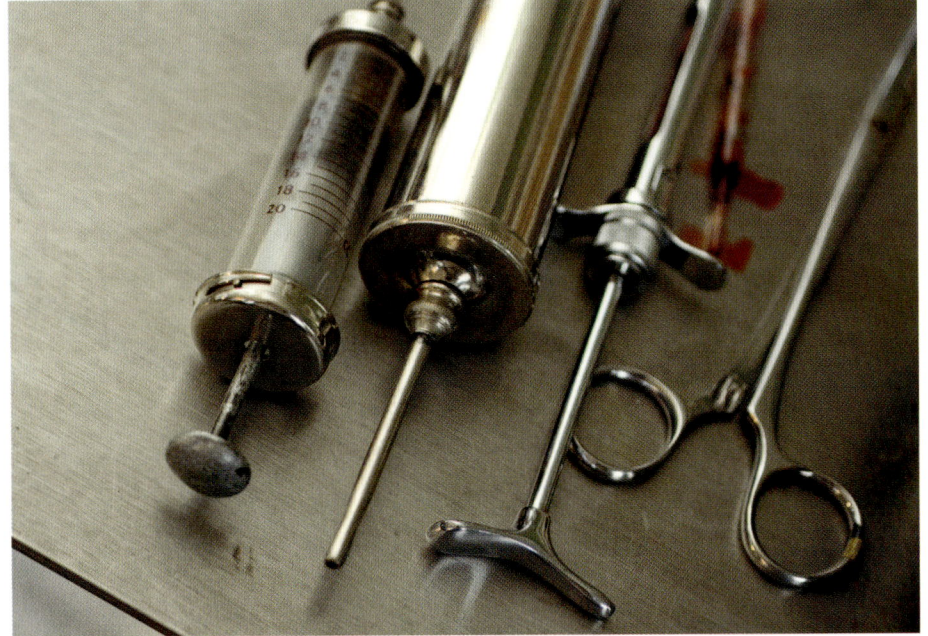

Gewebekleber (1968) Die Firma Bernd Braun im nordhessischen Melsungen entwickelte 1968 einen Gewebekleber namens »Histoacryl«, mit dem man Wunden erstmals auch zusammenkleben konnte, statt sie zu vernähen.

Blutegel (um 1020) Um das Jahr 1020 empfahl der berühmte persische Arzt Avicenna den Einsatz von Blutegeln, um Patienten Blut abzuzapfen und Hautkrankheiten zu bekämpfen. Im Mittelalter war der Einsatz der saugenden Würmer eine weitverbreitete Behandlungsmethode. Doch auch in der modernen Medizin kommen Blutegel zum Einsatz. Ihr Speichel enthält eine Reihe von teilweise noch nicht identifizierten Substanzen, die Entzündungen und Schmerzen lindern. (»Ansetzen von Blutegeln«, Holzschnitt aus: Historia Medica, um 1638)

Blutgruppen (1900) Im Jahr 1900 stellte der österreichische Pathologe Karl Landsteiner fest, dass Blut von zwei Personen beim Mischen oft verklumpt. Er untersuchte das Phänomen weiter und entdeckte, dass es beim Menschen unterschiedliche Blutgruppen gibt, von denen sich nicht alle miteinander vertragen. Diese erblichen Eigenschaften nannte er A, B und 0, später fanden andere Forscher auch noch die Blutgruppe AB. Für seine Entdeckung bekam Landsteiner 1930 den Nobelpreis für Medizin.

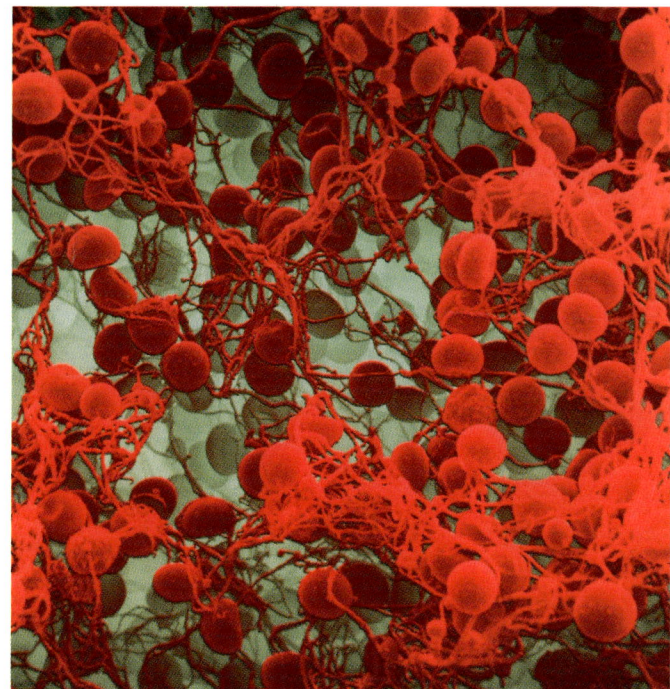

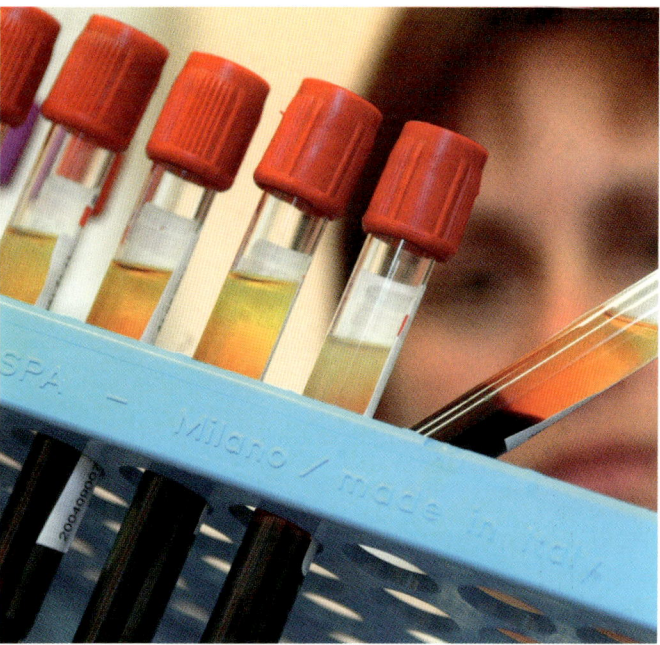

Blutgerinnung (1904) Jahrhundertelang hatten Ärzte darüber gerätselt, wie genau der Körper Wunden verschließt und so einen zu starken Blutverlust verhindert. Der deutsche Internist Paul Oskar Morawitz beschrieb 1904, dass an diesem komplizierten Prozess etliche Proteine aus dem Blutplasma beteiligt seien, die in einem komplizierten Zusammenspiel schließlich einen Pfropfen aus dem Eiweiß Fibrin bilden.

Rhesusfaktor (1940) Außer in den Blutgruppen unterscheidet sich das Blut von Menschen auch noch im Vorhandensein oder Fehlen eines bestimmten Proteins auf der Zellmembran der roten Blutkörperchen. Diesen sogenannten Rhesusfaktor hat Karl Landsteiner (Abbildung) 1940 gemeinsam mit dem US-Amerikaner Alexander Solomon Wiener entdeckt. Wenn ein ungeborenes Kind den Rhesusfaktor hat, die Mutter aber nicht, kann das zu Problemen in der Schwangerschaft führen.

Bluttransfusion (1818) Wohl seit es Ärzte gibt, versuchen sie, starke Blutverluste durch Blut zu ersetzen. Als Papst Innozenz VIII. 1492 im Sterben lag, spendeten ihm drei Zehnjährige Blut. Allerdings sollte der Papst das Blut trinken. Die Jungen überlebten ihre Blutspende nicht, und auch der heilige Vater starb wenig später. 1667 wurde dann zum ersten Mal Blut von einem Lamm auf einen Menschen übertragen, 1818 erhielt ein Patient in London die erste Blutspende von verschiedenen Menschen. Noch 1873 aber endete die Hälfte aller Bluttransfusionen tödlich.

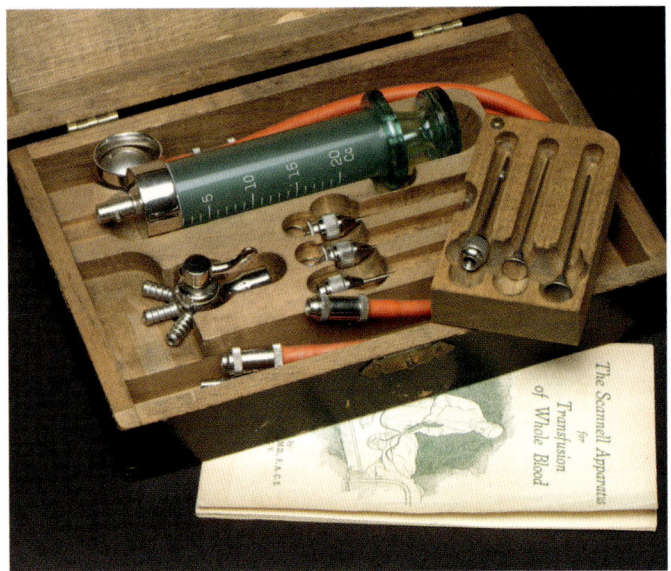

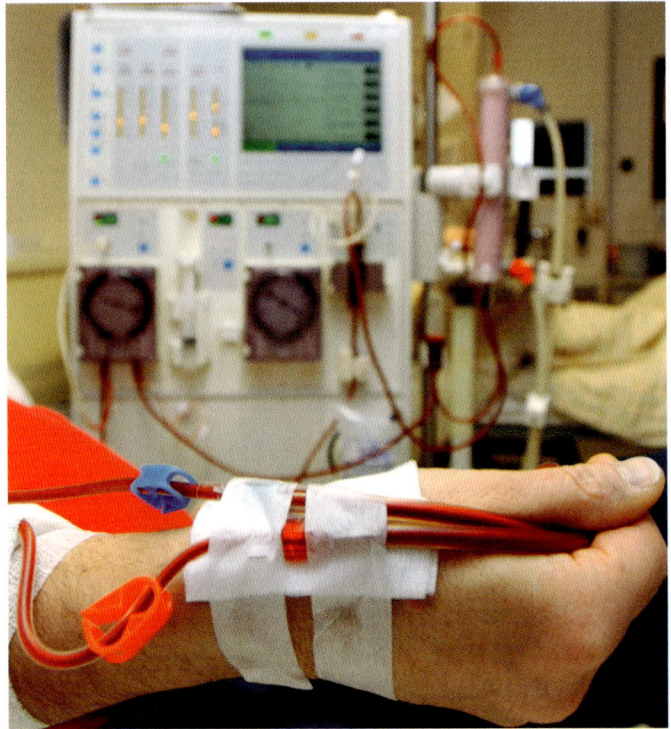

Dialyse (1924) Wenn die Niere eines Patienten versagt und den Körper nicht mehr entgiften kann, muss das Blut künstlich gereinigt werden. Die weltweit erste solche »Blutwäsche« außerhalb des Körpers führte der deutsche Arzt Georg Haas 1924 durch.

Injektionsnadel (1844) Eine hohle Nadel, mit der man Wirkstoffe in den Körper injizieren konnte, erfand der irische Arzt Francis Rynd im Jahr 1844. Zuvor hatte man Medikamente nur durch ohnehin vorhandene Verletzungen oder absichtlich beigebrachte Schnitte unter die Haut und in die Blutbahn gebracht.

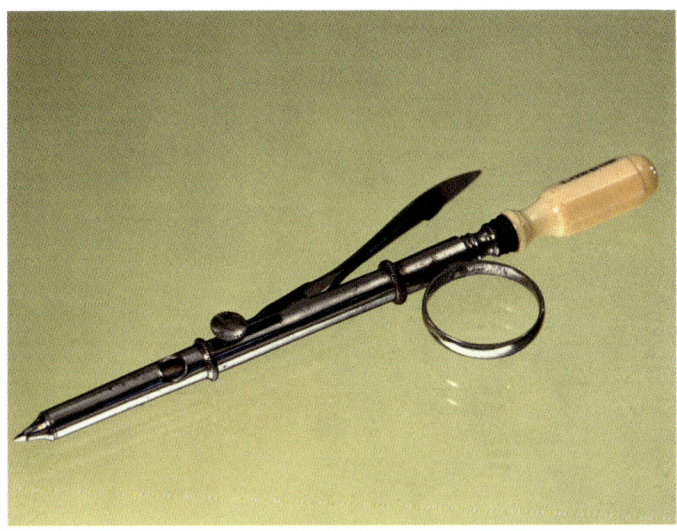

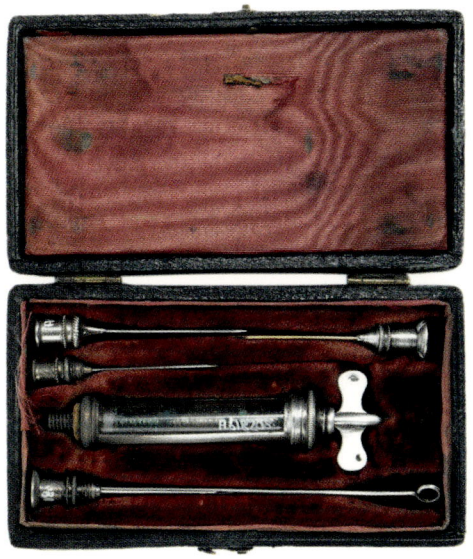

Spritze (1853) Der französische Arzt Charles Gabriel Pravaz konstruierte 1853 die erste gut einsetzbare medizinische Spritze, die damals noch aus Metall bestand.

Inhalator (19. Jh.) Der Chemiker Etienne Ossian Henry kam im 19. Jahrhundert auf die Idee, ätherische Substanzen in heißes Wasser zu geben und so über den entstehenden Dampf zu vernebeln. Mithilfe eines speziellen kleinen Porzellangeräts konnten Lungenkranke und Asthmapatienten den Wirkstoff dann inhalieren. Moderne Inhalatoren arbeiten statt mit Wasserdampf zum Beispiel mit Druckluft.

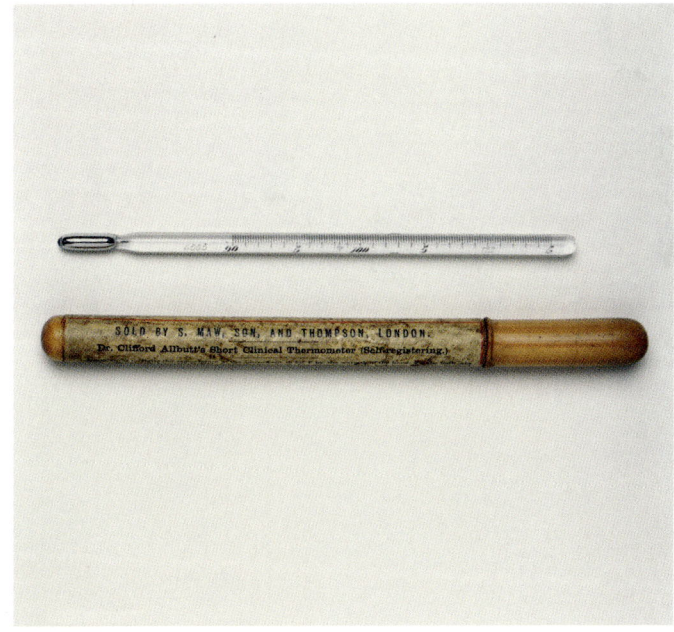

Fieberthermometer (Anfang 18. Jh.) Der deutsche Physiker Daniel Gabriel Fahrenheit entwickelte Anfang des 18. Jahrhunderts zahlreiche verbesserte Methoden zur Temperaturmessung. Darunter war auch ein Vorläufer des Fieberthermometers, der allerdings mit etwa 60 Zentimetern Länge noch reichlich unhandlich war. Eine kleinere Version, die dem heute üblichen Gerät ähnelte, erfand der englische Arzt Thomas Clifford Allbutt erst 1867.

Stethoskop (um 1816) René Théophile Hyacinthe Laënnec fand das Abhorchen einer Patientin eine Zumutung für alle Beteiligten. Sein Ohr wie üblich direkt auf ihre Brust zu legen, kam für den französischen Arzt nicht länger in Frage. Stattdessen verwendete er zunächst ein zusammengerolltes Papier, um die Herztöne abzuhören. Als er feststellte, dass diese Methode sogar besser funktionierte als die bisher übliche, entwickelte er ab 1816 hölzerne Hörrohre und ging so als Erfinder des Stethoskops in die Medizingeschichte ein. Die Abbildung zeigt ein Exemplar aus der Zeit um 1840.

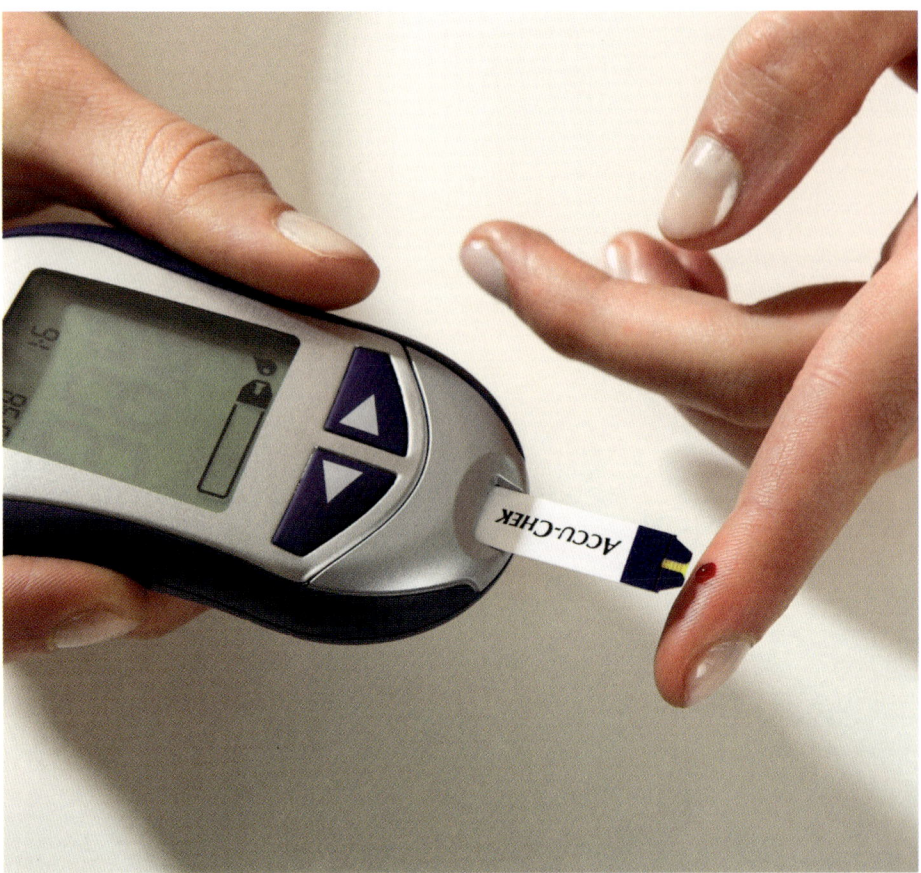

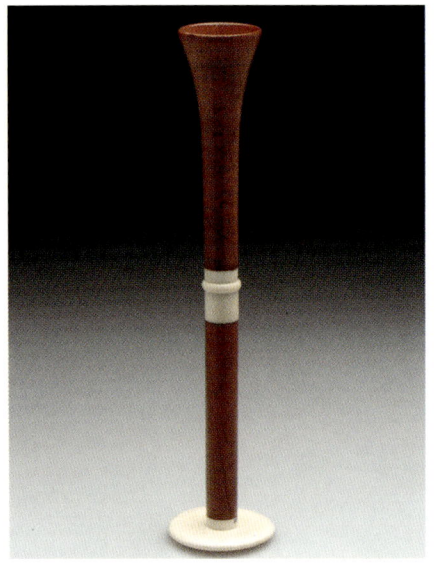

Blutzuckermessgerät (um 1970) In den 1970er Jahren erfand Anton H. Clemens von der US-Firma Ames Instruments ein kleines Gerät, mit dem man den Zuckergehalt des Blutes messen konnte. Anders als seine heutigen Nachfolger brauchte es einen Stromanschluss und wurde zunächst nur in amerikanischen Krankenhäusern eingesetzt. Geräte, mit denen Diabetiker ihren Blutzuckergehalt zu Hause messen konnten, kamen erst um das Jahr 1980 auf den Markt.

Blutdruckmessgerät (1883) 1883 entwickelte der österreichische Arzt Samuel Siegfried Karl von Basch ein transportables Gerät, mit dem man ambulant den Blutdruck eines Patienten messen und so seine Kreislauffunktionen beurteilen konnte.

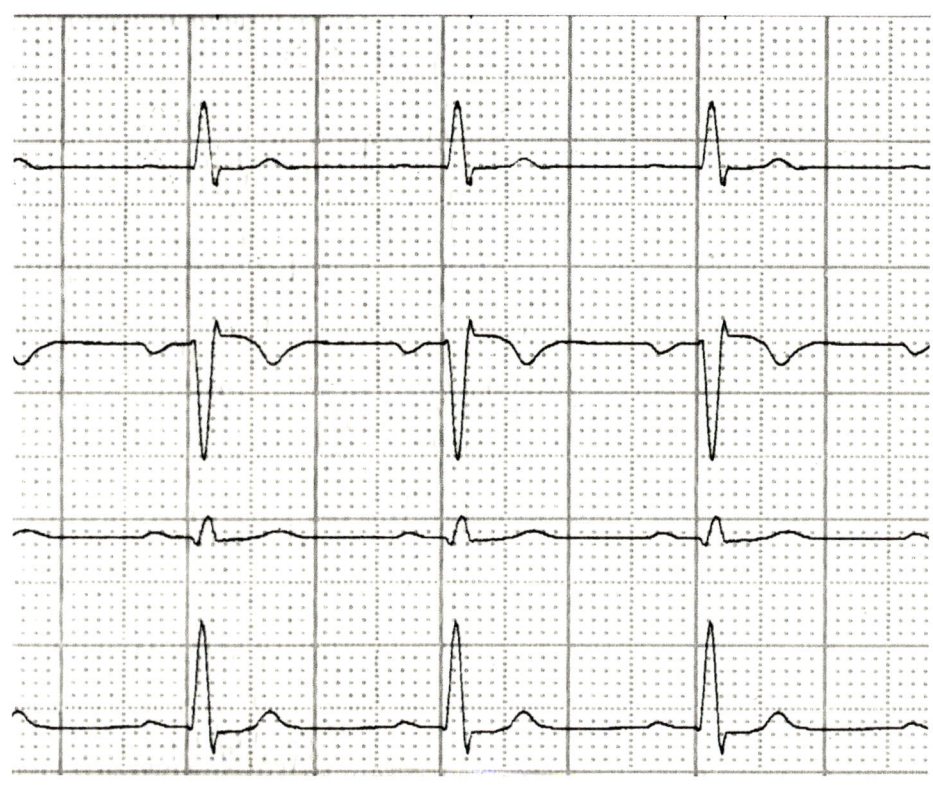

EKG (1882/1903) Die elektrischen Aktivitäten des Herzens lassen sich mit Elektroden messen, die auf den Armen und Beinen sowie am Brustkorb angebracht werden. Spezielle Geräte zeichnen die so gemessenen Impulse in Form von Kurven auf, die Ärzte »Elektrokardiogramm« (EKG) nennen. Der erste »Patient«, der sich dieser Prozedur unterziehen musste, war 1882 ein Hund namens Jimmy, der dem englischen Physiologen Augustus Desiré Waller gehörte. 1903 entwickelte der niederländische Arzt Willem Einthoven die Methode so weiter, dass sie für die Diagnose von Krankheiten eingesetzt werden konnte.

EEG (1924) Aufschluss über die Aktivitäten des Gehirns liefern Elektroden, die Spannungsschwankungen an der Oberfläche des Kopfes messen. Anschließend werden diese Gehirnströme dann in einem Elektroenzephalogramm (EEG) dargestellt. Diese inzwischen weitverbreitete Methode entwickelte der deutsche Neurologe Hans Berger. Ihm gelang es 1924 zum ersten Mal, das EEG eines Menschen aufzuzeichnen.

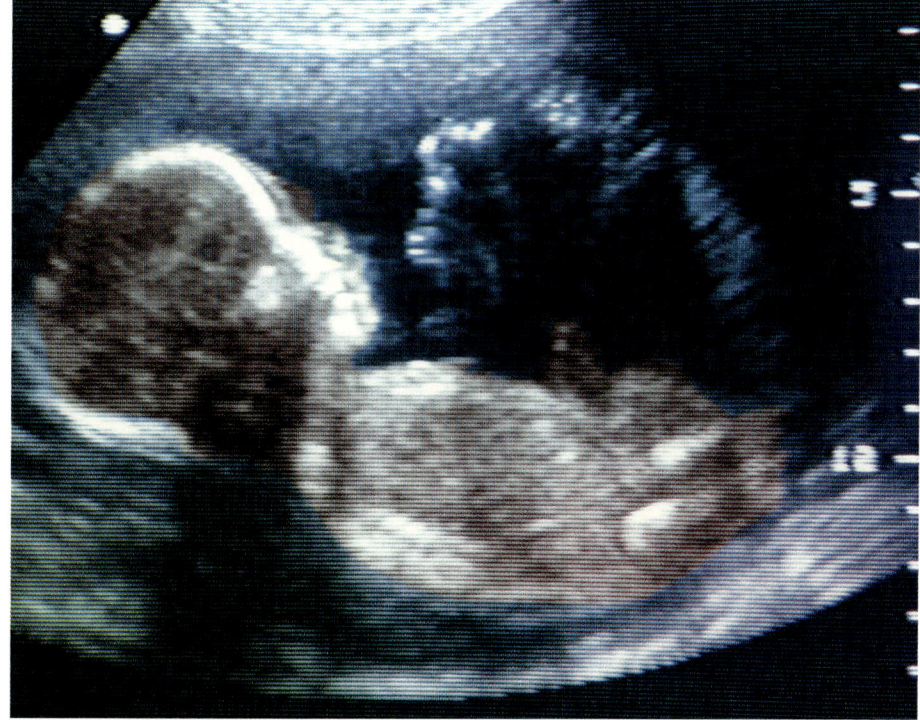

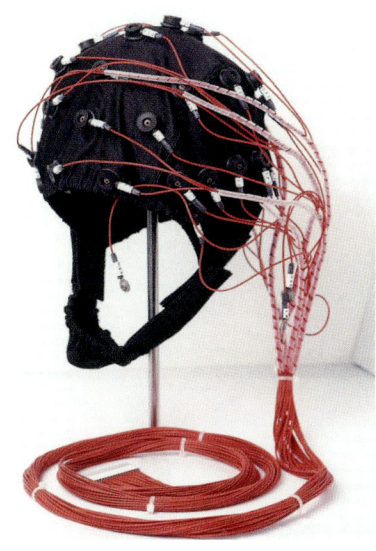

Ultraschall (1942) Die Idee, Gegenstände und Strukturen durch Schall sichtbar zu machen, stammt ursprünglich aus der Militärtechnik. Der erste Mediziner, der Ultraschall zur Diagnose von Krankheiten einsetzte, war der österreichische Psychiater und Neurologe Karl Dussik. 1942 erzeugte er auf diesem Weg ein Bild von einem Teil des Großhirns.

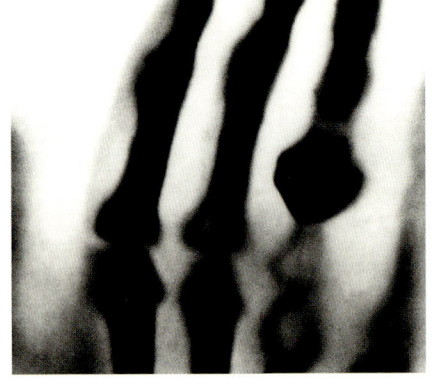

Röntgen (1895) Im Gegensatz zu allen anderen Strahlen durchdringen die bereits vorher bekannten Kathodenstrahlen einen dicken, schwarzen Karton problemlos, entdeckte der Physiker Wilhelm Conrad Röntgen an der Universität Würzburg am 8. November 1895 eher zufällig. Mit Ausnahme von Blei schien nichts diese Strahlung aufzuhalten, verschiedene Substanzen aber schwächten sie unterschiedlich. Als Wilhelm Conrad Röntgen die Hand seiner Frau Bertha durchleuchtet, zeichnen sich auf der Photoplatte daher plötzlich schemenhaft ihre Knochen ab (Abbildung). Zum ersten Mal ist ein Blick in einen lebenden Menschen geglückt, und die Kathodenstrahlen werden längst Röntgenstrahlen genannt.

Strahlentherapie (1897) Nur ein gutes Jahr nach der Entdeckung der Röntgenstrahlen veröffentlichte am 6. März 1897 der Österreicher Leopold Freund den Bericht über die Behandlung des Muttermales eines fünfjährigen Mädchens mit dieser Strahlung. Schulterschmerzen werden heute noch mit dieser Strahlentherapie behandelt, die sich allerdings vorwiegend auf Krebserkrankungen konzentriert. (Strahlentherapie, französische Postkarte, um 1920)

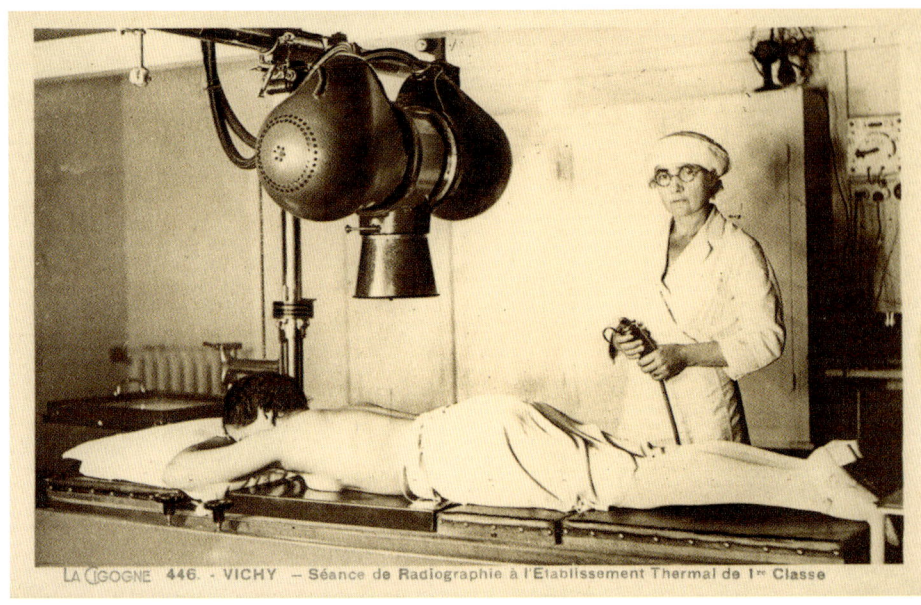

LA CIGOGNE 446. - VICHY – Séance de Radiographie à l'Établissement Thermal de 1re Classe

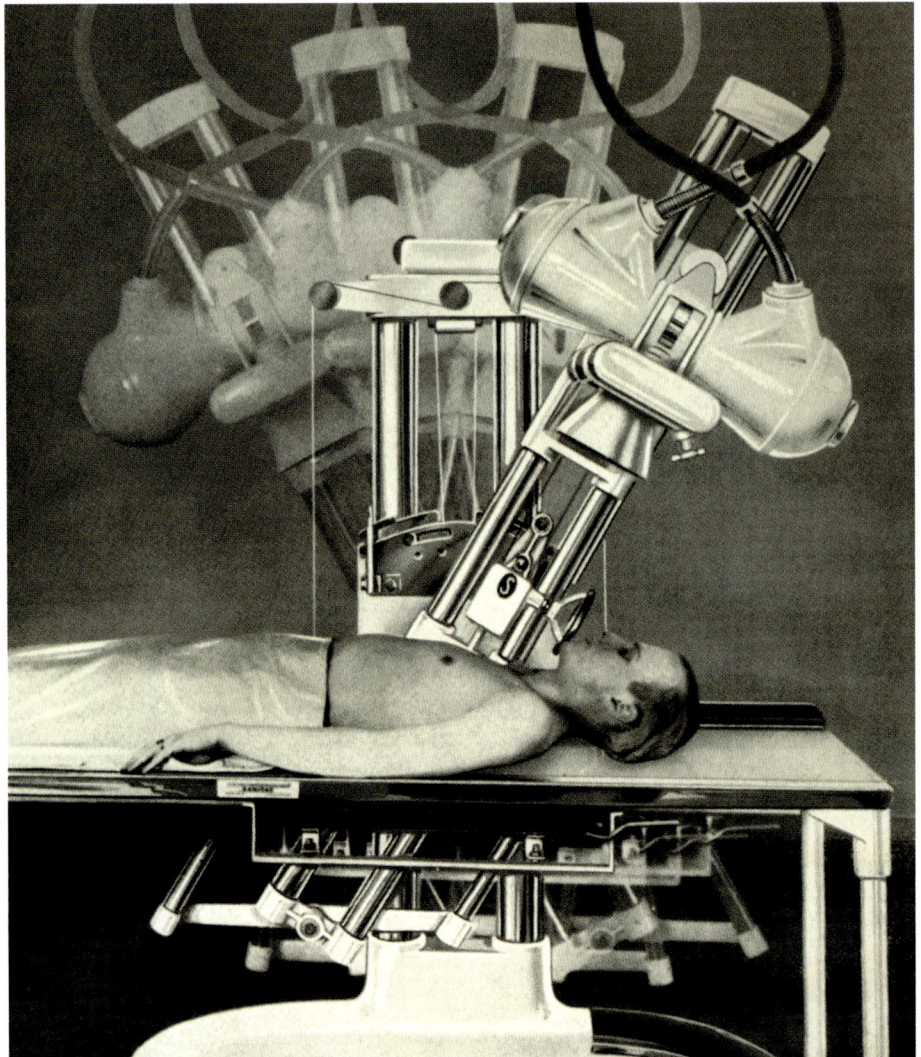

Computertomographie (1971) Wie genau sieht der komplizierte Knochenbruch des Patienten aus? Sind die Herzkranzgefäße verkalkt? Ist im Körper eine Wasseransammlung oder ein Tumor zu finden? Solche Fragen beantworten Ärzte häufig mithilfe eines Computertomographen. Diese inzwischen weitverbreiteten Geräte liefern dreidimensionale Röntgenbilder und detaillierte Querschnittsaufnahmen von verschiedenen Schichten des Körpers. Vorläufer der Computertomographie war die sogenannte Röntgen-Schichtaufnahme (Abbildung), mit der man ebenfalls einzelne Körperschichten – allerdings zweidimensional – darstellen konnte.

Die Väter der Computertomographie waren der in Südafrika geborene Physiker Allan McLeod Cormack und der britische Elektrotechniker Godfrey Hounsfield, die für ihre Arbeit 1979 den Nobelpreis für Medizin bekamen. Die erste Computertomographie eines Menschen wurde 1971 durchgeführt.

Magnetresonanztomographie MRT (1973) Als der US-Amerikaner Paul Lauterbur 1973 mit Magnetfeldern die Drehrichtung rotierender Wasserstoff-Atomkerne umkehrte, ahnte er kaum, dass er damit den Klinikalltag revolutionieren würde. Denn mit dieser Magnetresonanztomographie genannten Methode kann man messen, wie sich bestimmte Wasserstoff-Verbindungen im Körper verteilen. Damit aber kann man zum Beispiel gesundes Gehirngewebe von absterbenden Hirnzellen nach einem Schlaganfall oder von Tumorzellen unterscheiden.

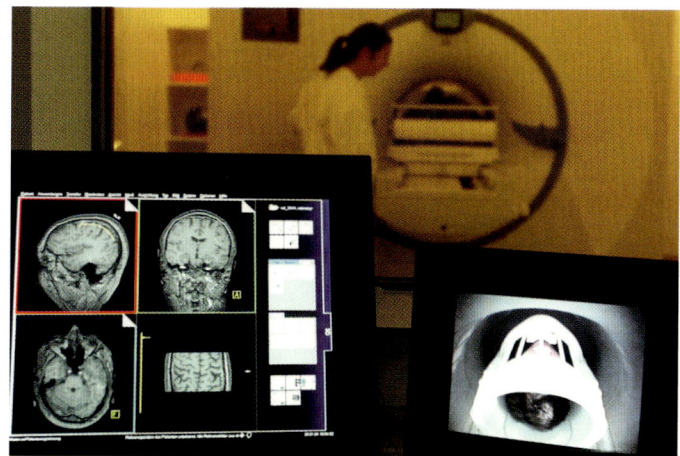

Endoskopie (1806) Ein Endoskop ist ein Untersuchungsgerät, das man in den Körper einführen kann. Ursprünglich wurden damit vor allem Bilder zur Diagnose verschiedener Krankheiten gemacht, heute nutzt man Endoskope auch für minimal-invasive Operationen. Das erste bekannte Endoskop mit einer Kerze als Lichtquelle entwickelte der Frankfurter Arzt Philipp Bozzini im Jahr 1806. Das abgebildete Instrument stammt aus dem späten 19. Jahrhundert und wurde von dem Franzosen Henry Galant entwickelt.

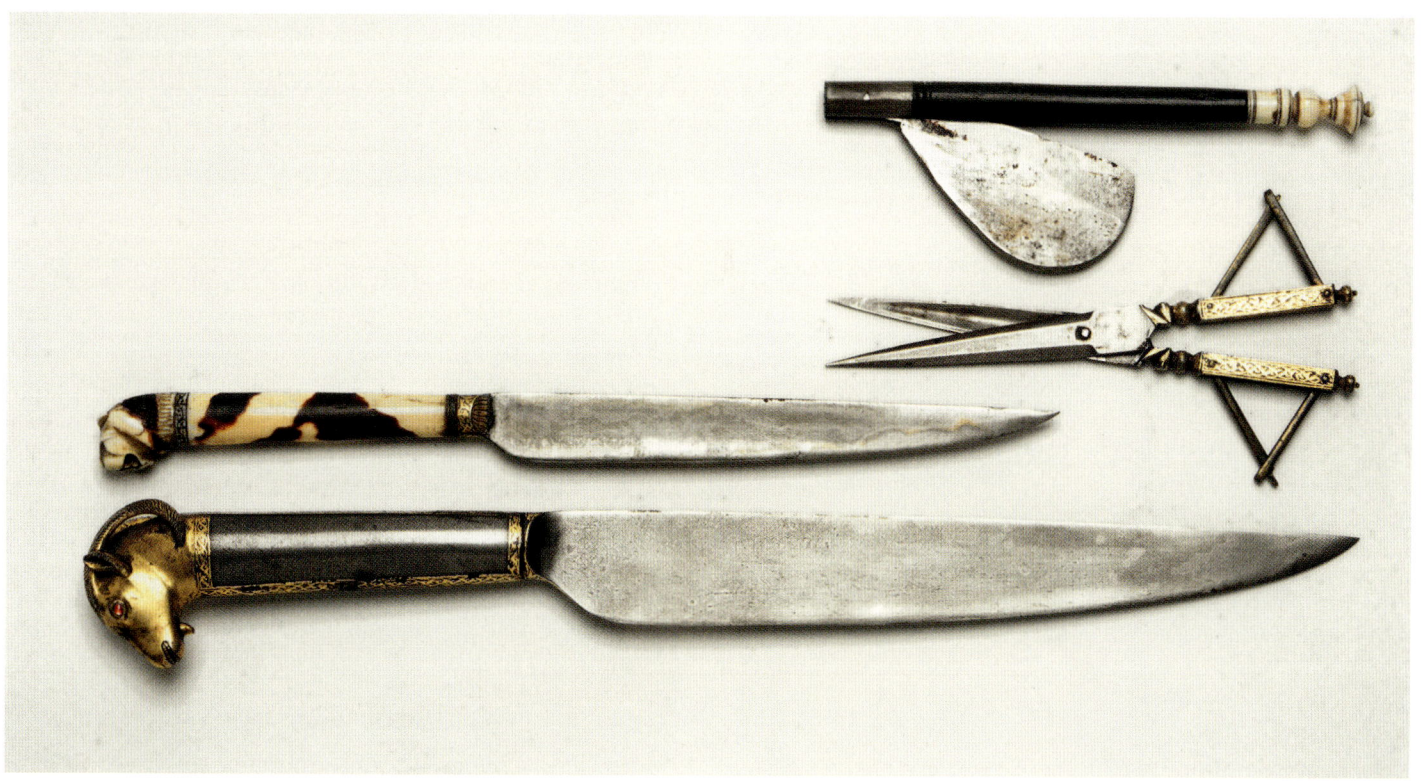

Skalpell Die ersten Chirurgen verwendeten schon in der Steinzeit scharfe Klingen aus Feuerstein als Skalpell. Über Infektionsgefahren dürften die damaligen Operateure noch nichts gewusst haben. Ihnen kam aber wohl zugute, dass frisch geschlagener Feuerstein steril ist. (Chirurgische Instrumente aus Persien, 18. Jh.)

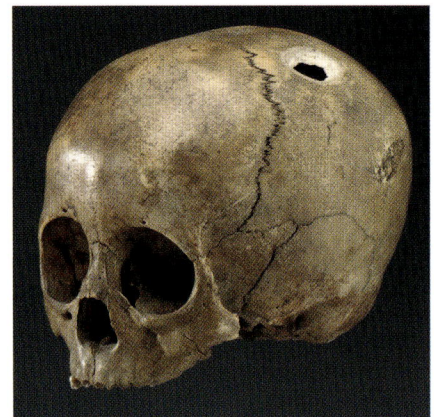

Kaiserschnitt (um 1500) Schon im römischen Recht gab es die Vorschrift, dass man die Säuglinge verstorbener Mütter mit einer Operation aus der Gebärmutter herausholen müsse, um sie eventuell noch retten zu können. Manche Kinder überlebten auf diese Weise tatsächlich. Den ersten bekannten Kaiserschnitt an einer lebenden Frau aber soll erst der Schweizer Schweinekastrierer Jacob Nufer im Jahr 1500 vorgenommen haben. Seine Frau überlebte nicht nur, sondern bekam später auf natürlichem Weg noch weitere Kinder.

Schädeloperation (um 3000 v. Chr.) Der Patient, dessen 5000 Jahre alte Überreste Wissenschaftler in Kruckow in Mecklenburg-Vorpommern gefunden haben, war nicht zu beneiden: In stundenlanger Geduldsarbeit muss ihm jemand den Schädel geöffnet haben – mit nichts als einer scharfen Feuersteinklinge als Operationsbesteck. Von der Arbeit des Steinzeit-Chirurgen zeugt heute noch das Loch im Schädel seines Patienten. Aus ganz Europa kennen Wissenschaftler insgesamt etwa 450 solcher steinzeitlicher Schädel (Abbildung), die zu Lebzeiten geöffnet wurden. Experten nennen eine solche Operation »Trepanation«.

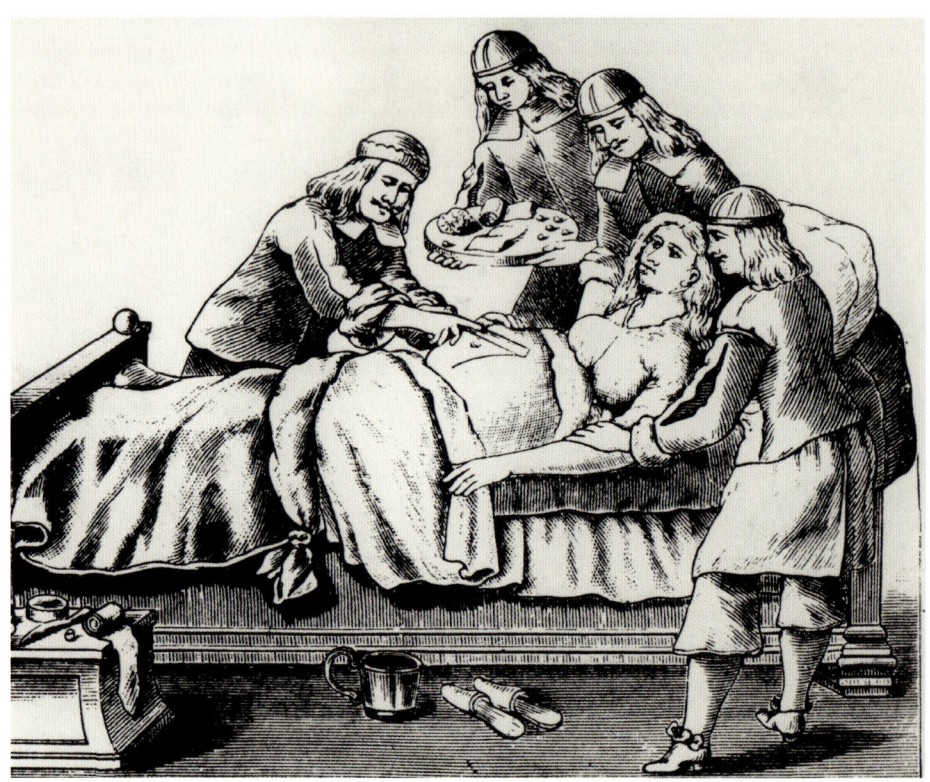

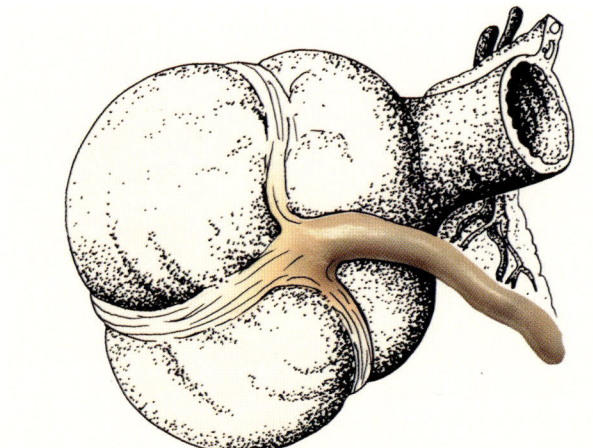

Blinddarm-Operation (1887) Jahrtausendelang starben zahllose Menschen an einem Leiden, dessen Operation heute Routine ist: Blinddarmentzündung. Der Erste, der den perforierten Wurmfortsatz am Blinddarm eines Patienten entfernte, war der Amerikaner Georg Thomas Morton im Jahr 1887.

Narkose (1846) Auch der Vater des ersten Blinddarm-Operateurs hatte bereits Medizingeschichte geschrieben: Am 30. September 1846 zog der Zahnarzt William Thomas Green Morton in seiner Bostoner Praxis zum ersten Mal einen Zahn, ohne dass der Patient davon etwas mitbekam. Dieser Tag, an dem er zum ersten Mal das Narkosemittel Äther eingesetzt hatte, gilt als Beginn der modernen Anästhesie. Die Abbildung zeigt ein frühes Inhaliergerät für Äther aus der Zeit um 1892–1907.

Chloroform (1847) Schon ein Jahr nach der ersten Äthernarkose erkannten der französische Physiologe Marie Jean Pierre Flourens und der englische Professor für Geburtshilfe James Young Simpson 1847, dass Patienten auch unter dem Einfluss von Chloroform das Bewusstsein verlieren. Die englische Königin Victoria entband 1853 auf diese Weise narkotisiert ihr neuntes Kind und beförderte Simpson daraufhin zum Baron.

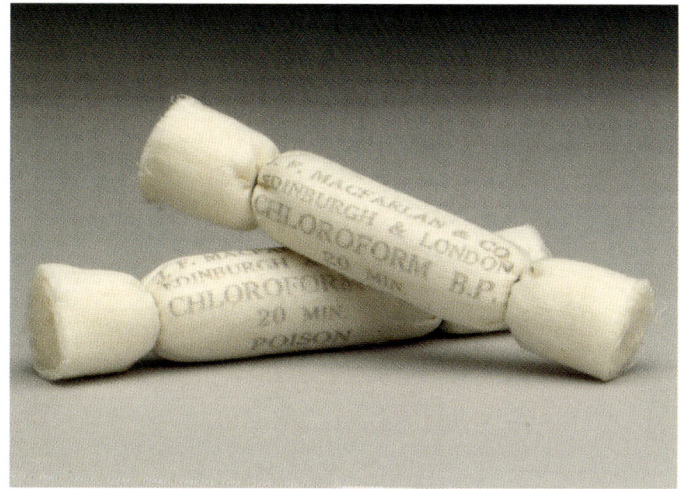

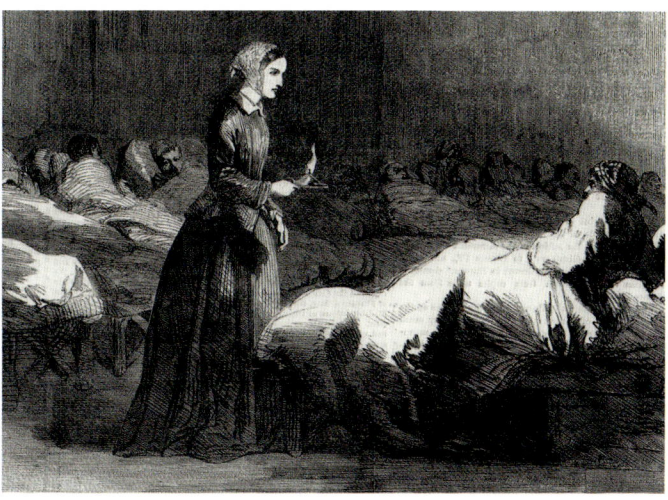

Intensivstation (1854) Als Erfinderin der Intensivstation gilt die britische Krankenschwester Florence Nightingale. Ab 1854 kümmerte sie sich in einem Lazarett in Istanbul um im Krim-Krieg verletzte Soldaten (Abbildung). Dabei stellte sie fest, dass man die schwer verletzten Patienten am besten separiert, um sie besser versorgen zu können. Mit ihrem Pflegekonzept schaffte sie es, die Zahl der Todesfälle drastisch zu reduzieren.

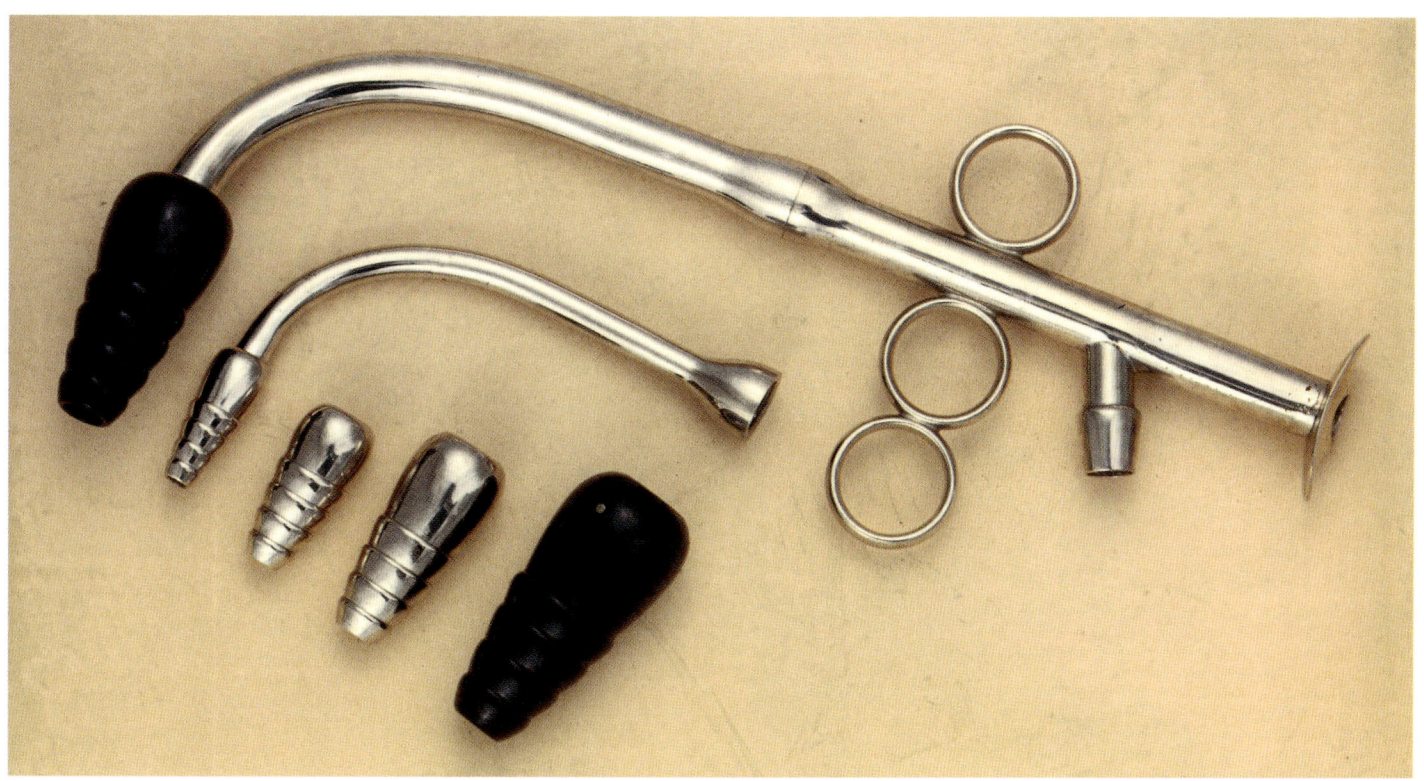

Intubation (1543) Der flämische Anatom Andreas Vesalius kam schon 1543 auf die Idee, Tiere mit einem durch Mund oder Nase eingeführten Schlauch zu beatmen. Von einer möglichen Anwendung bei menschlichen Patienten wollte damals allerdings niemand etwas hören. Erst 1869 führte der deutsche Chirurg Friedrich Trendelenburg die erste Intubation am Menschen durch. (Intubationsbesteck, um 1880)

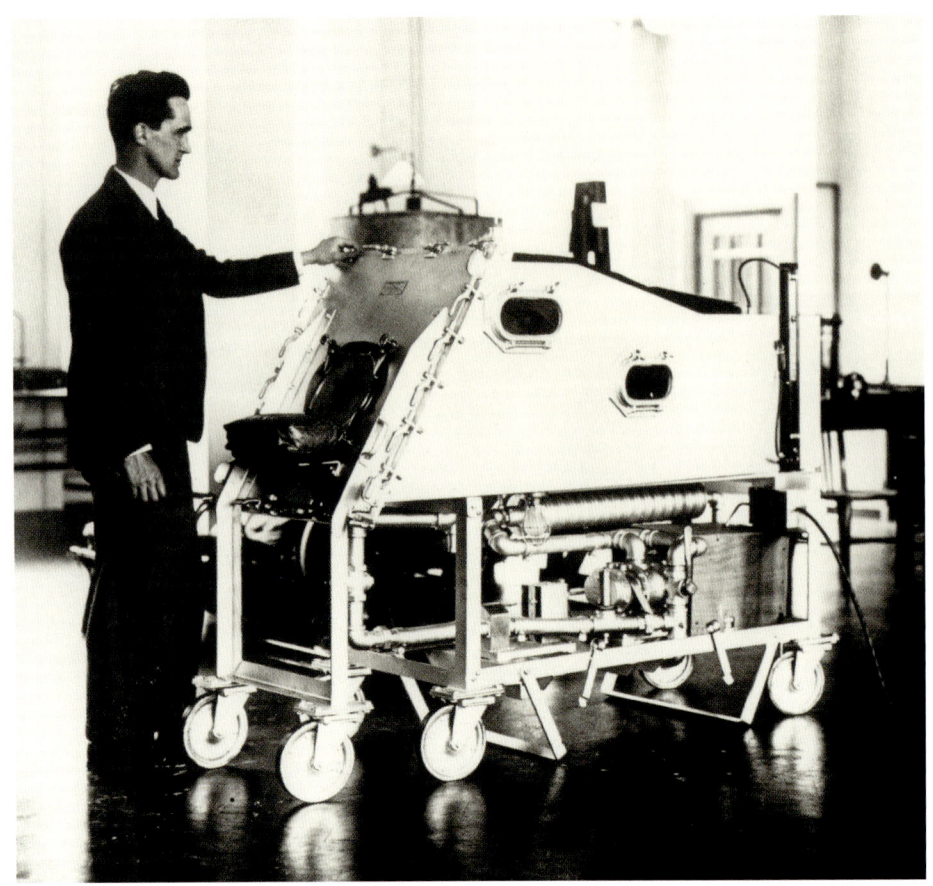

Eiserne Lunge (1928) Im Jahr 1928 erfanden die US-Amerikaner Philip Drinker (Abbildung) und Louis Agassiz Shaw die erste Maschine, mit der man Menschen beatmen konnte. Der Patient liegt dabei bis zum Hals in einem luftdicht abgeschlossenen Zylinder, in dem abwechselnd Unter- und Überdruck herrscht. Dadurch wird Luft über die Atemwege in die Lunge gesogen und dann wieder ausgestoßen. Eine verbesserte Version, die John Haven Emerson 1931 vorstellte, kam während der großen Polio-Epidemien in den 1940er und 1950er Jahren zum Einsatz.

Beatmungsgerät (um 1950) Seit den 1950er Jahren haben Beatmungsgeräte die Eisernen Lungen abgelöst. Dabei wird ein Schlauch durch Mund oder Nase oder durch einen Luftröhrenschnitt eingeführt, durch den dann mittels Überdruck Luft in die Lungen gebracht wird.

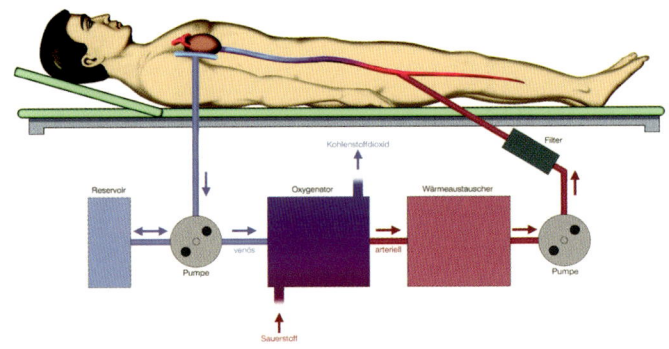

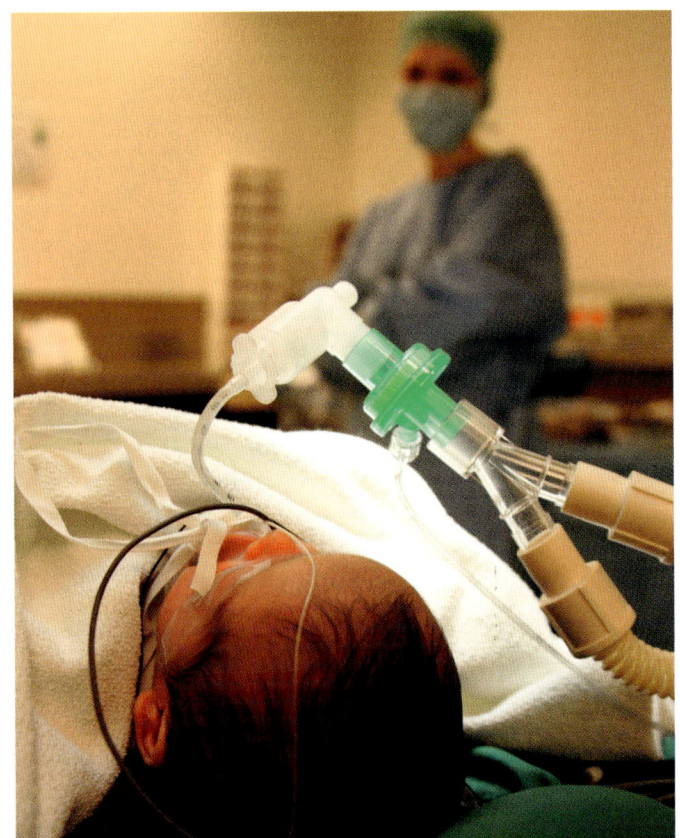

Herz-Lungen-Maschine (1951) Am 5. April 1951 führte ein Team unter Leitung von Clarence Dennis am Krankenhaus der Universität von Minnesota zum ersten Mal eine Operation am offenen Herzen durch, bei der die Funktionen von Herz und Lunge vorübergehend von einer Maschine übernommen wurden. Der Patient überlebte allerdings nicht. Die erste erfolgreiche Operation unter Einsatz einer Herz-Lungen-Maschine gelang John Gibbon am 6. Mai 1953 bei einer 18-jährigen Frau in Philadelphia.

Herzschrittmacher (1958) Den ersten Herzschrittmacher, der vollständig im Inneren des Körpers arbeitete (Abbildung), trug der Schwede Arne Larson mit sich herum. Am 8. Oktober 1958 pflanzten ihm der Herzchirurg Åke Senning und der Ingenieur Rune Elmquist von der Firma Siemens das kleine Gerät ein. Allerdings musste sich Larson bis zu seinem Tod im Jahr 2001 noch sehr oft solchen Eingriffen unterziehen: Er bekam insgesamt 26 verschiedene Herzschrittmacher. Damit wurde er aber immerhin 86 Jahre alt.

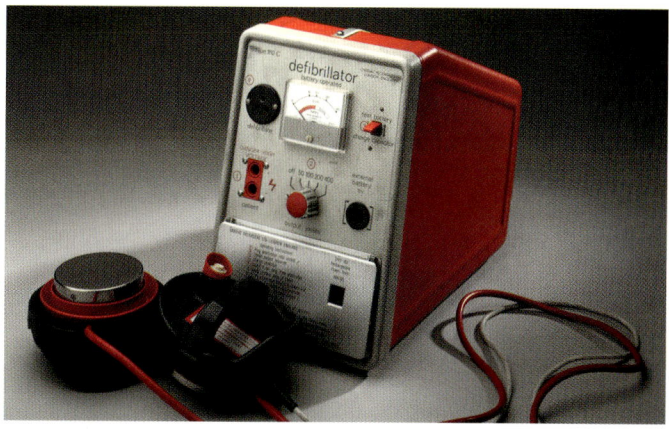

Defibrillator (1947) Herzrhythmusstörungen – wie das lebensgefährliche Kammerflimmern – kann man mit gezielten Stromstößen aus einem Defibrillator behandeln. Das erste solche Gerät entwickelten der US-amerikanische Herzchirurg Claude Beck und sein Freund James Rand von der Firma Rand Development Corporation. Im Jahr 1947 kam es zum ersten Mal zum Einsatz. Beck hatte einen 14-jährigen Jungen operiert, der gegen Ende des Eingriffs plötzlich Herzprobleme bekam. Der Arzt setzte das Gerät direkt am Herzen des Patienten an und konnte ihn retten.

Organtransplantation (1905) Wer zum ersten Mal erfolgreich ein Organ von einem Menschen zum anderen übertragen hat, lässt sich kaum noch rekonstruieren. Es gibt Berichte über Hauttransplantationen in Indien, die aus dem zweiten Jahrhundert vor Christus stammen. Über das Ergebnis ist allerdings nichts bekannt. Sicher ist, dass dem österreichischen Augenarzt Eduard Zirm im Jahr 1905 die erste erfolgreiche Transplantation einer Augenhornhaut gelang.

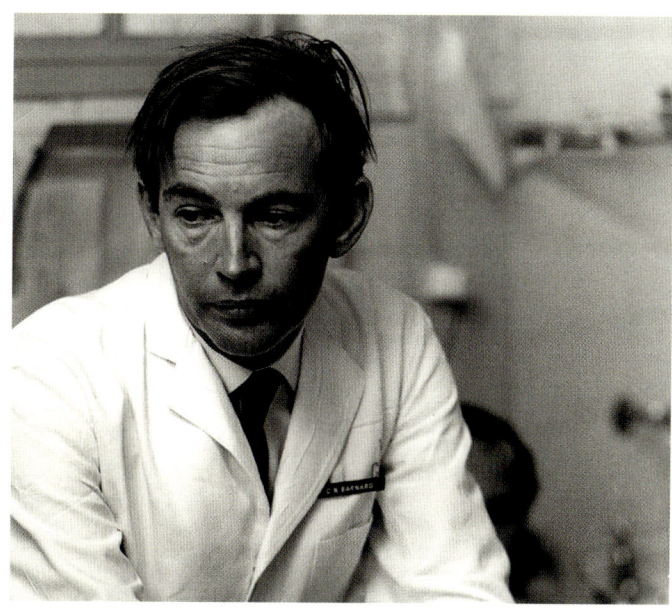

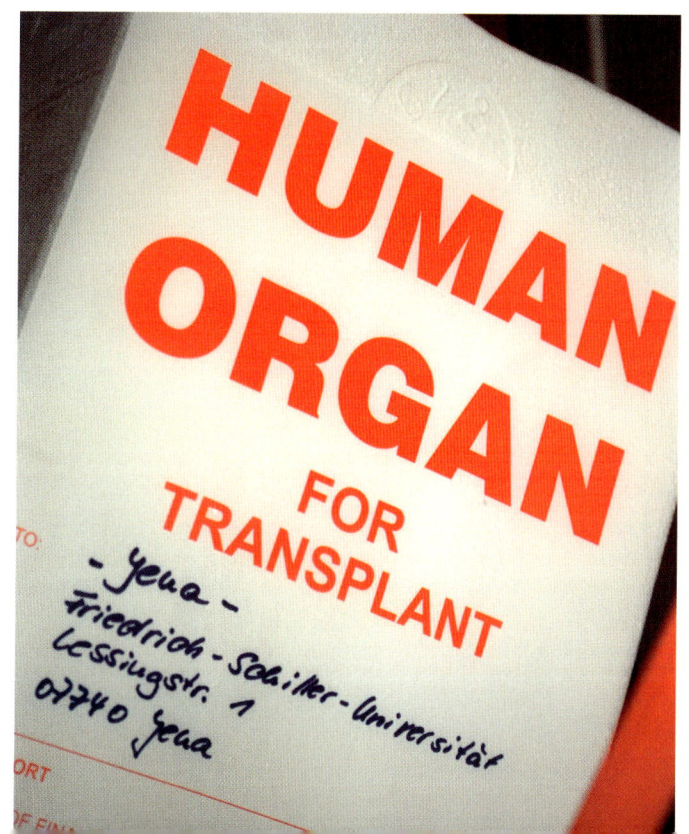

Herztransplantation (1967) Der Südafrikaner Christiaan Barnard (Abbildung) war ein begnadeter Herzchirurg, der am 3. Dezember 1967 am Groote-Schuur-Krankenhaus in Kapstadt zum ersten Mal in der Geschichte das Herz eines verstorbenen Menschen in die Brust eines todkranken Patienten verpflanzte, um dessen Leben zu retten. Keine fünf Stunden dauerte die Operation, die der Patient Louis Washkansky aber nur 18 Tage überlebte.

Zahnmedizin (um 7000 v. Chr.) Schon in der Steinzeit hat es Zahnärzte gegeben, zeigt ein Fund aus Pakistan. In einem 9000 Jahre alten Grab haben italienische und französische Forscher elf Zähne mit kleinen Bohrlöchern entdeckt. An einigen davon fanden sich sogar noch Spuren von Zahnschäden, die mit der Behandlung offenbar therapiert werden sollten. Die Abbildung zeigt eine römische Brücke aus der Zeit um 400 v. Chr.)

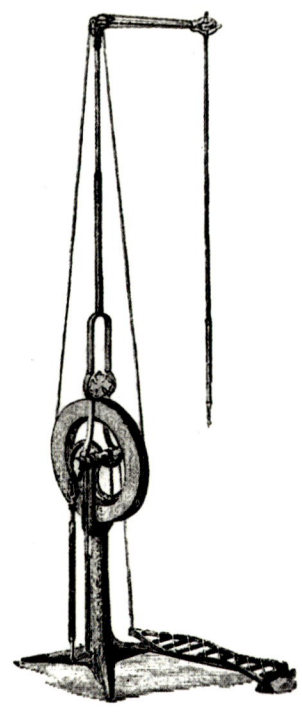

Zahnarzt-Bohrer Die Patienten steinzeitlicher Zahnärzte mussten einiges aushalten. Denn damals kamen Feuerstein-Bohrer zum Einsatz, die man von Hand nicht sonderlich schnell drehen kann. Und je langsamer die Drehung, desto größer der Schmerz. Die hier gezeigte Skizze eines Zahnarzt-Bohrers stammt aus dem Jahr 1873.

Zahnfüllung (1. Jh.) Die Idee, Löcher in den Zähnen wieder auszubessern, war schon im Römischen Reich bekannt. Jedenfalls berichtete der Dichter Martialis im ersten Jahrhundert nach Christus nicht nur vom Ziehen kranker Zähne, sondern auch von Reparaturversuchen. Zu den frühesten Materialien für Zahnfüllungen gehörten Wachs, Baumharze und eine »Ambra« genannte wachsartige Substanz aus dem Verdauungstrakt von Pottwalen. Die Abbildung zeigt einen Zahnarztbehandlungsplatz aus dem Jahr 1891.

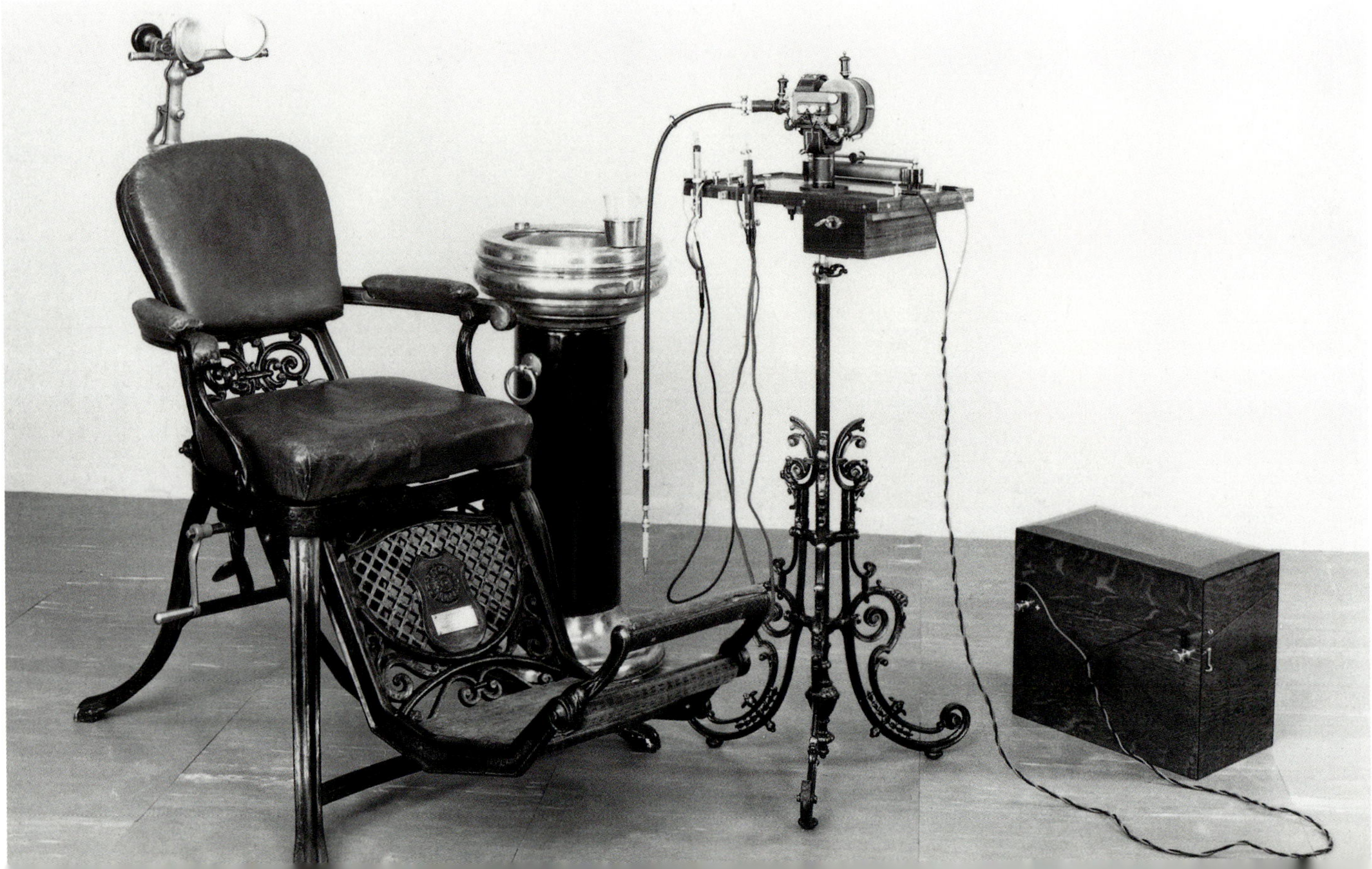

Zahnersatz (um 700 v. Chr.) Die Etrusker und Phönizier verwendeten schon um 1000–700 vor Christus die Zähne von Tieren oder Verstorbenen, um ihr eigenes lückenhaftes Gebiss zu vervollständigen. Auch Elfenbein (Abbildung) oder Holz gehören zu den ältesten Materialien für Zahnersatz. Mit Golddrähten band man die neuen Beißwerkzeuge an den verbliebenen Zähnen fest. Diese wenig stabile Konstruktion half allerdings beim Kauen nicht viel weiter – doch immerhin sah der Besitzer so vorteilhafter aus und konnte besser sprechen.

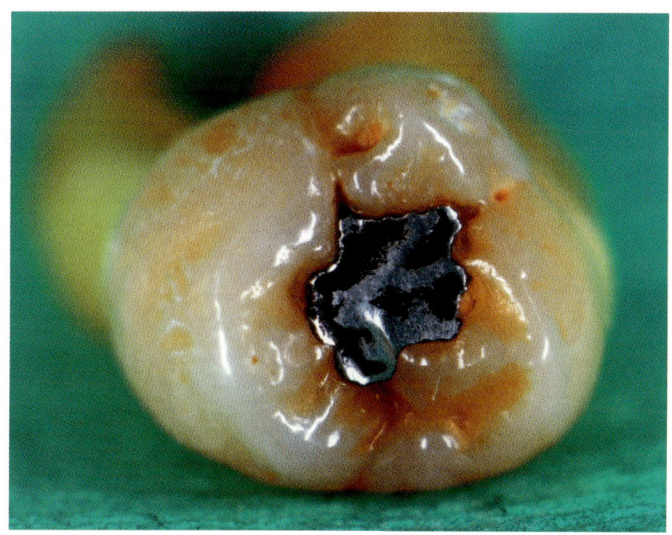

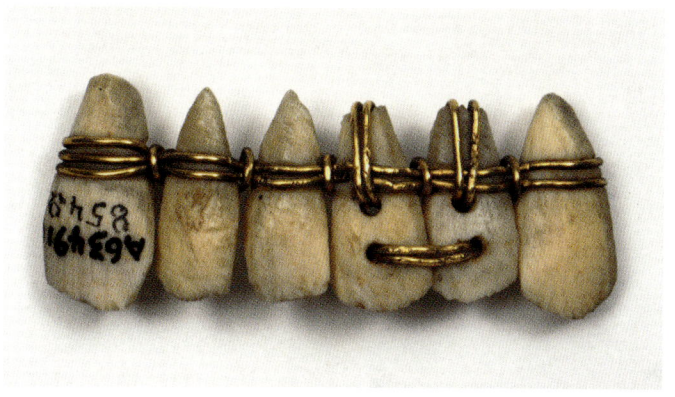

Amalgamfüllung (1818) Wer den Titel »Vater der Amalgamfüllung« für sich beanspruchen kann, ist umstritten. Der französische Zahnarzt Louis Regnart soll schon im Jahr 1818 mit dieser Quecksilberlegierung Zähne plombiert haben. Doch auch sein Landsmann Auguste Taveau kommt als Erfinder in Frage.

Zahnklammer (1890/1920) Was tun gegen schief im Kiefer sitzende Zähne? Zwischen 1890 und 1920 beschäftigte sich der US-amerikanische Kieferorthopäde Edward H. Angle systematisch mit dieser Frage. Er entwickelte unter anderem eine fest im Mund verankerte Zahnklammer, wie sie in ihren Grundzügen heute noch üblich ist.

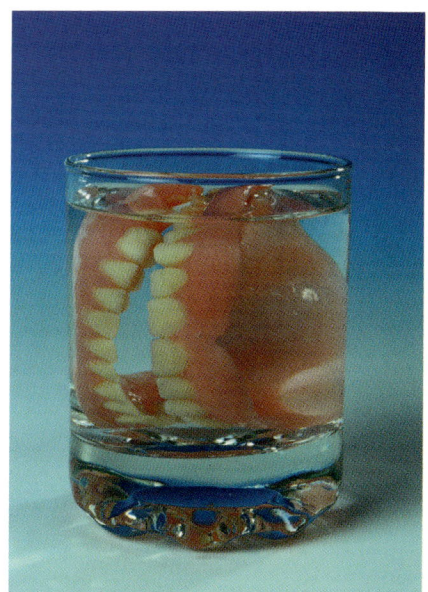

Gebiss (Ende 18. Jh.) Ende des 18. Jahrhunderts entwickelte der französische Apotheker Alexis Duchâteau die ersten künstlichen Gebisse aus Porzellan. Doch erst als im 19. Jahrhundert der Rohstoff Kautschuk zur Verfügung stand, konnte man die Porzellanzähne in Gummimaterialien einbetten und so einen funktionierenden und einigermaßen erschwinglichen Zahnersatz konstruieren.

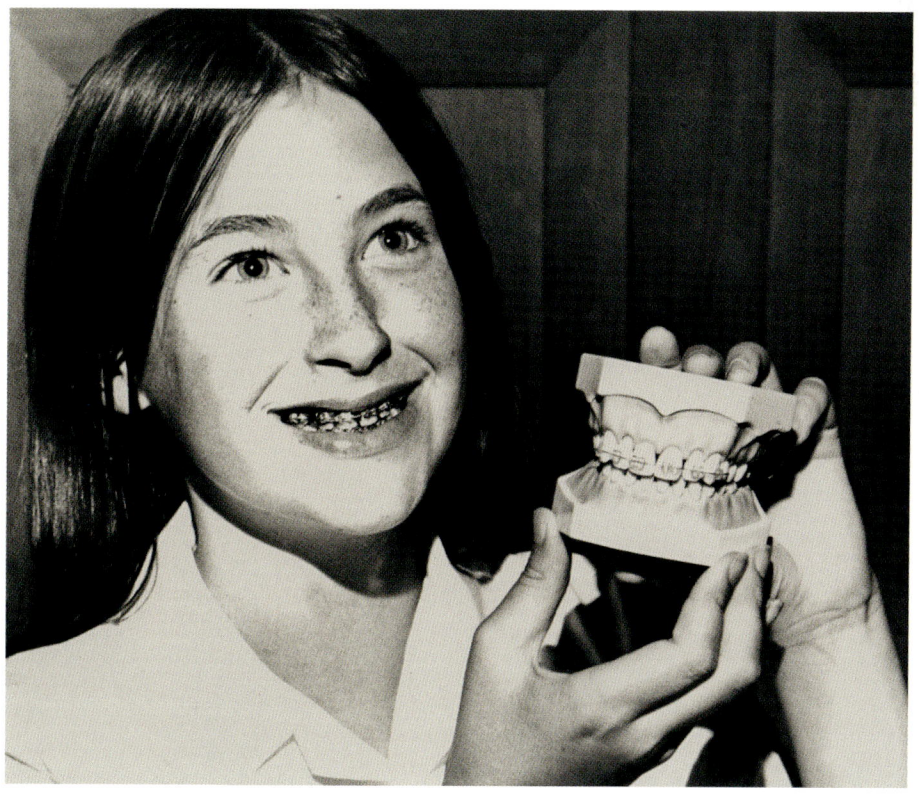

Augenheilkunde (2. Jt. v. Chr.) Schon zu Zeiten von Hammurabi, der zwischen 1792 und 1750 vor Christus König von Babylon war, praktizierten in seinem Reich Augenärzte. In den Gesetzestafeln des Herrschers ist nämlich ausdrücklich notiert, was eine Augenoperation kosten durfte – und dass dem Arzt im Falle eines Misserfolges beide Hände abgehackt werden sollten. (»Ophtalmodouleia – Das ist Augendienst«, Holzstich, 1583)

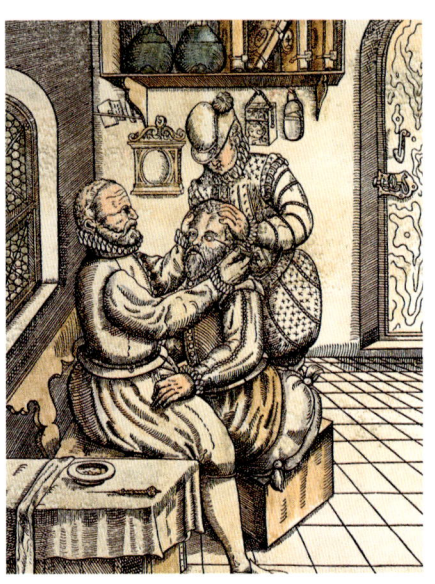

Augenspiegel (1851) Veränderungen der Netzhaut und der zugehörigen Blutgefäße kann man mithilfe eines Augenspiegels untersuchen. Dieses wichtige Gerät zur Diagnose von Augenkrankheiten erfand der deutsche Naturwissenschaftler Hermann von Helmholtz im Jahr 1851.

Brille (11. Jh.) Schon in der Antike wussten Gelehrte, wie sich Licht in Linsen bricht. Ob damals vereinzelt schon geschliffene Kristalle als Sehhilfe verwendet wurden, ist unklar. Ihren Durchbruch erlebten solche Hilfsmittel jedenfalls erst, als der arabische Mathematiker Alhazen im 11. Jahrhundert den Einsatz solcher »Lesesteine« empfahl. Die erste Lesebrille für beide Augen, die auf die Nase gesetzt werden konnte, wurde im 13. Jahrhundert in der Toskana erfunden.

Hörrohr (17. Jh.) Die ersten Hilfen für Schwerhörige wurden im 17. Jahrhundert entwickelt. Es handelte sich um Röhren oder Trichter, die aus Metall, Holz, großen Schneckenhäusern oder Tierhörnern konstruiert wurden. Sie sollten Schallwellen sammeln und zum Ohr leiten, sodass mehr Schallenergie das Trommelfell erreichte. (Hörtrichter, um 1890)

Hörgerät (um 1950) Elektrische Hörgeräte, die mit der aufkommenden Telefontechnik arbeiteten, wurden im 19. Jahrhundert entwickelt. So erfand Werner von Siemens 1878 einen speziellen Telefonhörer für Schwerhörige. Allerdings war die Tonqualität der frühen Geräte noch mangelhaft, zudem waren sie äußerst unhandlich und mussten ständig an der Steckdose angeschlossen bleiben. Erst in den 1950er Jahren gab es die ersten Hörgeräte, die man mit sich führen konnte.

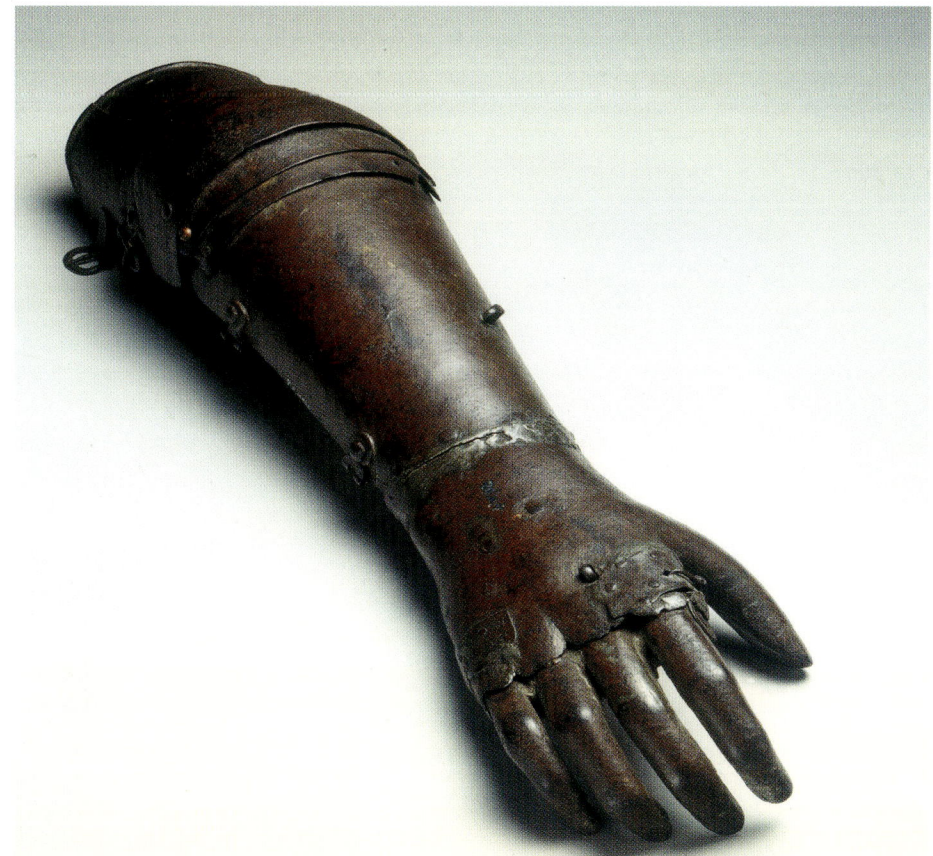

Akupunktur (um 4000 v. Chr.) Chinesische Historiker haben über diese traditionelle Behandlungsmethode schon im zweiten Jahrhundert vor Christus berichtet. Tatsächlich aber ist die Technik wohl deutlich älter. Möglicherweise haben Mediziner in China schon vor 5000 bis 6000 Jahren Nadeln in bestimmte Teile des Körpers ihrer Patienten gestochen, um diese von allerlei Beschwerden zu befreien.

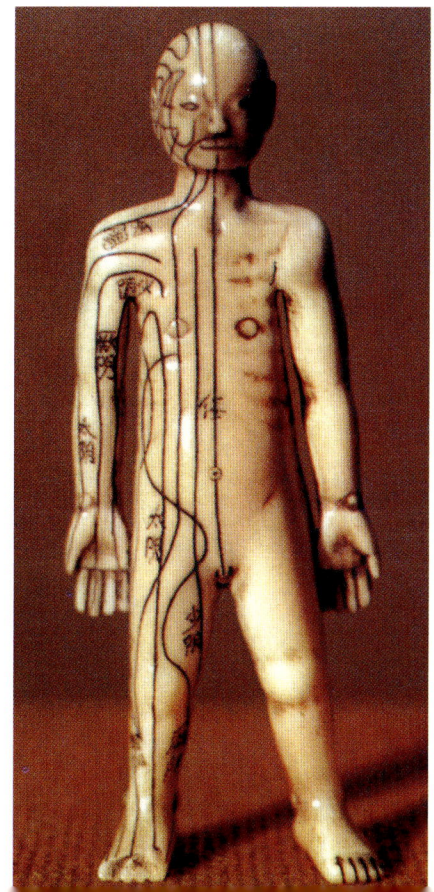

Prothese (um 2000 v. Chr.) Bereits 2000 v. Chr. ersetzten ägyptische Ärzte verlorene Gliedmaßen mit primitiven Prothesen. Im Mittelalter verwendete man Holz und Eisen als Prothesenmaterial (Abbildung). Erst in den beiden Weltkriegen des 20. Jahrhunderts wurden jedoch erste Prothesen entwickelt, die zumindest einfache Bewegungen erlauben.

Kohletablette Auch die Erfindung der Kohletablette ist älter als die Menschheit. So fressen Waldelefanten das Tonmineral Kaolin, um Giftstoffe in ihrer Nahrung unschädlich zu machen. Zum gleichen Zweck nehmen Rote Colobus-Affen auf Sansibar regelmäßig Holzkohle von verbrannten Bäumen zu sich. Es ist also gut möglich, dass sich frühe menschliche Mediziner diesen Trick von Tieren abgeschaut haben.

Heilkräuter Selbst Schimpansen wissen, dass bestimmte Pflanzen gegen Durchfall und andere Leiden helfen. Auch die Menschenverwandtschaft dürfte daher schon sehr früh in ihrer Geschichte zumindest einige Produkte aus der Naturapotheke gekannt haben. Wissenschaftler vermuten, dass schon die Neandertaler Heilpflanzen verwendet haben.

Schmerzmittel (vor 400 v. Chr.) Seit Jahrtausenden wissen Heilkundige ein Mittel gegen bohrende Kopfschmerzen. Ob Ägypter beim Pyramidenbau oder nordamerikanische Indianer bei der Büffeljagd – alle schworen auf die schmerzstillende Wirkung des gleichen Rezepts: Man schäle etwas Rinde von einem Weidenbaum ab, übergieße sie mit kochendem Wasser und lasse den Sud einige Zeit ziehen. Auch Hippokrates von Kos, auf den heutige Mediziner ihren Eid leisten, empfahl um 400 vor Christus den Weidenextrakt gegen Fieber und Schmerzen.

Dr. F. Hoffmann.

Salicylsäure (1859) 1859 entschlüsselte der Marburger Chemiker Hermann Kolbe (Abbildung) die chemische Struktur von Salicylsäure, dem schmerzstillenden Wirkstoff der Weidenrinde. Er entwickelte auch ein Verfahren, mit dem man die Substanz künstlich herstellen konnte, 1874 lief die großtechnische Produktion an. Dadurch sank der Preis des Medikaments um etwa 90 Prozent. Nebenwirkungen wie Brechreiz und Magenbeschwerden sowie der extrem bittere Geschmack aber blieben.

Acetylsalicylsäure (1897) Der junge Chemiker Felix Hoffmann (Abbildung) musste sich immer wieder die Beschwerden seines Vaters anhören, der mit Salicylsäure seine Rheumaschmerzen bekämpfte. Konnte der Sohn nicht ein besseres, nebenwirkungsfreies Medikament entwickeln? Der bei der Firma Bayer beschäftigte Forscher griff eine jahrzehntealte Idee des Franzosen Charles Frédéric Gerhardt auf und ließ Salicylsäure mit Essigsäure reagieren. Am 10. August 1897 gelang es Hoffmann so, reine Acetylsalicylsäure (ASS) herzustellen. Diese Verbindung erwies sich als pharmazeutischer Volltreffer. Der Stoff wirkte schmerzstillend, fiebersenkend und entzündungshemmend, die Nebenwirkungen waren deutlich geringer als die der Salicylsäure.

Aspirin (1899) 1899 taufte die Firma Bayer den chemischen Schmerzbekämpfer Acetylsalicylsäure auf den Namen »Aspirin«. Zunächst gab es das Schmerzmittel nur als Pulver, das in Glasflaschen verkauft wurde. Schon im Jahr 1900 kam aber auch die Aspirin-Tablette auf den Markt. 1909 machte der Verkauf von Aspirin fast ein Drittel des Gesamtumsatzes der Firma Bayer aus.

Chinin (um 1630) In den 1630er Jahren kamen hoffnungsvolle Nachrichten aus den südamerikanischen Anden. »In der Gegend von Loxa wächst ein Baum, den sie den Fieberbaum nennen«, berichtet der Augustinermönch Antonio de Calancha 1638. »Seine zimtfarbene Rinde, zu einem Pulver mit einem Gewicht von zwei kleinen Silbermünzen zermahlen und in einem Getränk verabreicht, heilt das Fieber und hat in Lima wunderbare Erfolge erzielt.« Mit dem Baumrindenpulver hatten die Ärzte damit endlich eine Waffe gegen die gefürchtete Malaria in der Hand.

WILL'S CIGARETTES.

TINCTURE OF QUININE

THE BARK AND FLOWERS OF CINCHONA.

Penicillin (1928) Erst hatte Alexander Fleming schlicht Pech, als ein Schimmelpilz seine Bakterienkulturen verunreinigte, die er im Labor vergessen hatte, als er 1928 zwei Wochen über Weihnachten in Urlaub fuhr. Dann aber sah er, dass der Pilz die Bakterien tötete. Die Ursache war ein Penicillin genannter Wirkstoff, von dem Alexander Fleming aber nur winzige Mengen isolieren konnte. Erst Ernst Chain und Howard Florey konnten 1938 größere Mengen an der Universität von Oxford isolieren, um damit Bakterieninfektionen zu behandeln.

Antibiotika (1909) Bereits 1909 entdeckte der Chemiker und Arzt Paul Ehrlich (Abbildung) in Frankfurt am Main mit Arsphenamin das erste Antibiotikum gegen die Bakterieninfektion Syphilis. Erst das 1935 von Gerhard Domagk in Wuppertal entwickelte Sulfonamid aber konnte gegen sehr unterschiedliche Bakterien angewendet werden.

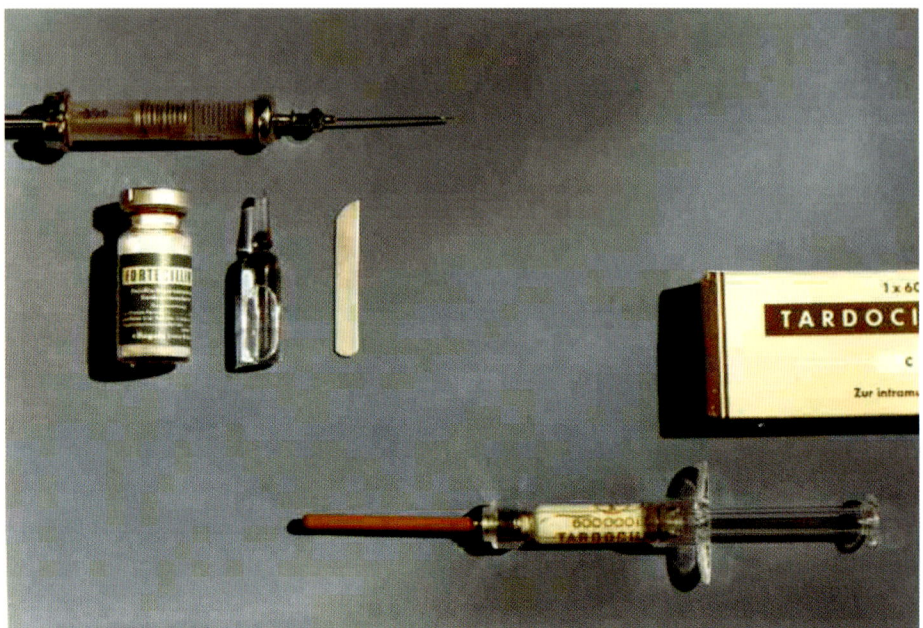

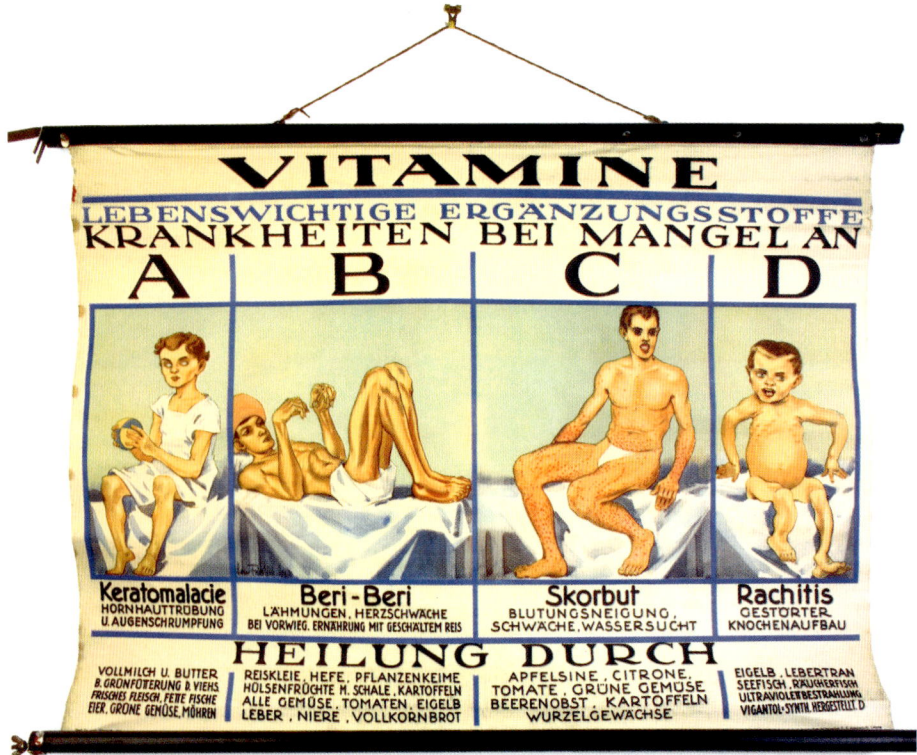

Vitamine (1897) Ende des 19. und Anfang des 20. Jahrhunderts fanden Wissenschaftler heraus, dass ein Mangel von bestimmten Spurenstoffen in der Nahrung Krankheiten auslöst. So bewies der Niederländer Christiaan Eijkman 1897, dass eine Diät aus poliertem Reis bei Hühnern das gefürchtete Nerven- und Herzleiden Beriberi auslöst. Ursache ist das Fehlen des Vitamins B1 im Silberhäutchen der Reiskörner, das beim Polieren entfernt wird. Für die Entdeckung dieses und etlicher weiterer Vitamine bekamen Eijkman und sein britischer Kollege Frederick Hopkins 1929 den Nobelpreis für Medizin.

Hormone (1901/05) Neben den Nerven leiten auch biochemische Botenstoffe Informationen von einem Organ oder Gewebe zum anderen. Diese Substanzen, die in speziellen Drüsen hergestellt werden, taufte der britische Physiologe Ernest Starling (Abbildung) 1905 auf den Namen »Hormone«. Die erste dieser Substanzen, deren Struktur bestimmt werden konnte, war 1901 das Stresshormon Adrenalin.

Insulin (1916) Im Jahr 1916 gelang es dem rumänischen Physiologen Nicolae Paulescu zum ersten Mal, aus einer Bauchspeicheldrüse das blutzuckersenkende Hormon Insulin zu gewinnen. Sein Präparat konnte tatsächlich einem an Diabetes leidenden Hund helfen. Die erste erfolgreiche Behandlung eines menschlichen Diabetikers führte ein Team um den kanadischen Arzt Frederick Banting (Abbildung) und den US-amerikanischen Physiologen Charles Best 1922 durch.

Schwangerschaftstest (1928) Den ersten modernen Schwangerschaftstest entwickelten der deutsche Gynäkologe Bernhard Zondek und sein Kollege Selmar Aschheim 1928. Man musste dazu sehr jungen weiblichen Mäusen den Morgenurin einer Frau spritzen. Hatten die Tiere nach 48 Stunden einen Eisprung, war die Frau wahrscheinlich schwanger. Diese Reaktion kommt durch die hohe Konzentration des Hormons Chorion-Gonadotropin im Urin von Schwangeren zustande. Später verwendete man für den Test lieber weibliche Krallenfrösche, die man für eine Diagnose nicht töten musste. Bei ihnen löst der gespritzte Urin schwangerer Frauen die Eiablage aus. Noch bis in die 1950er Jahre standen deshalb auch in deutschen Apotheken zahlreiche Eimer voller Frösche.

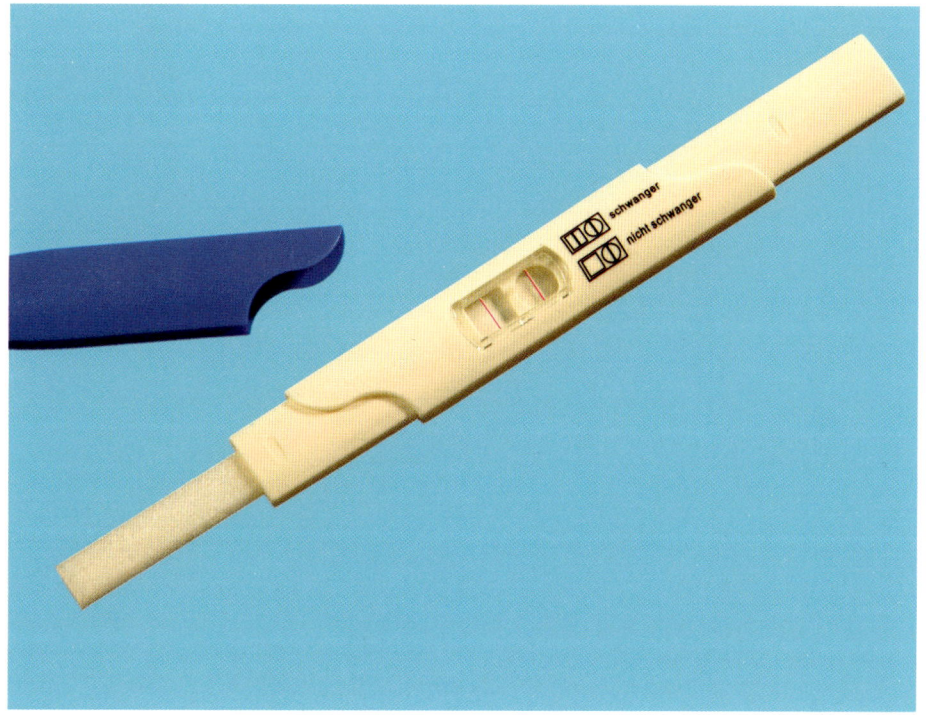

Verhütungsmittel (um 1550 v. Chr.) Eines der ältesten bekannten Rezepte zur Schwangerschaftsverhütung stammt aus Ägypten. Im sogenannten Papyrus Ebers, der etwa um 1550 vor Christus geschrieben wurde, empfiehlt der Verfasser eine Mischung aus Akazienblättern, Purgiergurke und Honig, die auf eine Art Tampon aufgetragen und in die Scheide eingeführt wurde.

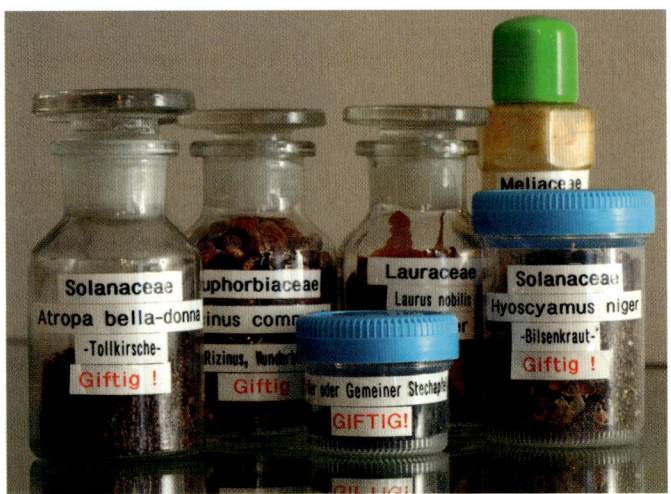

Spirale (1909) Der deutsche Arzt Richard Richter beschrieb 1909 einen Ring aus Seide, der mit einer Zelluloidkappe versehen und in die Gebärmutter eingesetzt wurde. Damit war eine weitere Methode der Empfängnisverhütung erfunden, deren Nachfolger die heutigen »Spiralen« aus Kupfer sind.

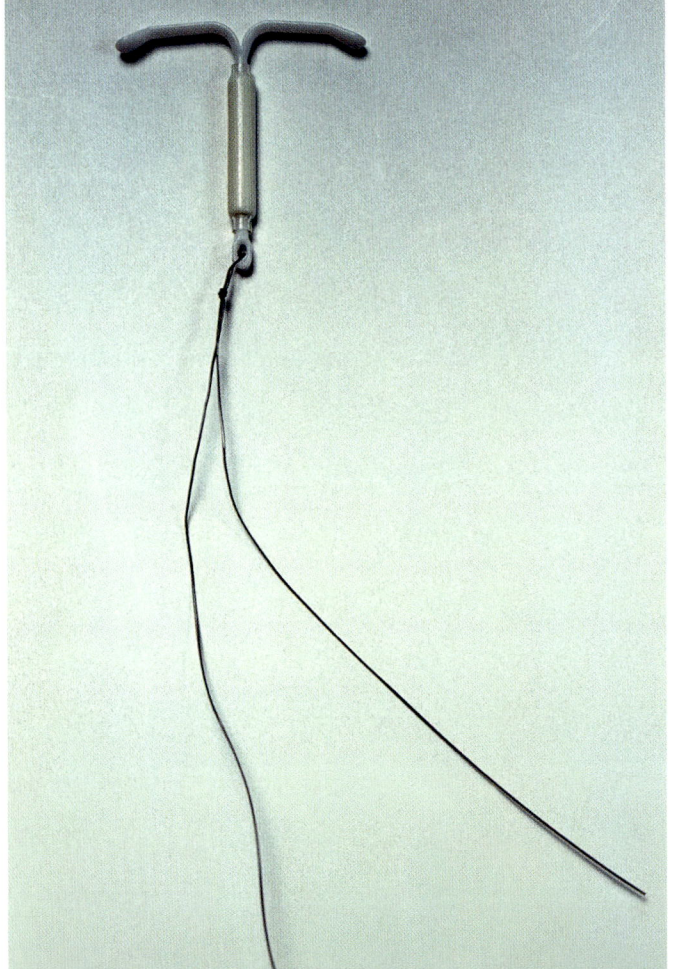

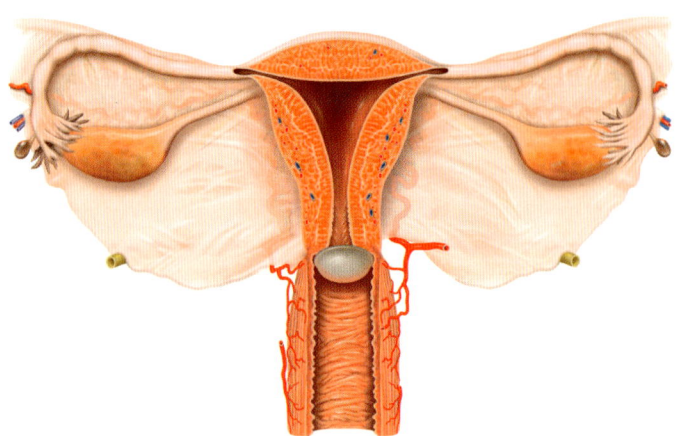

Diaphragma (1882) Ein Diaphragma wird in die Scheide eingelegt und verschließt den Muttermund, sodass keine Spermien eindringen können. Diese Methode der Empfängnisverhütung erfand der Flensburger Arzt Wilhelm Mensinga im Jahr 1882.

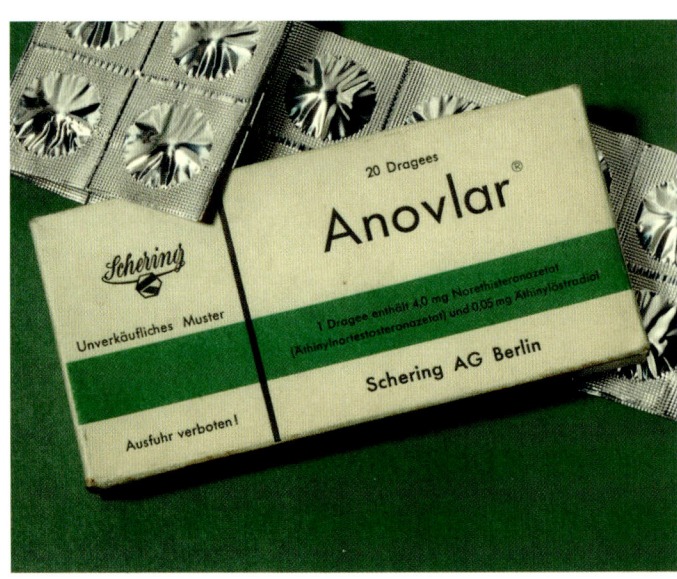

Pille (1960) Gemeinsam mit Kollegen entwickelte der amerikanische Physiologe Gregory Pincus in den 1950er Jahren ein Hormonpräparat, das zuverlässig vor Schwangerschaften schützte. Die 1960 in den USA erstmals zugelassene Antibabypille fand rasch weite Verbreitung. Sie revolutionierte nicht nur die Familienplanung, sondern veränderte vielerorts auch die Einstellung zur Sexualität.

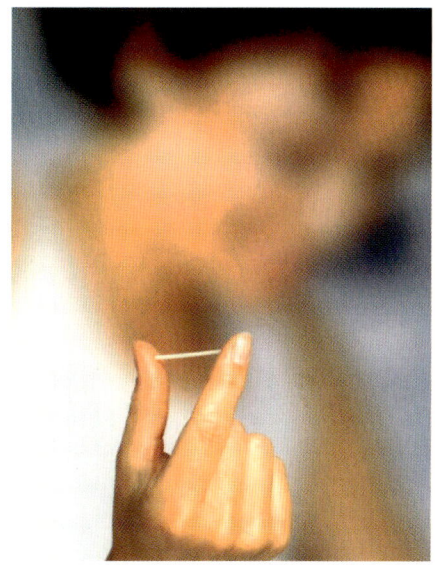

Kondom (1564) 1564 machte der italienische Arzt Gabriele Falloppio ein Experiment, bei dem er mehr als 1000 Männern Leinenstreifen an den Genitalien befestigte. Das Ganze sollte der Bekämpfung der Syphilis dienen. Später kamen auch Kondome aus Fischblasen und den Därmen verschiedener Tiere auf den Markt, zu Casanovas Zeiten im 18. Jahrhundert gab es schon spezialisierte Kondomhändler. Das erste Gummi-Kondom entwickelte der US-Amerikaner Charles Goodyear Mitte des 19. Jahrhunderts.

Hormonimplantat (um 1990) Seit Anfang der 1990er Jahre sind in vielen Ländern dünne Kunststoffstäbchen auf dem Markt, die in den Oberarm eingepflanzt werden. Sie geben nach und nach Hormone in den Körper ab und verhindern so mehrere Jahre lang eine Schwangerschaft.

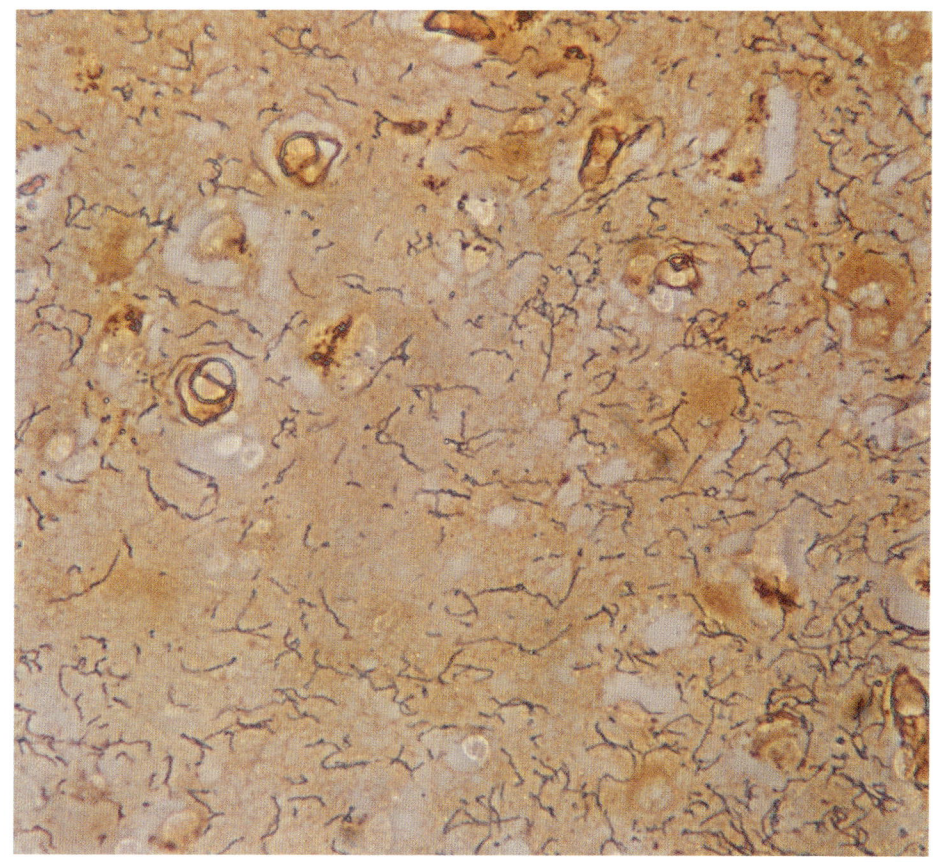

Krankheitserreger (1. Jh. v. Chr.) Schon der römische Gelehrte Marcus Terentius Varro schrieb im ersten Jahrhundert vor Christus von »kleinen Tierchen, die man nicht mit den Augen wahrnehmen kann«, die aber »durch Mund und Nase aufgenommen schwere Krankheiten verursachen können.« Dieses Wissen geriet allerdings später wieder in Vergessenheit.

Bakterien (Mitte 17. Jh.) Der Niederländer Antoni van Leeu-wenhoek (Abbildung) baute Mitte des 17. Jahrhunderts unge-wöhnlich gute Mikroskope, mit denen er Teichwasser und menschlichen Speichel untersuchte. Dabei entdeckte er winzige Organismen, die er »Animalcules« nannte. Die heute übliche Unterscheidung zwischen Bakterien und einzelligen Tieren traf er noch nicht.

Bakterieninfektion Der deutsche Mediziner Robert Koch (Ab-bildung) war einer der Ersten, die systematisch nach krankma-chenden Bakterien suchten. So entdeckte er 1876 den Erreger des Milzbrandes und 1882 das Tuberkulose-Bakterium. Für seine Arbeiten bekam er 1905 den Nobelpreis für Medizin.

Virus (1898) Über 3000 Jahre alte Schrifttafeln aus Mesopotamien und Ägypten sowie das Alte Testament be-richten über Virus-Erkrankungen wie Tollwut, Polio-Kinderlähmung und Po-cken. Erst am Ende des 19. Jahrhun-derts aber wies Dmitri Iwanowski an der Universität im russischen St. Petersburg für eine Pflanzenkrankheit nach, dass ihr Erreger erheblich kleiner als ein Bak-terium sein muss. 1898 entdeckten Friedrich Löffler und Paul Frosch an der Universität Greifswald mit dem Erreger für die Maul- und Klauenseuche das erste Tiervirus.

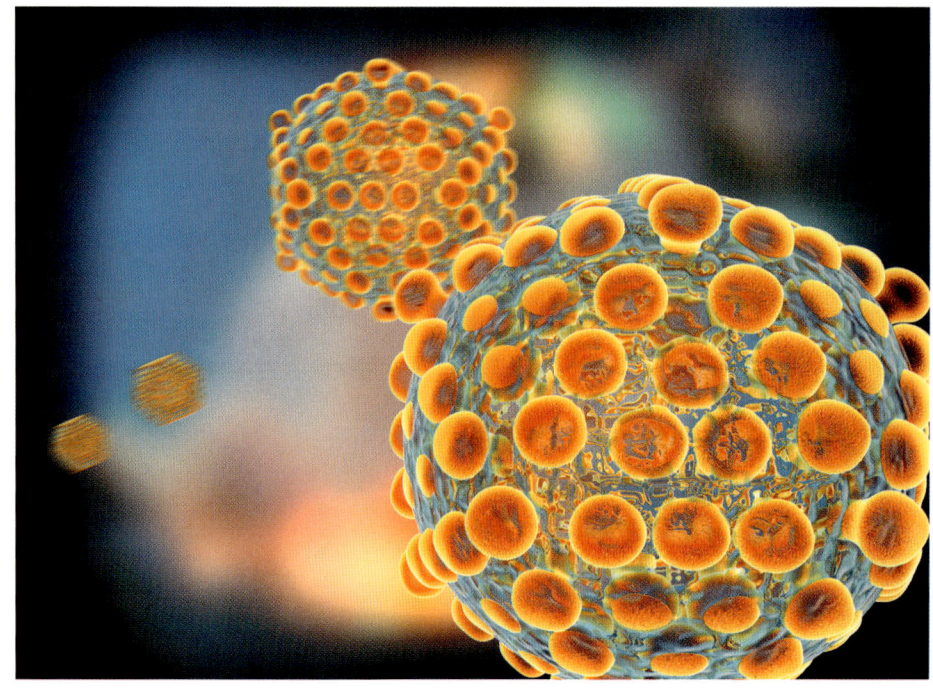

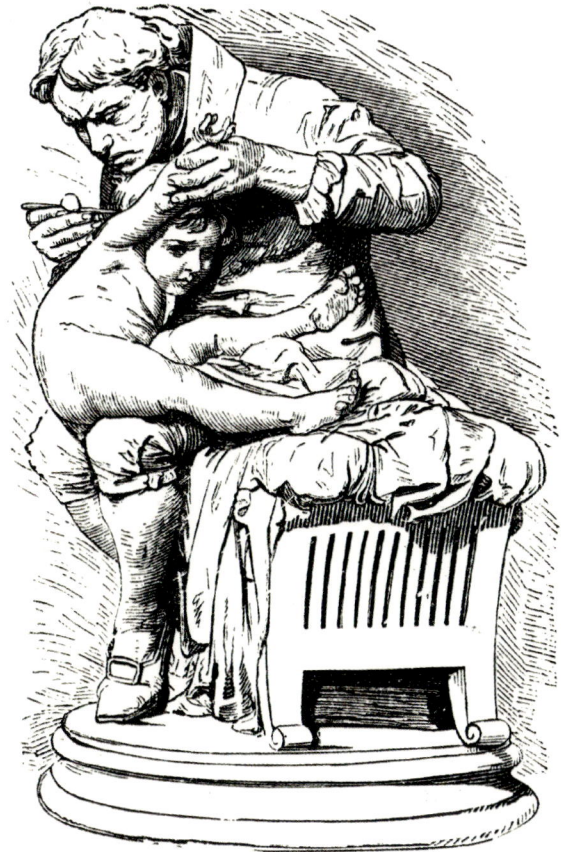

Hygiene Jahrhundertelang hatten europäische Mediziner bei Behandlungen nicht auf Sauberkeit geachtet und so viele Infektionen ausgelöst. Erst im 19. Jahrhundert bewies der ungarische Arzt Ignaz Semmelweis (Abbildung) an der Klinik für Geburtshilfe in Wien, dass man das Kindbettfieber verhindern konnte, wenn sich das medizinische Personal die Hände desinfizierte.

Impfung (1796) Lange vor Entdeckung der Viren hatte der englische Landarzt Edward Jenner (Abbildung) im Mai 1796 bereits ein Vorbeugung gegen solche Infektionen gefunden. Ihm war aufgefallen, dass Melkerinnen praktisch nie an den gefährlichen Pocken erkrankten, wenn sie sich vorher mit den für Menschen harmlosen Kuhpocken infiziert hatten. Einige Versuche unter anderem mit seinem eigenen, elf Monate alten Sohn, bewiesen dann, dass eine Impfung mit Kuhpocken tatsächlich Pocken verhütet.

Seife (um 2800 v. Chr.) Schon aus der Zeit um 2800 vor Christus ist ein Rezept überliefert, nach dem die Sumerer aus Pflanzenasche und Ölen Seife herstellten. Allerdings war diese ursprünglich zur Behandlung von Verletzungen gedacht. Dass solche Zubereitungen auch eine reinigende Wirkung haben, erkannten wohl erst die Römer.

Shampoo (1814) Das Shampoo soll ein indischer Geschäftsmann namens Sake Dean Mahomed in Europa eingeführt haben. Ab 1814 betrieb er im englischen Brighton eine Art türkisches Bad, das auch eine spezielle Haarbehandlung anbot. 1904 entwickelte der Berliner Drogist Hans Schwarzkopf dann ein wasserlösliches Haarwaschpulver für den Hausgebrauch.

Zahnbürste (um 3000 v. Chr.) Die älteste bekannte Zahnbürste stammt aus Ägypten und wurde um 3000 vor Christus benutzt. Es handelte sich um einen einfachen Zweig mit einem zerfaserten Ende. Pinselförmige Exemplare mit Schweineborsten und einem Bambusstiel wurden in China um das Jahr 1500 nach Christus entwickelt, in Europa gab es Varianten aus Knochen und Pferdehaar. Napoleons Zahnbürste (Abbildung) hatte einen Griff aus vergoldetem Silber. Zu einem für jeden erschwinglichen Massenprodukt wurden Zahnbürsten aber erst, als 1938 die ersten Exemplare mit Nylonborsten auf den Markt kamen.

Zahnstocher Das wohl älteste Instrument zur Gebissreinigung ist der Zahnstocher. Selbst an den Schädeln von Neandertalern haben Wissenschaftler deutliche Spuren gefunden, die von einem solchen Werkzeug stammen müssen. Die Abbildung zeigt einen vergoldeten, reich geschmückten Zahnstocher des 16. Jahrhundert.

Zahnpasta (4. Jh.) Schon die alten Ägypter verwendeten verschiedene Mixturen, um ihre Zähne zu reinigen. Aus dem 4. Jahrhundert nach Christus ist eine Zubereitung aus Salz, Pfeffer, Pfefferminzblättern und Irisblüten bekannt, auch eine Mischung von gemahlenem Bimsstein und Weinessig fand Verwendung.

Deodorant (1. Jh.) Wer das erste Deo der Geschichte benutzt hat, weiß niemand mehr. Sicher ist aber, dass auch dieses Hilfsmittel der Körperpflege schon im alten Ägypten bekannt war. Man nutzte zu diesem Zweck Alaun, eine Verbindung aus Kalium, Aluminium und Schwefel. »Er entfernt den Gestank unter den Achseln sowie auch den Schweiß«, schrieb der römische Gelehrte Plinius im 1. Jahrhundert nach Christus.

Parfüm (um 2000 v. Chr.) Duftende Kosmetikprodukte waren im Mittelmeerraum schon früh bekannt. Die bisher älteste bekannte Parfümfabrik haben Archäologen auf Zypern gefunden. Dort wurde schon vor 4000 Jahren Olivenöl mit Zimt, Lorbeer und Myrte vermischt. (Parfümbehältnis aus Alabaster, um 470 v. Chr.)

Tampon (5. Jh. v. Chr.) Tampons waren schon lange vor der Zeitenwende in Gebrauch. Aus ägyptischen Inschriften weiß man, dass die Frauen damals eine Version aus Papyrus benutzten. Der griechische Arzt Hippokrates berichtete im 5. Jahrhundert vor Christus von einem Modell aus Holzstückchen, die mit Stoff umwickelt wurden.

Toilette (3. Jt. v. Chr.) In der Steinzeit-siedlung Skara Brae (Abbildung: Innen-ansicht eines Wohnhauses) auf den schottischen Orkney Inseln, die etwa zwischen 3100 und 2500 vor Christus bewohnt waren, finden sich die wohl äl-testen bekannten Toiletten. In den anti-ken Hochkulturen waren solche Anla-gen dann etwa ab dem 3. Jahrtausend vor Christus weit verbreitet.

Wasserspülung (3. Jt. v. Chr.) Auch die Wasserspülung war schon im 3. Jahrtau-send vor Christus bekannt. In mehreren Städten der Indus-Kultur im heutigen Pakistan waren fast alle Häuser mit was-sergespülten Toiletten versehen. Die Rö-mer brachten es später zu öffentlichen Gemeinschaftstoiletten mit bis zu 80 Plätzen, unter denen ein Abwasserkanal entlangfloss. Eine Toilette, in die man nur bei Bedarf Wasser aus einem Behäl-ter fließen ließ, konstruierte der engli-sche Dichter Sir John Harington aber erst 1596. Seine Erfindung geriet allerdings wieder in Vergessenheit. 1775 meldete der Uhrmacher und Mechaniker Alexan-der Cummings aus London dann eine neue Version mit einem S-förmigen Rohr zum Patent an und verhalf damit dem WC zum Durchbruch.

Damenbinde (um 1970) Schon früh in der Geschichte dürften Frauen versucht haben, ihr Monatsblut mit den verschie-densten saugfähigen Materialien aufzu-fangen. Noch bis in 20. Jahrhundert tru-gen sie dazu einen mit Baumwolle oder Watte ausgerüsteten Gurt, der mit Rie-men an den Beinen befestigt oder um die Taille geschlungen werden musste. Selbstklebende Monatsbinden, wie sie heute üblich sind, kamen erst in den 1970er Jahren auf den Markt.

Kanalisation Schon die antiken Toilet-ten waren an ein ausgefeiltes Abwas-sersystem angeschlossen. Aus den un-ter den Sitzen verlaufenden Rinnen floss bereits bei den Etruskern das Wasser in größere Sammelkanäle und dann weiter in den nächsten Fluss. Der größte Ab-wasserkanals Roms, die Cloaca Ma-xima, war beispielsweise drei Meter breit und mehr als vier Meter hoch. Auf einen ähnlichen Standard wie im anti-ken Rom brachte es die europäische Ab-wasserentsorgung dann erst wieder im 19. Jahrhundert.

Toilettenpapier Steine und Tonscherben, Stroh und Laub, Schafswolle und Schwämme – die Liste der Materialien, die Menschen früher anstelle von Toilettenpapier eingesetzt haben, ist lang. Die Chinesen waren wohl die ersten, die zu diesem Zweck Papier benutzten. Erste Hinweise darauf gibt es schon aus dem 6. Jahrhundert.

Kläranlage Als die Einwohnerzahlen der Städte immer weiter zunahmen, waren die Rieselfelder bald überlastet. Dafür erkannte man, dass nicht allzu stark belastete Fließgewässer sich selbst reinigen können, weil die darin lebenden Bakterien die störenden Stoffe abbauen. Daraufhin entwickelten englische Wasserforscher Ende 19. Jahrhunderts das erste biologische Klärverfahren, das diese Leistung der Mikroorganismen nutzt. Bis heute beruht eine Reinigungsstufe von Kläranlagen auf diesem Prinzip.

Müllabfuhr (um 2500 v. Chr.) Seit es Menschen gibt, produzieren sie auch Abfall. Erst in größeren Städten aber fiel so viel Müll an, dass dieser zum Problem wurde. So lebten in Mohendscho-Daro im heutigen Pakistan schon um 2500 vor Christus etwa 50 000 Menschen. Die Häuser waren mit einer Art Müllschlucker versehen, durch den der Abfall in Tonvasen fiel. Es scheint sogar eine organisierte Müllabfuhr gegeben zu haben, die diese Behälter regelmäßig leerte.

MATHEMATIK & NATURWISSENSCHAFTEN

07

Alles, was zählt …

Woher stammt der Mensch? Wie funktioniert das Universum? Woraus besteht die Materie? Und was verbirgt sich im Inneren der Zellen? Solche Fragen haben im Laufe der Jahrtausende ein Heer von Wissenschaftlern beschäftigt. Ihre grenzenlose Neugier hat Menschen im Laufe ihrer Geschichte immer wieder dazu gebracht, hinter die Kulissen der Natur zu schauen, nach Gesetzmäßigkeiten zu suchen und scheinbar offensichtliche Tatsachen zu hinterfragen. Die Vordenker ihrer Disziplin haben von ihren Zeitgenossen dabei nicht immer Lob geerntet. Wer eine bahnbrechende Theorie entwickelte und das herrschende Weltbild auf den Kopf stellte, musste in früheren Jahrhunderten mitunter um sein Leben fürchten oder zumindest sehr harsche Anfeindungen ertragen. Heute sind die Konsequenzen für Wissenschaftspioniere nicht mehr ganz so drastisch. Doch ausgelacht und mit mitleidigem Kopfschütteln bedacht werden manche immer noch. Meist lassen sie sich davon aber nicht daran hindern, nach neuen Erklärungen für die auch heute noch zahlreichen Rätsel der Natur zu suchen.

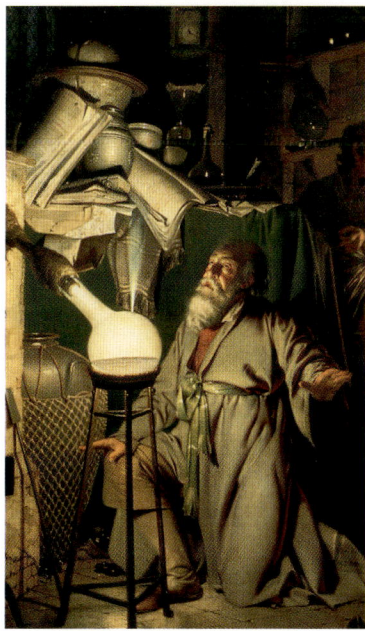

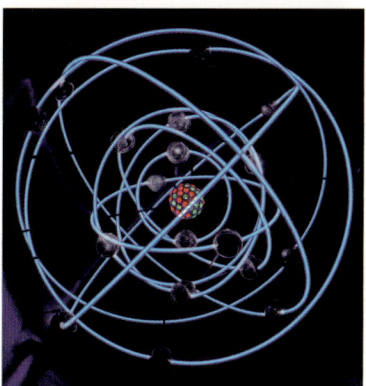

MATHEMATIK & NATURWISSENSCHAFTEN

Mengenlehre Lange Zeit galten Rechnen und Zählen als ausschließliche Domäne des Menschen. Doch mittlerweile haben Versuche gezeigt, dass sogar Salamander Mengen einschätzen können. Bietet man ihnen eine, zwei oder drei Fliegen an, entscheiden sie sich spontan für die größere Anzahl. Affen besitzen ein noch deutlich größeres Talent für Mengenlehre. Amerikanische Psychologen haben Rhesusaffen beigebracht, Bilder nach der Anzahl der darauf gezeigten Objekte zu ordnen. Hatten die Tiere auf einem Monitor erst ein Quadrat und dann nacheinander zwei Bäume, drei Kreise und vier Blumen berührt, so bekamen sie eine Belohnung. Als sie das Prinzip einmal begriffen hatten, konnten sie es ohne weiteres Training auch auf fünf bis neun Gegenstände anwenden. (Rechenbrett, Indien, Ende 19. Jh.)

Brüche Sogar mit Brüchen können manche Tiere etwas anfangen. Amerikanische Psychologen haben Schimpansen ein halb volles Glas gezeigt. Die Tiere mussten dann auf ein anderes halb volles Glas deuten und nicht etwa auf ein zu drei Viertel gefülltes. Diese Aufgabe meisterten sie nicht nur, sie gingen auch noch einen Schritt weiter. Nach dem halb vollen Glas deuteten sie auf einen halben Apfel und ignorierten die Dreiviertel-Frucht. Auch die Grundlagen der Bruchrechnung wurden also schon gelegt, bevor der Mensch auf der Bühne der Evolution erschien. (Typus Arithmeticae, Holzschnitt, 1535)

Addieren Totenkopfäffchen und Schimpansen können lernen, kleine Mengen zu addieren. Bereitwillig zählen sie bis zu neun Orangen, Erdnüsse oder Gummidrops zusammen, wenn sie diese anschließend behalten dürfen. Auch die Bedeutung von Ziffern begreifen sie durchaus. Dabei zeigen sie spontan auf die größere Summe, wenn sie sich zwischen zwei Belohnungen entscheiden können. Addieren könnte also ein angeborenes Talent sein, das der Mensch von seinen frühen Vorfahren geerbt hat. (Addiermaschine des Philosophen, Mathematikers und Physikers Blaise Pascal, 1623–1662).

Rechnen (um 3000 v. Chr.) Mit großen Zahlen zu operieren, hat offenbar nur der Mensch gelernt. Die ersten überlieferten Rechnungen der Menschheit stammen aus dem Bereich der Wirtschaft und Verwaltung. So sind zum Beispiel die 5000 Jahre alten Aufzeichnungen von mesopotamischen Buchhaltern er-halten geblieben, die Tausende von Wirtschaftsvorgängen fest-gehalten haben. Darunter waren zum Beispiel Kalkulationen über die Mengen von Gerste, Malz und Wasser, die für die Her-stellung verschiedener Biersorten benötigt wurden.

Arabische Ziffern (um 3000 v. Chr.) Die heute weltweit ver-wendeten »arabischen Ziffern« stammen ursprünglich nicht aus Arabien, sondern aus Indien. Schon um 3000 vor Christus verwendeten die Menschen im Indus-Tal ein darauf basierendes Dezimalsystem. Nach Europa kam dieses Konzept aber erst ab dem 9. Jahrhundert nach Christus durch arabische Schriften. Populär wurden die arabischen Ziffern vor allem nach der Erfin-dung des Buchdrucks im 15. Jahrhundert, ein Jahrhundert spä-ter hatten sie die römischen Ziffern weitgehend verdrängt.

Römische Ziffern (um 6. Jh. v. Chr.) Das römische Zahlensys-tem, in dem beispielsweise die Zeichen I für 1, V für 5 und X für 10 stehen, wurde in ganz ähnlicher Form sowohl von den Rö-mern als auch von den Etruskern verwendet. Mache Wissen-schaftler vermuten daher, dass beide Völker zumindest diese ersten drei Zahlensymbole von noch älteren Völkern Italiens übernommen haben. In Westeuropa blieben diese Ziffern bis ins 15. Jahrhundert allgemein üblich.

Abakus (um 2700 v. Chr.) Das älteste bekannte Rechenhilfsmittel bestand ursprünglich aus Steinen oder Perlen, die im Sand oder in einem mit Vertiefungen versehenen Brett hin- und hergeschoben wurden. Heute ist vor allem eine Version des Abakus mit an Stäben aufgefädelten Kugeln bekannt. Wer den praktischen Helfer erfunden hat, ist unklar. In Mesopotamien waren solche Geräte jedenfalls schon zwischen 2700 und 2300 vor Christus bekannt.

Logarithmus (2. Jh. v. Chr.) Bereits im 2. Jahrhundert vor Christus konnten indische Mathematiker die Exponentialfunktion umkehren. Exponentialfunktionen geben in der Mathematik an, wie oft eine Zahl mit sich selbst multipliziert werden soll. Zehn hoch drei bedeutet also die Zahl Zehn dreimal mit sich selbst zu multiplizieren, das Ergebnis ist also Tausend. Der Logarithmus von Tausend zur Basis Zehn ist daher drei.

$$115 \cdot 36$$

115	36
57	72
28	144
14	288
7	576
3	1152
1	2304

$$= 4140$$

Russische Bauernmultiplikation Unbekannt ist der Erfinder einer einfachen Multiplikation, die seit dem Altertum bekannt ist und bis in die Neuzeit in Russland angewendet wurde. Vor allem größere Zahlen lassen sich mit dieser sogenannten russischen Bauernmultiplikation leicht malnehmen: Die beiden zu multiplizierenden Zahlen werden nebeneinander geschrieben. Auf der linken Seite werden die Zahlen jeweils halbiert, das Ergebnis abgerundet und untereinander geschrieben bis die Zahl 1 erreicht ist. Auf der rechten Seite werden die Zahlen so lange verdoppelt und untereinandergeschrieben, bis die Zahlenreihe so lange wie die linke ist. Jede rechts stehende Zahl wird gestrichen, wenn die links daneben stehende Zahl gerade ist. Die übrig bleibenden Zahlen der rechten Spalte werden zusammengezählt und ergeben immer genau das Multiplikationsergebnis der Ausgangszahlen.

Satz des Pythagoras (6. Jh. v. Chr.)
Der griechische Philosoph Pythagoras von Samos soll im 6. Jahrhundert v. Chr. bewiesen haben, dass in jedem rechtwinkligen Dreieck gilt: $a^2 + b^2 = c^2$. Dabei sind »a« und »b« die beiden kürzeren Seiten des Dreiecks, die zusammen den rechten Winkel bilden und »c« ist die längste Seite des Dreiecks, die dem rechten Winkel gegenüber liegt. Obwohl der Satz raffiniert klingt, haben ihn bereits lange vor Pythagoras Ägypter und Inder angewendet, um rechte Winkel für ihre Bauten zu bekommen. Ein Seil mit Knoten nach drei, vier und fünf Metern, legt sich immer so zu einem Dreieck, dass sich zwischen den drei und vier Meter langen Seilstücken der rechte Winkel befindet.

Rechenschieber (1544) Der deutsche Mathematiker Michael Stifel erkannte 1544, dass 10^3 mal 10^2 das Gleiche wie 10^{3+2} und damit wie 10^5 oder 100 000 ist. Genauso gilt 10^3 dividiert durch 10^2 entspricht 10^{3-2} und ist so 10^1 oder 10. Kennt man die Logarithmuszahlen, kann man daher Multiplikation und Division durch die viel einfachere Addition und Subtraktion ersetzen. Dieses Prinzip setzte der Engländer William Oughtred 1622 mit zwei Skalen mit Logarithmuszahlen um, die gegeneinander verschoben werden konnten. Ein solcher erster echter Rechenschieber wurde später auf weitere mathematische Funktionen ausgeweitet und war bis zur Erfindung des Taschenrechners die wichtigste Rechenhilfe.

Archimedisches Gesetz (3. Jh. v. Chr.)
Irgendwann im 3. Jahrhundert vor Christus soll der griechische Philosoph Archimedes in seine randvolle Badewanne gestiegen sein. Dabei staunte er, dass offensichtlich genau das Volumen Wasser über den Rand schwappte, das seinem Körpergewicht entsprach. Daraus schloss er, dass leichtere Körper auf Wasser schwimmen. Begeistert von seiner Erkenntnis lief der Philosoph nackt auf die Straße und rief den verblüfften Passanten laut »Heureka« (deutsch: Ich hab's) zu. (Holzstich, 1773)

Kepplersche Fassregel (1613/15) Als Johannes Keppler 1613 in Linz zum zweiten Mal heiratete, ärgerte er sich über den Weinhändler, der den Inhalt der zur Feier bestellten Weinfässer nur grob schätzte. Bis 1615 entwickelte der Mathematiker daher Formeln, mit denen sich der Rauminhalt von unregelmäßigen Körpern wie zum Beispiel Weinfässern erheblich besser ausrechnen lässt.

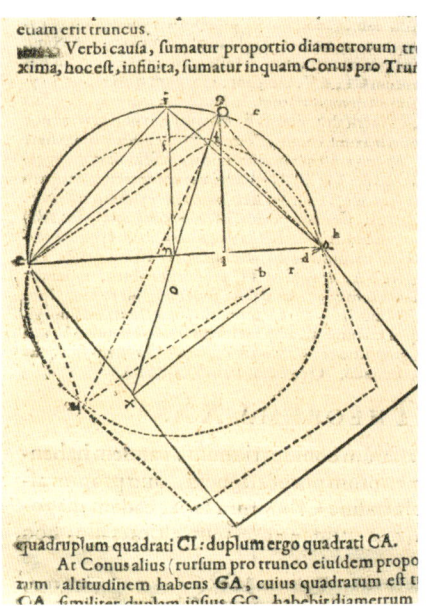

Infinitesimalrechnung (1684/87) Kann man die Fläche oder den Rauminhalt von Körpern mit geraden Kanten genau ausrechnen, wird es bei unregelmäßigen Begrenzungen wie zum Beispiel geschwungenen Linien schwierig. Unabhängig voneinander veröffentlichten 1684 der Deutsche Wilhelm Gottfried Leibniz und 1687 der Engländer Isaac Newton (Abbildung) die Infinitesimalrechnung als Lösung für dieses Problem. Seither schlagen sich Schüler mit Begriffen wie Differential und Integral herum.

Kreiszahl Pi (3. Jh. v. Chr.) Zumindest seit Erfindung von Töpferscheibe und Rad mühten sich die Menschen mit der Berechnung von Fläche und Umfang von Kreisen ab. Zunächst schätzte man einfach grob, doch langsam kristallisierte sich heraus, dass man zur genaueren Berechnung eine Kreiszahl benötigt, die im alten China den Wert 3 hatte. Da waren die Ägypter im 17. Jahrhundert vor Christus mit 3,1604… schon deutlich weiter. Archimedes von Syrakus (Abbildung) kreiste im 3. Jahrhundert vor Christus die Kreiszahl auf einen Wert zwischen 3,1408… und 3,1428… ein. Das war gar nicht schlecht, heute wird Pi mit 3,1415… angegeben.

Astronomie (um 15 000 v. Chr.) Bereits vor 17 000 Jahren stellten Steinzeitmenschen in der Höhle von Lascaux ein Sternbild dar, das heute Plejaden oder Siebengestirn genannt wird. Diese frühe Astronomie verfeinerten die ersten Bauern enorm, als sie einen zuverlässigen Kalender entwickelten, der ihnen half, den besten Zeitpunkt für Aussaat und Ernte zu bestimmen. (Deckenbild der Grabkammer Setis' I. mit Darstellung von Sternen und Sternbildern, Theben-West, Ägypten, um 1290–1279 v. Chr.)

Himmelsscheibe von Nebra (um 1600 v. Chr.) Um das Jahr 1600 vor Christus stellten unbekannte Forscher aus der Bronzezeit nur 25 Kilometer vom ältesten Sonnenobservatorium entfernt eine Scheibe her, auf der kleine Goldplättchen die Sterne der Plejaden zeigen und der Mond in Form einer schmalen, zunehmenden Sichel und als Vollmond zu sehen ist. Diese erste realistische Darstellung des Sternenhimmels war ein Bauernkalender: Am 10. März wurde ausgesät, als die Plejaden gerade noch in der Abenddämmerung zu sehen waren, manchmal zusammen mit dem zunehmenden Mond. Und am 17. Oktober musste die Ernte eingebracht sein, wenn die Plejaden gerade noch in der Morgendämmerung zu sehen waren und oft der Vollmond neben ihnen stand.

Sonnenobservatorium (um 4800 v. Chr.) Vermutlich um das Jahr 4800 vor Christus bauten Menschen zwischen den heutigen Städten Naumburg und Weißenfels auf einem Hügel über dem Fluss Saale eine Anlage mit einem Durchmesser von 75 Metern, die aus einem ringförmigen Graben, einem Wall und zwei Palisadenringen bestand (Abbildung). Verschiedene Öffnungen im Palisadenzaun dieses ältesten bekannten Sonnenobservatoriums der Welt erlaubten die recht genaue Bestimmung der Winter- und Sommersonnwende.

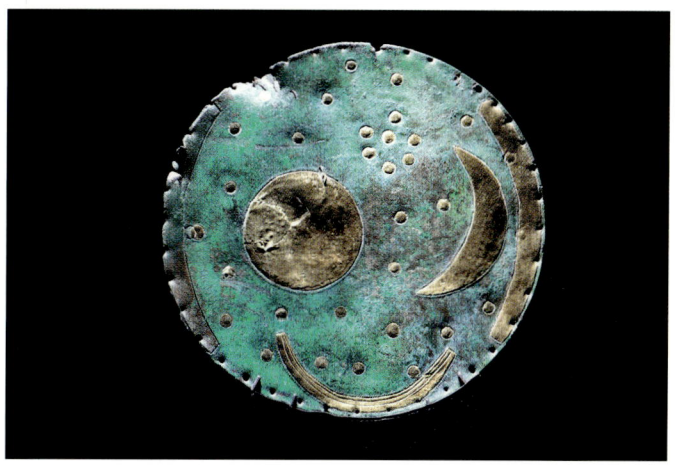

Keplersche Gesetze (1609) Der deutsche Mathematiker und Astronom Johannes Keppler veröffentlichte 1609 in Prag die Beobachtung, dass der Mars nicht auf einem Kreis sondern auf einer Ellipse um die Sonne fliegt. Je weiter er dabei von der Sonne entfernt ist, umso langsamer bewegt dieser Planet sich. Dieses erste und zweite Keplersche Gesetz brachten die Planetenforschung enorm weiter. (Keplers Modell des Universum, Kupferstich, 1619)

Supernova (1938) Der dänische Astronom Tycho Brahe beobachtete von Prag aus am 11. November 1572 einen Stern, der plötzlich am Himmel aufgetaucht war und schnell heller wurde. Damit widerlegte er die bisherige Annahme, dass der Sternenhimmel, abgesehen von den Bewegungen von Sonne, Mond und Planeten, unveränderlich sei. Erst der Schweizer Astronom Fritz Zwicky aber konnte 1938 in den USA erklären, dass solche Supernovae explodierende Sterne sind.

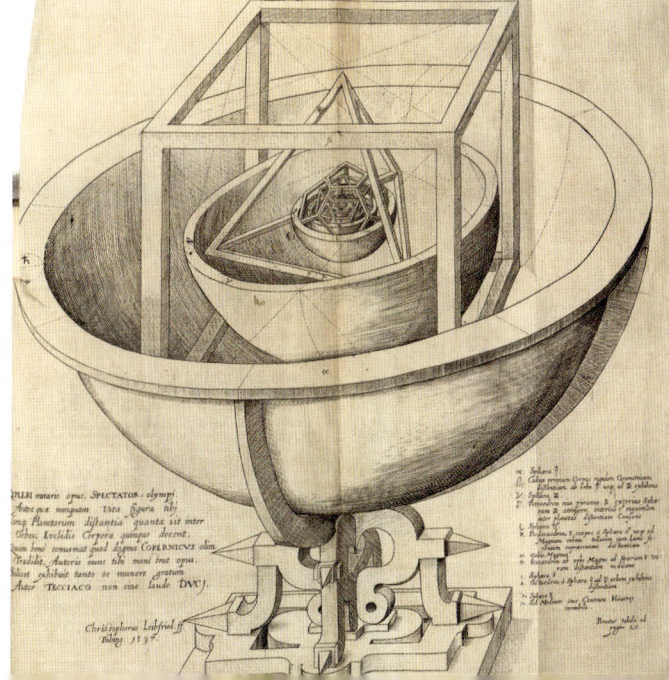

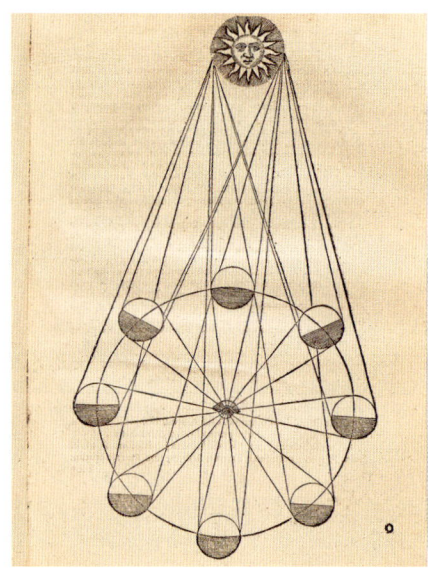

Heliozentrisches Weltbild (3. Jh. v. Chr.) 1509 vermutete Nikolaus Kopernikus in Heilsberg im heutigen Nordostpolen und früherem südlichen Ostpreußen, dass die Planeten um die Sonne kreisen. Angeregt wurde seine Forschung von ähnlichen Überlegungen des Aristarchos von Samos, der bereits im 3. Jahrhundert v. Chr. ein solches heliozentrisches Weltbild postulierte. Nikolaus Kopernikus sammelte viele Indizien für dieses Weltbild, veröffentlichte es aber erst 1543 unmittelbar vor seinem Tod.

Unendliches Weltall (1584) 1584 veröffentlichte der Italiener Giordano Bruno in London ein Werk, in dem er aufbauend auf antike Denker, Johannes Keppler und Nikolaus Kopernikus auf ein unendliches Weltall schloss. Da in einem solchen kein Platz für das Jenseits blieb und weil er obendrein auch leugnete, dass Jesus Gottes Sohn war, wurde er am 17. Februar 1600 in Rom als Ketzer auf dem Scheiterhaufen verbrannt. Giordano Bruno auf dem Katheder, Bronzerelief, 1887)

Milchstraße (1750) 1750 kippte der englische Astronom Thomas Wright das heliozentrische Weltbild. Er rückte die Sonne aus dem Mittelpunkt der Welt und hielt sie für einen von vielen Sternen, aus denen die Milchstraße besteht.

Gravitation (1679)

Im Herbst 1679 soll dem unter einem Baum grübelnden englischen Naturwissenschaftler Isaac Newton ein Apfel auf den Kopf gefallen sein. Die Geschichte mag nur gut erfunden sein, erklärt aber dennoch sehr schön, wie Isaac Newton durch genaue Beobachtung herausfand, dass Massen sich gegenseitig anziehen. Dabei wird der kleine Apfel viel stärker von der großen Erde angezogen als umgekehrt. Deshalb fällt der Apfel zu Boden und nicht die Erde zum Apfel. Mit diesem Gravitationsgesetz lieferte der Forscher 1686 die Erklärung für das heliozentrische Weltbild.

Erdanziehungskraft (Ende 19. Jh.)

Im Pendelsaal des Geodätischen Instituts auf dem Potsdamer Telegrafenberg waren Forscher der Schwerkraft auf der Spur. Mit Hilfe aufwändiger Pendelversuche bestimmten Friedrich Kühnen und Philipp Furtwängler Ende des 19. Jahrhunderts die Stärke der Erdanziehungskraft. Dieser »Potsdamer Schwerewert« war bis 1971 weltweit der Bezugswert für die Schwerkraft.

Spezielle Relativitätstheorie (1905)

Auch wenn sich ein Beobachter auf einen Lichtstrahl zu bewegt, misst er dieselbe Geschwindigkeit des Lichtes wie sein Kollege, der sich nicht bewegt. Diese Theorie veröffentlichte der 26-jährige Albert Einstein am 30. Juni 1905. Aus dieser speziellen Relativitätstheorie folgen Erkenntnisse, die das Weltbild revolutionieren: Die Zeit vergeht für zwei Menschen verschieden schnell, die sich mit hoher Geschwindigkeit zum jeweils anderen bewegen. Und ein Körper besitzt die gleiche Energie wie seine Masse mit dem Quadrat der Lichtgeschwindigkeit multipliziert, $E = m$ mal c^2.

Allgemeine Relativitätstheorie (1915) Energie und Impuls beeinflussen Raum und Zeit so, dass die Raumzeit gekrümmt wird. So lautet die Quintessenz der allgemeinen Relativitätstheorie, die Albert Einstein am 25. November 1915 zum ersten Mal vor der Preußischen Akademie der Wissenschaften vortrug. Aus dieser Theorie folgen etliche Effekte, die bis heute die moderne Astrophysik maßgeblich beeinflussen. (Irene Joliot-Curie mit Albert Einstein in New Jersey, USA, undatierte Aufnahme)

Urknall (1927) Da einige Beobachtungen darauf hindeuteten, dass sich das Weltall immer weiter ausdehnt, entwickelte der belgische Jesuit Georges Lemaître 1927 die Theorie, der Kosmos wäre aus einem Uratom entstanden. Nach einer Explosion breitet sich das Weltall seither unaufhaltsam aus. Im November 1951 akzeptierte auch die Päpstliche Akademie der Wissenschaften diese Urknalltheorie.

Vakuum (1647) Bereits der griechische Philosoph Leukipp vermutete im 5. Jahrhundert v. Chr., dass es einen leeren Raum ohne Luft oder sonstigen Inhalt geben könnte. Erst der italienische Physiker Evangelista Torricelli aber konnte 1647 erstmals ein solches Vakuum mit einer Quecksilbersäule in einem gebogenen Glasrohr herstellen. Populär wurde das Vakuum durch den Magdeburger Bürgermeister Otto von Guericke, der 1654 mit seiner vorher entwickelten Luftpumpe die Luft aus dem Raum zwischen zwei 50 Zentimeter große Halbkugeln abpumpte. Selbst zwei Gespanne mit jeweils 15 Pferden konnten die beiden Kugeln jetzt nicht mehr auseinanderziehen (Abbildung), weil der Luftdruck sie zusammenpresste.

Celsius-Skala (1742) Der schwedische Astronom Anders Celsius (Abbildung) entwickelte 1742 eine neue Mess-Skala für Temperaturen. Dabei legte er den Gefrier- und den Siedepunkt des Wassers bei Normaldruck als Fixpunkte für 0 und 100 Grad fest und teilte den Abstand dazwischen in 100 gleich große Abschnitte. Zu Ehren des Forschers wurde die Einheit dieser Skala 1948 »Grad Celsius« genannt.

Wettervorhersage (1668) Füllt man ein Barometer nicht mit Quecksilber, sondern mit Wasser, kann man den Luftdruck mit einer rund zehn Meter hohen Wassersäule messen. So ein Instrument hatte der Magdeburger Bürgermeister Otto von Guericke über mehrere Stockwerke seines Hauses gebaut (Abbildung). Als 1668 die Wassersäule plötzlich rasch sank, vermutete der Naturforscher ein nahendes Unwetter und behielt recht. Das war die erste Wettervorhersage mit einem exakten naturwissenschaftlichen Instrument.

Beaufort-Skala (1806) Als der Ire Sir Francis Beaufort 1806 das Kommando des Schiffes Woolwich innehatte, entwickelte er eine Skala für die Windstärke. Anhand des Verhaltens seiner Segel stufte er die Luftbewegungen in unterschiedliche Kategorien zwischen sanfter Brise und Orkan ein. Diese Skala mit Windstärken zwischen 0 und 12 Beaufort ist im Prinzip heute noch gültig.

Kelvin-Skala (1848) Eine neue Idee für eine Temperaturskala hatte der Ire Lord Kelvin (Abbildung rechts), der mit bürgerlichem Namen William Thomson hieß, im Jahr 1848. Als Basis seiner Gradeinteilung verwendete er den sogenannten »absoluten Nullpunkt« von rund minus 273 Grad Celsius.

Meter (1889) 1791 beschloss die verfassungsgebende Versammlung in Paris, ein neues Längenmaß einzuführen. Statt der bis dahin üblichen Dimensionen des menschlichen Körpers sollte nun der zehnmillionste Teil der Entfernung zwischen Pol und Äquator als Grundeinheit dienen. Nach mehreren Vermessungsaktionen wurde 1889 von der internationalen General-konferenz für Maß und Gewicht ein entsprechend langer Stab aus einer Platin-Iridium-Legierung als Urmeter festgelegt. 1960 bekam der Meter dann eine neue Definition über die Wellenlänge eines Krypton-Lasers, inzwischen leitet man ihn statt dessen von der Lichtgeschwindigkeit ab.

Kilogramm (1879) Wie schwer ein Kilogramm ist, haben Physiker bisher nur mit einem Vergleichsgegenstand festgelegt. 1879 goss der Londoner Goldschmied Johnson Matthey einen Zylinder von 39 Millimetern Höhe und 39 Millimetern Durchmesser, der zu 90 Prozent aus Platin und zu 10 Prozent aus Iridium bestand. Dieses Urkilogramm, das in einem Tresor in der Nähe von Paris aufbewahrt wird, gilt bis heute beim Wiegen als das Maß aller Dinge. Allerdings suchen Physiker inzwischen nach einer anderen Definition. Denn es hat sich herausgestellt, dass das Urkilogramm im Laufe der Jahre auf geheimnisvolle Weise an Gewicht verloren hat.

Lichtgeschwindigkeit (17. Jh.) Bereits der griechische Philosoph Empedokles vermutete 450 v. Chr., dass sich Licht mit einer endlichen Geschwindigkeit ausbreitet. Um 1620 deckte Galileo Galilei Laternen mit der Hand ab und ermittelte daraus die Untergrenze der Lichtgeschwindigkeit bei mehreren Kilometern in der Sekunde. Der Däne Ole Rømer schloss 1676 aus Beobachtungen der Jupitermonde auf wenigstens 12 000 Kilometer in der Sekunde. 1678 war Christian Huygens mit der gleichen Methode bei 212 000 Kilometer in der Sekunde angelangt. Der Engländer James Bradley kam mit anderen astronomischen Beobachtungen auf 301 000 Kilometer in der Sekunde und lag damit nur ein Prozent vom heutigen Wert der Lichtgeschwindigkeit entfernt. Wie das Raumschiff Enterprise mit Lichtgeschwindigkeit zu reisen, bleibt zunächst aber noch Zukunftsmusik.

Elektrizität (1601) Der Grieche Thales von Milet (Abbildung) kannte bereits im 6. Jahrhundert v. Chr. Elektrizität, die beim Reiben an Bernstein entsteht. Vom griechischen Wort »Elektron« für Bernstein bekamen dann auch die Elektronen ihren Namen, die Elektrizität transportieren. 1601 untersuchte der Engländer Walter Gilbert die elektrische Aufladung genauer und prägte auch den Begriff Elektrizität.

Photoelektrischer Effekt (1839) 1839 beobachtete Alexandre Edmond Becquerel (Abbildung) in Paris ein seltsames Phänomen: Er hatte zwei Platinplättchen mit einem Draht verbunden und beide Edelmetalle in eine chemische Lösung getaucht. Schien die Sonne darauf, floss im Draht ein elektrischer Strom. Die Deutschen Heinrich Hertz und Wilhelm Hallwachs untersuchten 1886 diesen photoelektrischen Effekt weiter. 1907 erklärte ihn Albert Einstein damit, dass Licht Elektronen aus dem Platin »heraus schlägt«, die dann durch den Draht wandern. Heute nutzen Solarzellen diesen Effekt für das Erzeugen elektrischer Energie.

Elektromagnetismus (1820) Der dänische Physiker Hans Christian Ørsted entdeckte 1820, dass elektrischer Strom eine Kompassnadel (Abbildung) beeinflusst. Aus diesem Elektromagnetismus wurden später Generatoren, Elektromotoren und Transformatoren entwickelt.

Elektromagnetische Induktion (1831) Der englische Physiker Michael Faraday baute am 29. August 1831 eine Vorrichtung, in der ein Magnet um einen Metalldraht kreist. Im Draht begann ein Strom zu fließen, der Forscher hatte die elektromagnetische Induktion entdeckt, mit deren Hilfe noch heute Elektrizität aus Bewegungsenergie gewonnen wird.

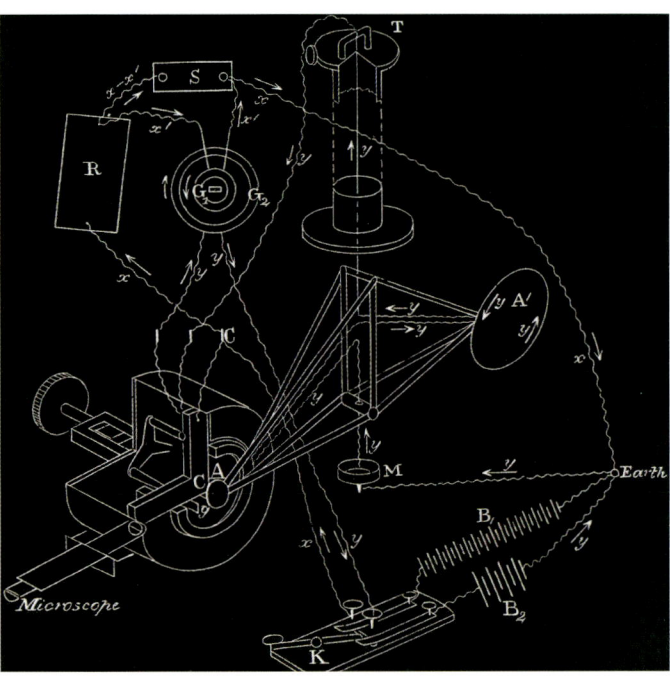

Maxwell-Gleichungen (1864) 1864 veröffentlichte der schottische Physiker James Clerk Maxwell in London einen Satz von Gleichungen, die bis heute das Verhalten von elektrischen und magnetischen Feldern in Formeln fassen. Damit legte der Forscher die Grundlagen für Funk und Fernsehen.

Elektromagnetische Wellen (1888) Elektromagnetische Wellen sollten sich auch durch den leeren Raum bewegen, vermutete James Clerk Maxwell. Mit einfachen Experimenten ermittelte der Schotte die Geschwindigkeit dieser Wellen. Sie sei so nahe an der Lichtgeschwindigkeit, dass wohl auch Licht eine elektromagnetische Welle sei, schrieb er bereits 1865. Den Beweis dafür lieferte 1888 Heinrich Hertz.

Röntgenstrahlen (1869) Der Physiker Johann Wilhelm Hittorf beobachtete 1869 an der Universität Münster zwischen zwei Metallplättchen in einer Glasröhre einen kerzengeraden, schwachen Strahl, sobald er eine hohe elektrische Spannung von einigen Tausend bis Hunderttausend Volt anlegte und die Luft aus dem Gerät pumpte. Kathodenstrahlen nannte er die Erscheinungen, die später als Röntgenstrahlen bekannt wurden. (Röntgenzimmer, um 1920)

ELEMENTS

⊙	Hydrogen	1	⊕ Strontian	46
⊖	Azote	5	✳ Barytes	68
●	Carbon	54	Ⓘ Iron	50
○	Oxygen	7	Ⓩ Zinc	56
◔	Phosphorus	9	© Copper	56
⊕	Sulphur	13	Ⓛ Lead	90
⦶	Magnesia	20	Ⓢ Silver	190
⊖	Lime	24	⊛ Gold	190
⦷	Soda	28	℗ Platina	190
⦶	Potash	42	✳ Mercury	167

Atom (1803) Um 400 v. Chr. hatte der Grieche Demokrit wohl zum ersten Mal die Idee geäußert, die Welt könne aus winzigen Teilchen bestehen, die nicht weiter teilbar sind und die er nach dem griechischen Wort für »unteilbar« als »a-tomos« bezeichnete. 1803 nahm der Engländer John Dalton diese Idee wieder auf. Er hatte beobachtet, dass bei chemischen Reaktionen immer die gleichen Mengen verschiedener Substanzen miteinander reagieren. Vermutlich bestehen diese Substanzen aus Atomen, meinte der Forscher, von denen jeweils eine bestimmte Zahl miteinander reagiert. (Daltons Elemente-Tafel, 1808)

Radioaktivität (1896) Der Franzose Antoine Henri Becquerel entdeckt 1896, dass Uran ähnliche Strahlen wie die unmittelbar davor entdeckten Röntgenstrahlen aussendet. Durch diese Radioaktivität können sich Elemente in andere Elemente umwandeln, zeigte das französisch-polnische Ehepaar Pierre und Marie Curie 1898 (Abbildung).

Elektron (1897) Es gibt aber durchaus kleinere Teilchen als diese Atome, entdeckte der Brite Joseph John Thompson (Abbildung) 1897 bei Experimenten mit den kurz vorher entdeckten Röntgenstrahlen. Diese Strahlung besteht aus den negativ geladenen Elektronen, die viel kleiner als ein Atom sind. Ein Wasserstoff-Atom enthält genau ein Elektron, fand der Forscher 1906 heraus.

Isotop (1913) Kanalstrahlen bestehen aus Neonatomen mit unterschiedlichen Massen, entdeckte der Brite Joseph John Thompson 1913. Das hatte auch der englische Chemiker Frederick Soddy (Abbildung) erkannt, der für solche unterschiedlich schweren Atome des gleichen Elements den Begriff »Isotop« prägte.

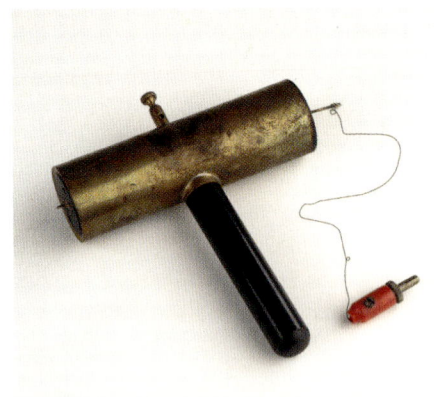

Atomkern (1909) 1909 ließen der Deutsche Hans Geiger, der Engländer Ernest Masdon und der Neuseeländer Ernest Rutherford in London radioaktive Alphastrahlen auf eine dünne Goldfolie prasseln. Die meisten Teilchen schossen einfach durch die Folie, ungefähr eines von 8000 Alphateilchen aber wurde stark abgelenkt oder flog sogar zurück. Ernest Rutherford konnte diese Beobachtung nur damit erklären, dass Goldatome aus einer Hülle und einem 3000 mal kleineren Kern bestehen. (Früher Geigerzähler, um 1932)

Quantenphysik (um 1900) Die klassische Physik reichte dem Deutschen Max Planck (Abbildung) im Jahr 1900 nicht, um das später nach ihm benannte Strahlungsgesetz für elektromagnetische Strahlen wie Licht oder Röntgenstrahlung herzuleiten. Nur wenn die Strahlung nicht kontinuierlich ist, sondern aus kleinsten Energiepaketen besteht, stimmt die Rechnung. »Quanten« wurden die zunächst nur theoretisch geforderten und später tatsächlich entdeckten Energiepakete genannt. Max Planck hatte fast nebenbei die Quantenphysik begründet.

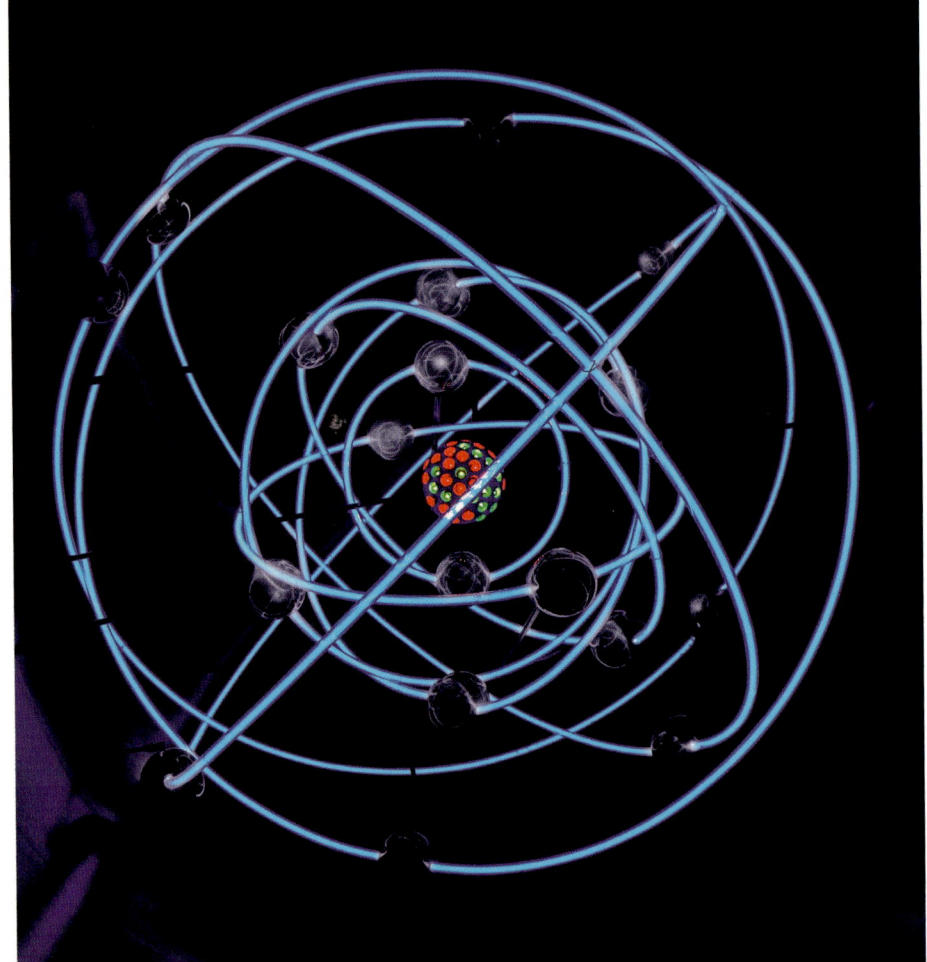

Schalenmodell (1913) Aus dem Atommodell von Ernest Rutherford und der Quantenphysik von Max Planck entwickelte der Däne Niels Bohr 1913 das sogenannte »Schalenmodell«: Negativ geladene Elektronen bewegen sich wie Planeten um die Sonne in mathematisch festgelegten Schalen um den weit entfernten, positiv geladenen Atomkern.

Schrödinger-Gleichung (1926) Der Wiener Physiker Erwin Schrödinger (Abbildung) berechnete 1926 in Zürich die von Max Planck gefundenen Energiepakete oder Quanten für das Elektron eines Wasserstoff-Atoms. Dazu hatte er die nach ihm benannte Schrödinger-Gleichung entwickelt, die noch heute eine zentrale Grundlage der Quantenmechanik ist.

Heisenbergsche Unschärferelation (1927) Gleichzeitig kann man Position und Impuls eines der von Max Planck geforderten Quanten nicht messen, fand der Deutsche Werner Heisenberg (Abbildung) 1927 in Kopenhagen heraus. Damit schuf der Physiker eine weitere Grundlage der Quantenmechanik.

Orbitalmodell (1927) Das von Niels Bohr entwickelte klassische Modell eines Atoms mit einem Kern und ihn umhüllenden Elektronenschalen war spätestens mit der Heisenbergschen Unschärferelation nicht mehr haltbar. 1927 setzten Physiker wie der Österreicher Wolfgang Pauli daher das Orbitalmodell an seine Stelle. Orbitale sind um den Atomkern herum angeordnete Kugeln, Hanteln und andere Räume, in denen sich ein Elektron wahrscheinlich bewegt.

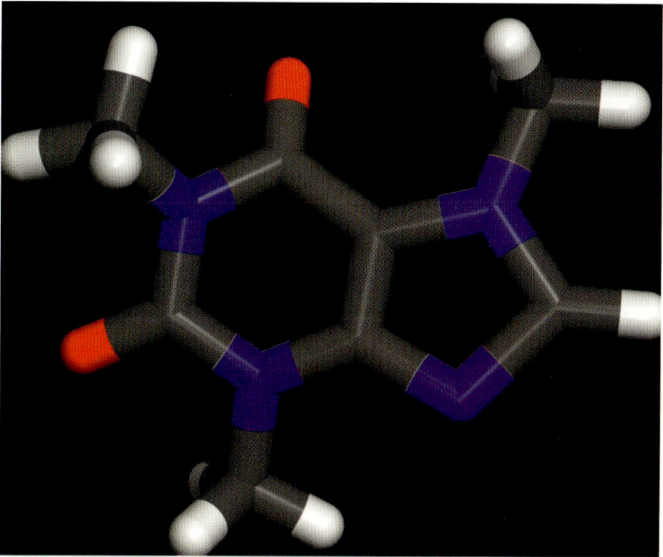

Quantenchemie (1927) Ebenfalls 1927 erklärten die deutschen Physiker Walter Heitler und Fritz London zum ersten Mal die chemische Bindung zwischen zwei Atomen mit der Quantenmechanik: Von jedem beteiligten Atom bildet jeweils ein Elektron mit dem Partnerelektron des anderen Atoms ein Paar. Dieses Paar hält die beiden Atome zusammen. Das war die Geburtsstunde der Quantenchemie.

Molekülorbitale (1927) Der deutsche Physiker Friedrich Hund in Rostock und sein US-amerikanischer Kollege Robert Mulliken in New York verbesserten die Theorie der chemischen Bindung über Elektronenpaare 1927 enorm, indem sie die Atom-Orbitale der beteiligten Elektronen miteinander verschmolzen. Dabei entstehen zwei neue Molekülorbitale mit unterschiedlicher Energie, beide Elektronen bewegen sich im Orbital mit der niedrigeren Energie. Deshalb wird Energie frei, wenn sich ein solches Elektronenpaar findet und wird Energie verbraucht, wenn diese Bindung wieder gelöst wird.

Antimaterie (1932) 1928 hatte der britische Physiker Paul Dirac eine Gleichung für das Verhalten von Elektronen entwickelt, aus der er unter anderem ableitete, dass es ein exakt gleichartiges Teilchen geben müsste, das statt einer negativen eine positive Ladung tragen sollte. Positron heißt dieses Anti-Elektron. Es war auch die erste Antimaterie, die 1932 vom US-Amerikaner Carl Anderson in kosmischer Strahlung nachgewiesen wurde.

Paarbildung (1933) 1933 beobachte das französische Paar Irene und Frederic Joliot-Curie wie aus einem Lichtstrahl plötzlich ein Elektron und ein Positron entstand. Paarbildung heißt dieses Ereignis, bei dem sich Energie in Materie verwandelt.

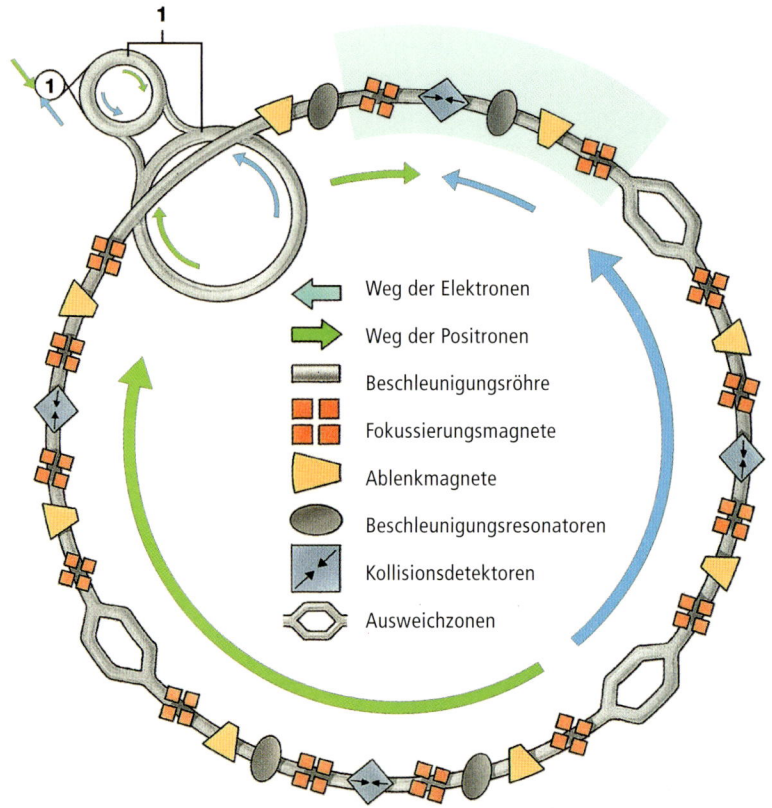

- ← Weg der Elektronen
- → Weg der Positronen
- ▭ Beschleunigungsröhre
- ▦ Fokussierungsmagnete
- ◢ Ablenkmagnete
- ⬮ Beschleunigungsresonatoren
- ◆ Kollisionsdetektoren
- ⬡ Ausweichzonen

Proton (1919) 1919 entdeckte der Neuseeländer Ernest Rutherford, dass der Kern von Stickstoff-Atomen unter anderem aus relativ schweren Teilchen besteht, die eine positive Ladung tragen. Dieses Teilchen ist der einzige Baustein eines Wasserstoff-Atomkerns und wird Proton genannt.

Kernspaltung (1938/39) Otto Hahn und Fritz Strassmann wiesen im Dezember 1938 in Berlin nach, dass Neutronen den Kern von Uran-Atomen spalten können. Dabei entstehen zwei neue Atome mit jeweils erheblich geringerer Masse. Lise Meitner (Abbildung) steuerte im Januar 1939 in Schweden die Theorie zu dieser Beobachtung bei, die später zur Atombombe und zu Kernkraftwerken führen sollte.

Neutron (1932) Als der deutsche Physiker Walther Bothe 1930 Beryllium mit Alphastrahlen beschoss, entstand eine sehr durchdringende Strahlung, die nie zuvor beobachtet worden war. Der Engländer James Chadwick (Abbildung) entlarvte diese Strahlung 1932 als Strom aus Teilchen, die ähnlich groß wie ein Proton sind, aber keine elektrische Ladung tragen. Damit hatte er das Neutron entdeckt.

Kernfusion (1938/39) Der deutschamerikanische Physiker Hans Bethe (Abbildung) klärte 1938 und 1939 den Prozess auf, mit dem Sterne wie die Sonne unvorstellbare Energiemengen gewinnen. In einer Kettenreaktion verschmelzen bei extrem hoher Temperatur und extremem Druck vier Protonen zu einem Kern des Helium-Atoms. Der Helium-Kern ist ein wenig leichter als vier Protonen, die fehlende Masse verschwindet aber nicht, sondern wird als Energie frei.

Organische Chemie (1828) Gerade 27 Jahre war Friedrich Wöhler (Abbildung) alt, als er Anfang 1828 eher zufällig aus Ammoniumcyanat Harnstoff herstellte. Mit dieser einfachen Reaktion stieß er ein Dogma um, nach dem die in lebenden Organismen vorkommenden Verbindungen wie Harnstoff nur von Lebewesen erzeugt werden können. Ammoniumcyanat ist aber eine anorganische Verbindung. Mit dieser Synthese wurde Friedrich Wöhler zum Vater der Organischen Chemie.

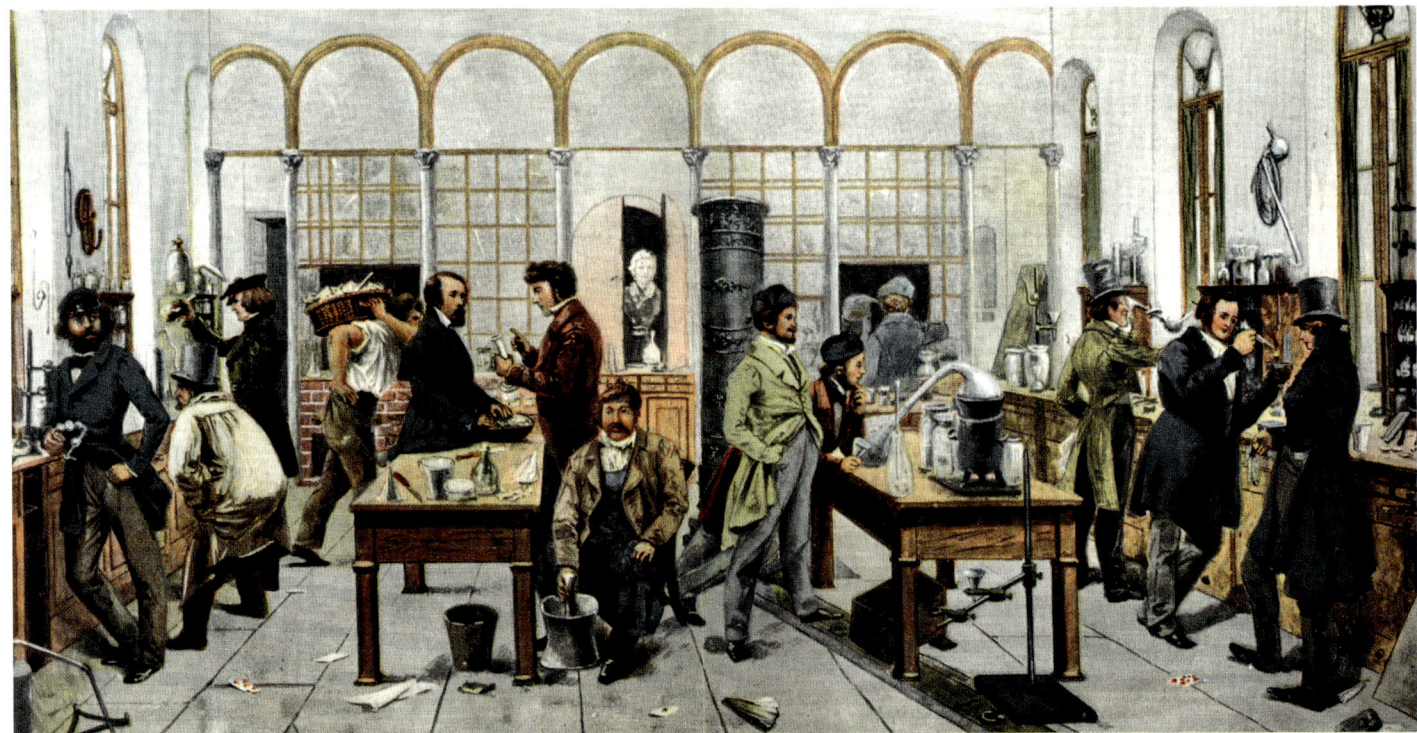

Kunstdünger (um 1860) 1840 veröffentlichte der Deutsche Justus von Liebig ein Buch, nach dem Ackerpflanzen mit künstlichen Nährstoffen wie Kohlensäure, Ammoniak, Wasser, Phosphorsäure, Schwefelsäure, Kieselsäure, Kali, Bittererde und Eisen versorgt werden können. Als der Chemiker seinen Kunstdünger aber in der Praxis erprobte, versagte er auf ganzer Linie, weil die Pflanzen die Nährstoffe nicht aufnehmen konnten. Erst 20 Jahre später kam er auf die Idee, wasserlöslichen Kunstdünger herzustellen, der seither die Landwirtschaft revolutioniert hat. (Laboratorium Justus von Liebigs auf dem Seltersberg in Gießen, um 1840)

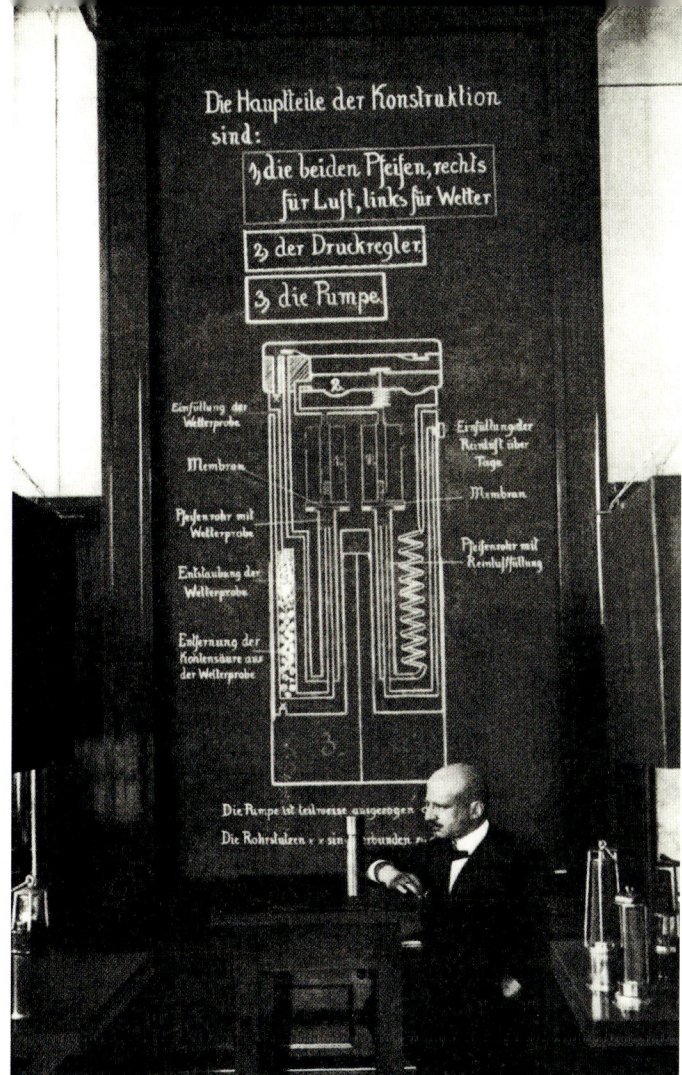

Kunststoff (1872) Den ersten echten Kunststoff stellte der deutsche Chemiker Adolf von Baeyer 1872 in Straßburg her, als er Benzol und Formaldehyd kondensierte. Erst 45 Jahre später aber erkannte sein Landsmann Herrmann Staudinger (Abbildung) in Zürich, dass dabei aus kürzeren Bestandteilen lange, kettenförmige Verbindungen entstehen, die Polymere genannt werden.

Ammoniaksynthese (1910) Im Jahr 1910 bekamen die deutschen Chemiker Fritz Haber (Abbildung) und Carl Bosch das Patent für ein Verfahren, mit dem man Ammoniak synthetisch aus Stickstoff und Wasserstoff herstellen kann. Da Ammoniak wichtig für die Herstellung von Düngemitteln und Sprengstoff war, erlangte dieses »Haber-Bosch-Verfahren« große wirtschaftliche Bedeutung.

Bakelit (1907) Der belgische Chemiker Leo Hendrik Baekeland verarbeitete Phenolharz nach dem von Adolf von Baeyer beschriebenen Verfahren zum ersten industriell hergestellten Kunststoff. Für Griffe an Töpfen und Pfannen oder für Lichtschalter und Telefon-Apparate wurde diese Substanz verwendet, die nach dem Erfinder noch heute Bakelit heißt.

Regenmantel (1823) Wer in regnerischen Landstrichen lebt, ist für wasserdichte Kleidungsstücke dankbar. 1823 ließ sich der Schotte Charles Macintosh daher einen gummierten Baumwollstoff patentieren, aus dem er Regenmäntel herstellen ließ. Um 1950 wurden dann die ersten Plastikregenmäntel hergestellt, die komplett aus PVC bestanden.

PVC (Anfang 20. Jh.) Am Anfang des 20. Jahrhunderts benötigte die chemische Industrie jede Menge Natronlauge, bei dessen Herstellung viel Chlor anfiel. Fritz Klatte sollte in Griesheim bei Frankfurt am Main daher ein Verfahren finden, dieses Chlor irgendwie sinnvoll einzusetzen. Unter anderem stellte er aus Acetylen und Chlorwasserstoff Vinylchlorid her, das leicht zu einem Kunststoff weiterreagiert, der Polyvinylchlorid oder kurz PVC genannt wird.

Gore-Tex (1976) Als das bereits 1938 entdeckte Polytetrafluorethylen längst als Antihaftbeschichtung Teflon für Pfannen verwendet wurde, fand 1969 der US-Chemiker Robert Gore eine neue Verarbeitungsform dieser Substanz. Dabei entsteht eine hauchdünne Membran, die zwar Wasserdampf passieren lässt, Wasser aber nicht. 1976 brachte er die ersten wasserdichten aber atmungsaktiven Textilien unter dem Markennamen Gore-Tex auf den Markt.

Pestizid (um 2500 v. Chr.) Schon lange vor Christi Geburt haben Bauern Schädlingsbekämpfungsmittel eingesetzt, um ihre Ernten zu schützen. Einer der ältesten bekannten Pestizide ist Schwefel, den die Sumerer schon um 2500 vor Christus auf ihre Felder streuten.

Persisches Insektenpulver Schon die alten Römer wussten, dass sich manche Chrysanthemenarten aus der Gattung *Tanacetum* mit Gift gegen Insekten verteidigen. Sie verwendeten die getrockneten Blüten dieser Pflanzen als »persisches Insektenpulver«, um sich von Läusen, Flöhen und anderem Ungeziefer zu befreien. Heute ist dieses natürliche Insektizid unter dem Namen Pyrethrum bekannt.

DDT (1874) Der österreichische Chemiker Othmar Zeidler stellte 1874 eine Verbindung namens Dichlordiphenyltrichlorethan her. Sein Schweizer Kollege Paul Hermann Müller (Abbildung) fand 1939 heraus, dass dieses »DDT« sehr wirksam Insekten tötete und bekam für diese Erkenntnis 1948 den Nobelpreis für Medizin. Die Substanz avancierte zum am häufigsten eingesetzten Insektenbekämpfungsmittel der Welt. Dann aber zeigte sich, dass sich die Verbindung in der Nahrungskette anreichert und hormonähnliche Wirkungen entfaltet. Damit belastete Greifvögel legten Eier mit zu dünnen Schalen, ihre Bestände brachen zusammen. In Deutschland ist DDT daher schon seit den 1970er Jahren verboten. Weltweit darf es nur noch gegen Malaria übertragende Mücken und andere gesundheitsschädliche Insekten eingesetzt werden.

Phosphor (1669) Hennig Brand erhitzte 1669 in Hamburg Urin unter Luftabschluss und erhielt eine weiße Substanz, die er Phosphor nannte. Damit hatte er das erste Element in der Neu- zeit gefunden. (Der Alchimist, auf der Suche nach dem Stein der Weisen, entdeckt Phosphor, 1771/1795)

Aluminium (1827) Aus so verschiede- nen Substanzen wie Korund und Saphi- ren, Feldspat, Kaolin, Ton und Glimmer isolierte Friedrich Wöhler 1827 in Berlin ein vorher in reiner Form unbekanntes Leichtmetall, das heute die Technik prägt: Aluminium.

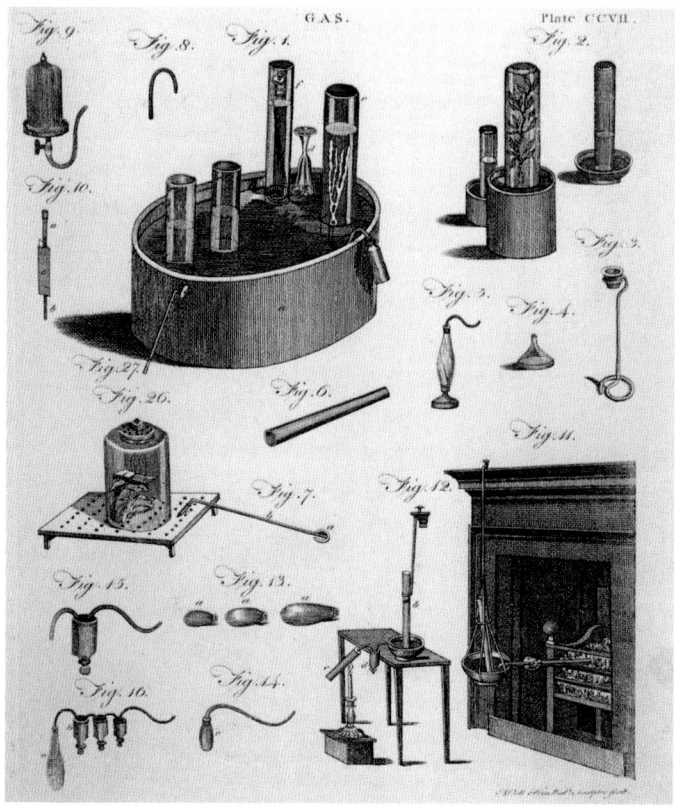

Sauerstoff (1771/74) Gleich zwei Wissenschaftler haben im 18. Jahrhundert unabhängig voneinander den Sauerstoff entdeckt. 1771 stieß der deutsch-schwedische Chemiker Carl Wilhelm Scheele bei seinen Untersuchungen von Verbrennungsvorgängen auf das Element, der in England geborene Theologe und Naturwissenschaftler Joseph Priestley folgte drei Jahre später. (Priestleys Apparaturen zur Gasgewinnung, aus: Encyclopedia Britannica, 1797)

Kohlendioxid (um 1750) Als der flämische Universalgelehrte Johan Baptista van Helmont (Abbildung) im 17. Jahrhundert Holzkohle in einem geschlossenen Gefäß verbrannte, wunderte er sich, denn die entstehende Asche brachte viel weniger Gewicht auf die Waage als zuvor die Kohle. Er schloss daraus, dass sich ein Teil der Kohle in ein unsichtbares Gas verwandelt hatte. Mehr über die Eigenschaften dieses Gases, das heute als Kohlendioxid bekannt ist, fand der Schotte Joseph Black in den 1750er Jahren heraus.

Treibhauseffekt (1958) Wenn die Atmosphäre keine Treibhausgase wie Wasserdampf und Kohlendioxid enthielte, würden auf der Erde eisige Durchschnitttemperaturen von minus 18 Grad herrschen. Wolken und Treibhausgase aber halten Wärmestrahlung wie eine Käseglocke in der Nähe der Erdoberfläche fest und sorgen so für angenehmere Temperaturen von durchschnittlich plus 15 Grad. Diesen Effekt, der den Vorgängen in einem Gewächshaus ähnelt, entdeckte der französische Physiker Joseph Fourier schon 1824. Erst der US-amerikanische Klimaforscher Charles David Keeling aber begann 1958 mit der systematischen Erforschung des Treibhauseffektes. Auf dem Mauna Loa auf Hawaii startete er die ersten langfristigen Kohlendioxidmessungen. Aus deren Daten schloss er, dass der Mensch den natürlichen Treibhauseffekt verstärkt, indem er Öl, Kohle und andere fossile Brennstoffe verfeuert und damit den Kohlendioxidgehalt der Atmosphäre steigert. (Gletscherschmelze in Grönland)

Photosynthese (1779) Der holländische Arzt und Botaniker Jan Ingenhousz (Abbildung) entdeckte 1779, dass Pflanzen bei Dunkelheit Kohlendioxid abgeben, bei Licht dagegen Kohlendioxid aufnehmen und Sauerstoff abgeben. Außerdem fand er heraus, dass Pflanzen zum Wachsen nötigen Kohlenstoff nicht aus dem Boden nehmen, sondern aus der Luft. Damit hatte der Forscher schon die Grundzüge des »Photosynthese« genannten Prozesses erkannt, mit dem Pflanzen Sonnenlicht und Kohlendioxid in energiereichen Zucker und Sauerstoff verwandeln.

Ozonloch (1974) Die Ozonschicht schützt die Erde und ihre Bewohner vor gefährlicher UV-Strahlung. 1974 aber erkannten der mexikanische Chemiker Mario José Molina und sein US-Kollege Frank Sherwood Rowland, dass Fluorchlorkohlenwasserstoffe, wie sie etwa in Spraydosen oder Kühlschränken verwendet wurden, die Schutzschicht zerstören. Für die Aufklärung der chemischen Prozesse bei der Bildung dieses sogenannten Ozonlochs bekamen die Forscher gemeinsam mit dem Niederländer Paul Crutzen 1995 den Nobelpreis für Chemie.

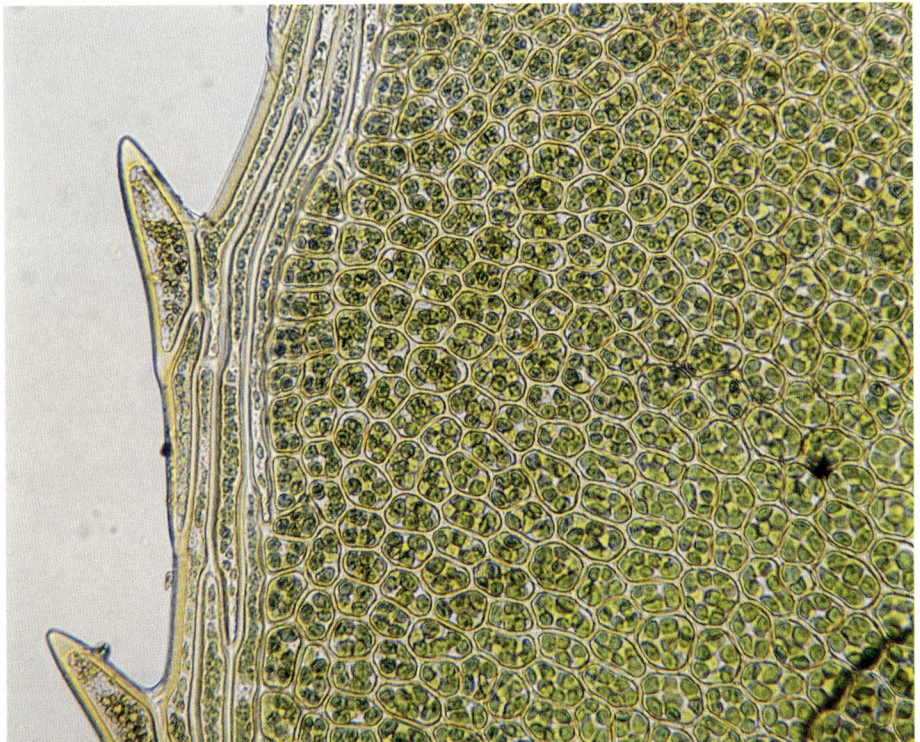

Chlorophyll (1940) Ein Molekül namens Chlorophyll verleiht Pflanzen nicht nur ihre grüne Farbe, sondern ermöglicht ihnen auch die Photosynthese. Der deutsche Chemiker Richard Willstätter hat diesen wichtigen Farbstoff zum ersten Mal genau untersucht und bekam dafür 1915 den Nobelpreis für Chemie. Die Struktur des Moleküls klärte 1940 sein ebenfalls mit Nobelpreis-Ehren dekorierter Landsmann Hans Fischer auf.

Hefen (um 1860) Hefe wird traditionell sowohl beim Bierbrauen als auch bei der Herstellung von Backwaren verwendet. Lange war aber niemandem bewusst, dass es sich dabei um Lebewesen handelt. Erst im 19. Jahrhundert erkannte der französische Mikrobiologe Louis Pasteur (Abbildung), dass Hefen einzellige Mikroorganismen sind, die eine entscheidende Rolle bei Gärprozessen spielen.

Alkoholische Gärung Wie man Bier, Wein und andere berauschende Getränke herstellt, wissen die Menschen schon seit Jahrtausenden. Wie aber bei den entsprechenden Gärungsprozessen tatsächlich Alkohol entsteht, blieb lange ein Geheimnis. Erst der französische Chemiker Joseph Louis Gay-Lussac erkannte, dass bei Sauerstoffmangel Traubenzucker und andere Kohlenhydrate zu Alkohol und Kohlendioxid abgebaut werden. Für die Erforschung weiterer Details dieses Prozesses wurden 1907 und 1929 gleich zwei Nobelpreise für Chemie vergeben. (Terracotta-Figur eines Bierbrauers, Ägypten, um 2500 v. Chr.)

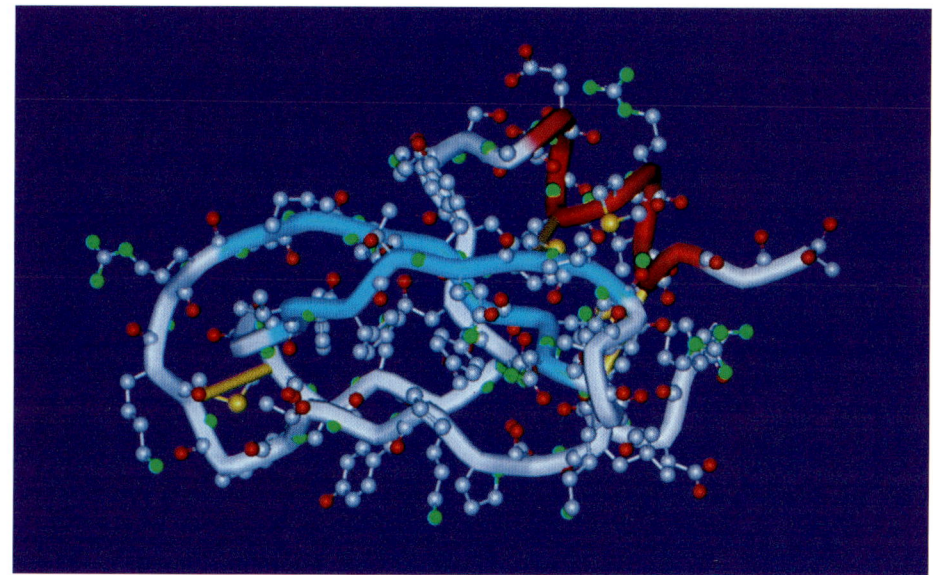

Enzym (1833) Enzyme sind wichtige Eiweißwerkzeuge, die im Stoffwechsel von Lebewesen die chemischen Reaktionen beschleunigen und steuern. Ohne diese Proteine würden von der Verdauung bis zur Vererbung die meisten Prozesse im Körper nicht funktionieren. Das erste Enzym entdeckte der französische Chemiker Anselme Payen 1833 in einer Malzlösung. Diese damals »Diastase« und heute »Amylase« genannte Verbindung spaltet Stärke und andere Kohlenhydrate.

Zelltheorie (1838) Eine der wichtigsten Theorien der Biologie entwickelten der deutsche Botaniker Matthias Jacob Schleiden und der Physiologe Theodor Schwann im Jahr 1838. Demnach bestehen alle Tiere und Pflanzen und ihre sämtlichen Organe aus Zellen und können auch nur aus Zellen neu entstehen.

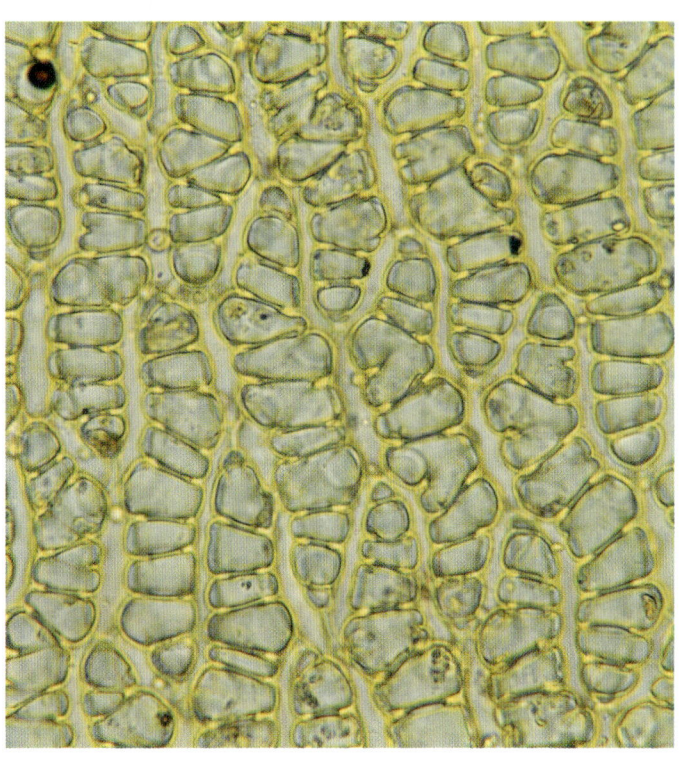

Zelle (1665) Nach der Erfindung der ersten Mikroskope konnten Wissenschaftler den Feinbau von Pflanzen genauer unter die Lupe nehmen. So untersuchte der englische Physiker Robert Hooke den Aufbau von Kork und erkannte, dass dieser sich aus einzelnen kleinen Kämmerchen zusammensetzt. Für diese Strukturen führte der Forscher 1665 den Begriff »Zelle« ein.

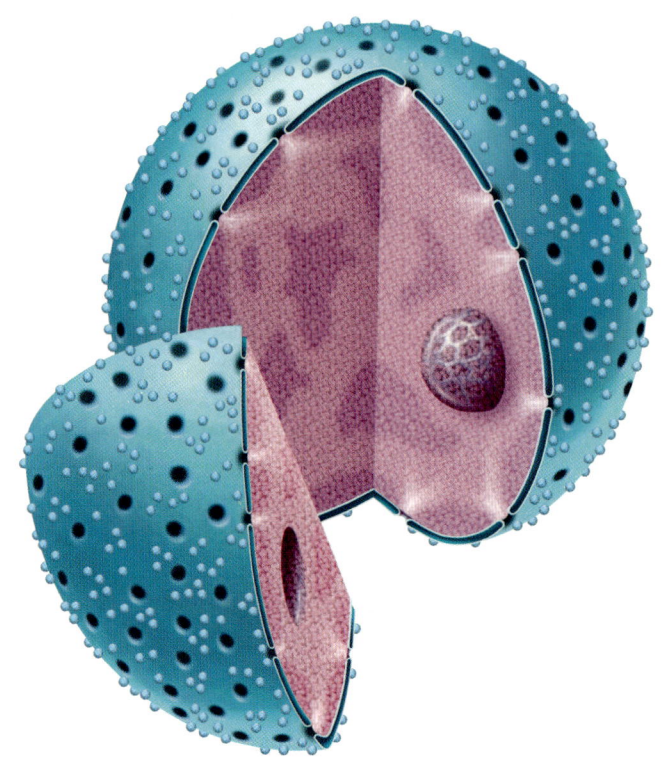

Zellkern (1831) 1831 beschrieb der schottische Botaniker Robert Brown zum ersten Mal die Tatsache, dass Pflanzenzellen einen Zellkern besitzen. Über dessen Funktion gab es dann allerdings viel Rätselraten, bis sich in den 1870er Jahren allmählich die Erkenntnis durchsetzte, dass der Kern eine wichtige Rolle bei der Vererbung spielt.

P		
BBaa	x	AAbb

F₁		
AaBb	x	AaBb

F₂	AB	Ab	aB	ab
AB	AABB	AABb	AaBB	AaBb
Ab	AABb	AAbb	AaBb	Aabb
aB	AaBB	AaBb	aaBB	aaBb
ab	AaBb	Aabb	aaBb	aabb

Genetik (1854–1863) Nur wenige Wissenschaftler können für sich in Anspruch nehmen, allein eine ganze Forschungsrichtung begründet zu haben. Gregor Johann Mendel ist eine Ausnahme. Bei seinen Kreuzungsexperimenten mit Erbsen entdeckte der Mönch zwischen 1854 und 1863 im Garten des Klosters Brünn die grundlegenden Prinzipien der Vererbung. Demnach werden die Merkmale jedes Individuums von Genen bestimmt, die unverändert von den Eltern auf die Nachkommen weitergegeben werden. Von jedem Gen bekommt der Nachwuchs jeweils eine Version vom Vater und eine von der Mutter. Deren Kombination entscheidet dann über die Eigenschaften der nächsten Generation. (Neukombination der Gene, dargestellt anhand der Kreuzung zweier Rinderrassen, 3. Mendel'sches Gesetz)

Chromosom (1888) In den Zellkernen kann man unter dem Mikroskop feine Strukturen erkennen, die das Erbmaterial des jeweiligen Lebewesens enthalten. Diese Gebilde taufte der deutsche Anatom Heinrich Wilhelm Waldeyer 1888 auf den Namen »Chromosomen«.

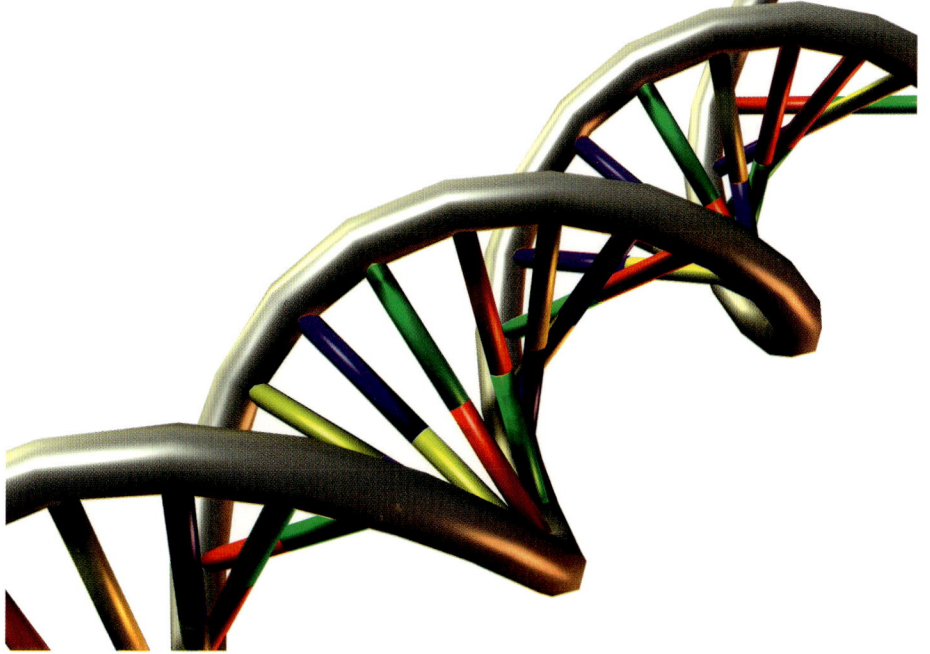

DNA (1943) Der kanadische Mediziner Oswald Avery entdeckte 1943 bei einem Experiment mit »Pneumokokken« genannten Bakterien, dass es sich bei der Erbsubstanz um eine schon bekannte Verbindung namens »Desoxyribonucleinsäure« oder kurz DNA handelt. Die chemische Struktur dieses Moleküls beschrieben der US-Amerikaner James Watson und der Brite Francis Crick im Jahr 1953. Dafür bekamen sie 1962 gemeinsam mit Maurice Wilkins den Nobelpreis für Medizin.

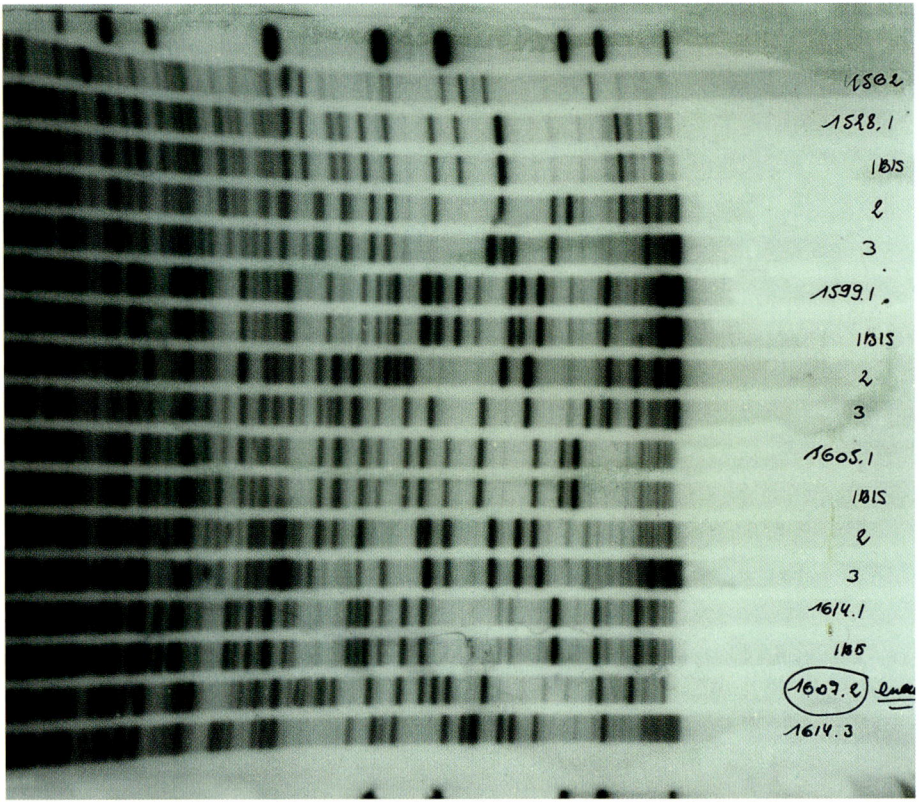

RNA (1956) Wie Organismen ihre Nukleinsäuren in Proteine umsetzen, haben der aus Spanien stammende Amerikaner Severo Ochoa und der US-amerikanische Biochemiker Arthur Kornberg herausgefunden. Sie bekamen dafür 1959 den Nobelpreis für Medizin. Severo Ochoa erkannte, dass dabei nach der Vorlage der DNA eine Kopie aus einer anderen Nukleinsäure namens RNA angefertigt wird. Die wiederum liefert dann die Bauanleitung für die Proteine.

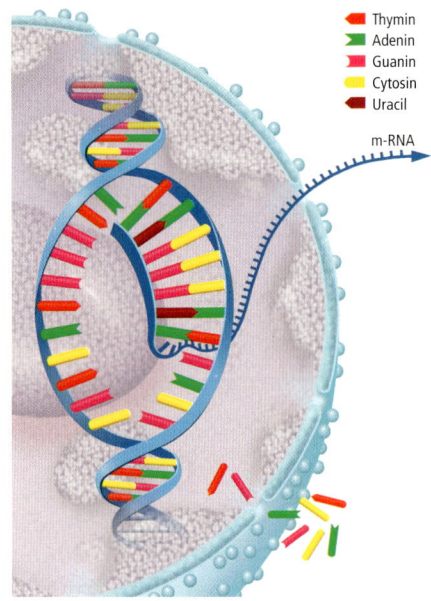

Genetischer Code (1961) Die Sequenz der verschiedenen Bausteine im Erbmaterial DNA wird in den Zellen in Aminosäuren übersetzt, die wiederum die Proteine aufbauen. Jeweils drei dieser DNA-Bausteine stehen dabei für eine bestimmte Aminosäure. Diese wichtige Erkenntnis geht auf ein Experiment des deutschen Biochemikers Heinrich Matthaei und seines amerikanischen Kollegen Marshall Warren Nirenberg zurück, die damit 1961 den ersten Schritt zur Entschlüsselung des genetischen Codes machten.

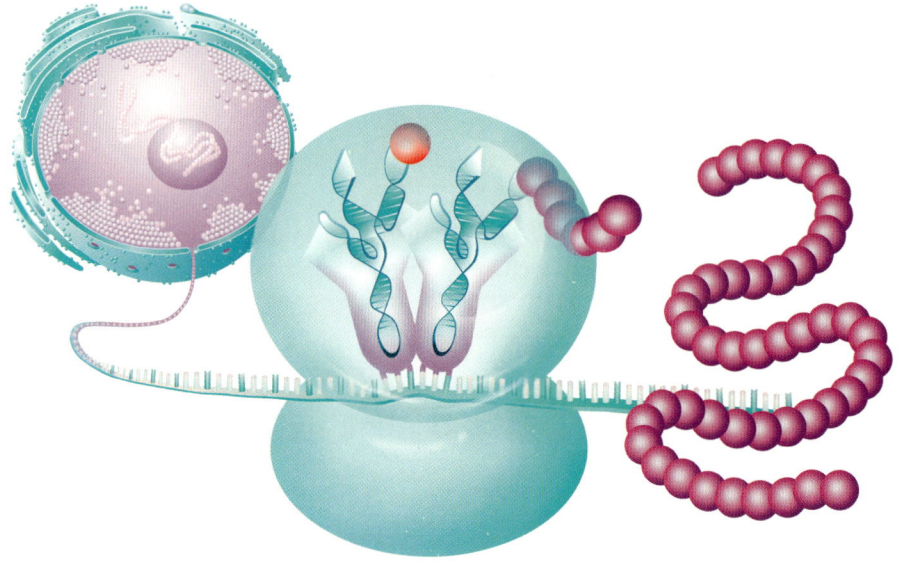

Ribosom (1953) Ribosomen sind die Eiweißfabriken der Zellen, in denen Erbinformationen in Proteine umgesetzt werden. Die erste Beschreibung dieser Strukturen lieferte der aus Rumänien stammende US-Amerikaner George Emil Palade 1953.

Prägung (um 1930) Bei seinen berühmten Studien an Grau-gänsen entdeckte der Verhaltensforscher Konrad Lorenz (Abbildung) in den 1930er Jahren einen speziellen Lernmechanismus, den er »Prägung« nannte. Kurz nach dem Schlüpfen durchlaufen die Küken von Gänsen und Enten eine sogenannte »sensible Phase«, in der sie sich Aussehen und Stimme der Mutter einprägen. Unbeirrt folgen sie dem Vogel, auf den dieser erlernte »Steckbrief« passt. Werden sie nach dem Schlüpfen mit einem Menschen statt mit einer Gans konfrontiert, heften sie sich diesem Mutterersatz ebenso treu an die Fersen.

Kindchenschema (1943) Ein großer Kopf mit hoher Stirn, großen, runden Augen und einer kleinen Nase – für solche Proportionen erfand der Verhaltensforscher Konrad Lorenz 1943 den Begriff »Kindchenschema«. Kleine Kinder oder Tiere, die so aussehen, lösen bei erwachsenen Menschen und höheren Tieren ein Fürsorgeverhalten aus.

Binäre Nomenklatur (um 1750) Seit der Zeit der Entdeckungsreisen brachten die Schiffe immer neue Tiere und Pflanzen aus allen Teilen der Welt nach Europa. Diese Fülle zu ordnen und einheitlich zu benennen, wurde immer schwieriger. Erst der schwedische Arzt und Naturkundler Carl von Linné (Abbildung) fand in den 1750er Jahren eine Lösung für dieses Problem. Er entwickelte die sogenannte binäre Nomenklatur, nach der bis heute jede neu entdeckte Art einen lateinischen Doppelnamen bekommt. Der erste Teil davon bezeichnet die Gattung, der zweite die Art innerhalb der Gattung. Demnach heißt der Mensch zum Beispiel »Homo sapiens« – die weise Art aus der Gattung Homo.

Ursuppe (1953) Mit einem legendär gewordenen Experiment glaubte der US-amerikanische Chemiker Stanley Lloyd Miller 1953 die Entstehung des Lebens nachvollziehen zu können. In einer gläsernen Apparatur mischte er Methan, Ammoniak und Wasserstoff zusammen und simulierte so die Zusammensetzung der frühen Atmosphäre. Die künstliche Miniatur-Erde vervollständigte er dann mit Wasser, das er erhitzte. Dieser Teil des Systems sollte den Ur-Ozean und das daraus verdunstende Wasser darstellen. Und schließlich schickte er elektrische Entladungen als urzeitliche Blitze durch die Apparatur. Aus den einfachen chemischen Zutaten entstanden in wenigen Tagen Aminosäuren und andere komplexe, kohlenstoffhaltige Moleküle wie sie in Lebewesen vorkommen. Damit schien klar: Das Leben war aus Molekülen entstanden, die in der »Ursuppe« der Ozeane schwammen. Inzwischen sind an dieser Theorie allerdings einige Zweifel aufgetaucht.

Evolutionstheorie (1858) 1858 veröffentlichten die britischen Naturforscher Charles Darwin (Abbildung) und Alfred Russel Wallace eine Theorie, die sie unabhängig voneinander entwickelt hatten. Demnach war die Vielfalt der Arten auf der Erde dadurch entstanden, dass sich Tiere und Pflanzen an die unterschiedlichen Gegebenheiten ihrer Lebensräume angepasst hatten. Alle Individuen einer Art unterscheiden sich demnach ein wenig voneinander. Die besten Überlebens- und Fortpflanzungschancen haben diejenigen, deren Eigenschaften ihnen in ihrer jeweiligen Umgebung einen Vorteil verschaffen. In seinem berühmt gewordenen Buch »On the Origin of Species« machte Darwin 1859 diese Evolutionstheorie zum ersten Mal einer breiteren Öffentlichkeit bekannt.

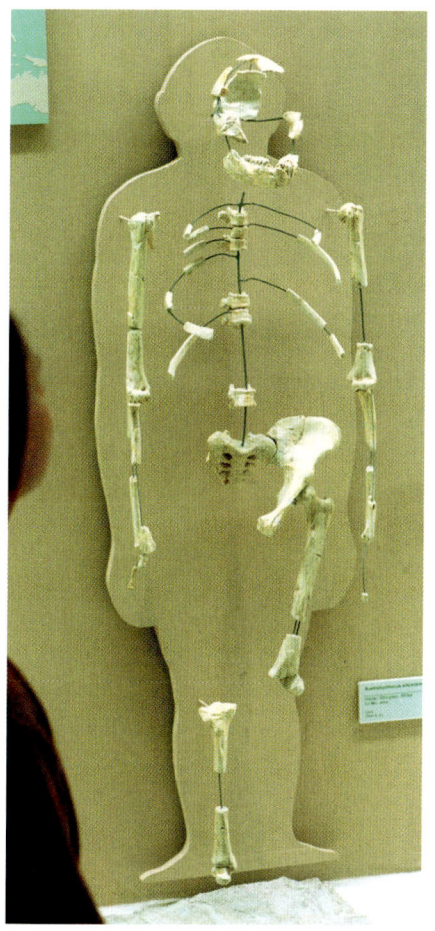

Neandertaler (1856) Im August 1856 legten Arbeiter in einem Kalksteinbruch im Neandertal bei Düsseldorf einen unscheinbaren Haufen von 16 Knochen frei. Der Naturforscher Johann Carl Fuhlrott und der Anatom Herrmann Schaaffhausen waren sich einig: Der lange Schädel mit der niedrigen, fliehenden Stirn, der großen, breiten Nase, dem kräftigen Gebiss und den dicken Wülsten über den Augen musste zu einer sehr urtümlichen Form des Menschen gehören. Das aber war zur damaligen Zeit ein revolutionärer Gedanke. In der Schöpfungsgeschichte war schließlich keine primitive Verwandtschaft mit flachem Schädel vorgesehen. Inzwischen aber ist bewiesen, dass die rätselhaften Knochen etwa 42 000 Jahre alt sind und dass Neandertaler ungefähr in der Zeit zwischen 130 000 und 30 000 vor Christus nicht nur in Europa, sondern auch in verschiedenen anderen Teilen der Welt gelebt haben.

Archaeopteryx (1861) 1861 beschrieb der Frankfurter Paläontologe Hermann von Meyer das Fossil einer Feder, das in einem Steinbruch bei Solnhofen in Bayern entdeckt worden war. Es war der erste Bericht über ein Tier, das Furore machen sollte. Der »Archaeopteryx«, von dem später auch etliche Skelette auftauchten, ähnelt einem zweibeinigen Dinosaurier. Doch statt Vorderbeinen hatte er Flügel mit Federn. Diese Übergangsform zwischen Reptil und Vogel war einer der wichtigsten Belege für Darwins Evolutionstheorie.

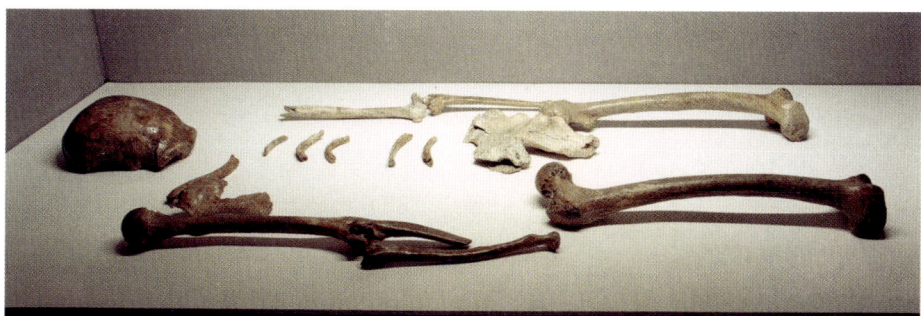

Lucy (1974) Am 30. November 1974 entdeckte ein Team um den US-Amerikaner Donald Johanson in Äthiopien die Reste eines etwa 3,2 Millionen Jahre alten Skeletts. Dieser Fund, der nach dem damals populären Beatles-Hit »Lucy in the Sky with Diamonds« den Spitznamen Lucy bekam, wurde zu einem der bekanntesten Fossilien der Welt. 1978 beschrieben ihre Entdecker anhand von Lucys Knochen eine neue Menschenart namens *Australopithecus afarensis* – »Der Südaffe aus der Region Afar«.

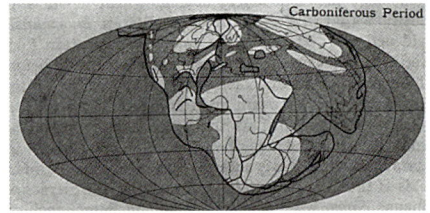 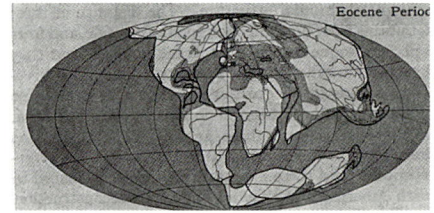 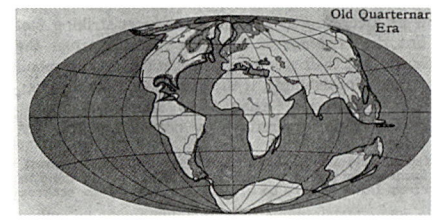

Kontinentalverschiebung (1915) Im Jahr 1915 brachte der deutsche Polar- und Geowissenschaftler Alfred Wegener ein Buch namens »Die Entstehung der Kontinente und Ozeane« heraus, das ihm sehr viel Ärger einbrachte. Denn es beschreibt eine Idee, die an den Grundfesten des damaligen Geologen-Weltbildes rüttelte. Wegener erkannte, dass die Erdteile nicht etwa seit Urzeiten unbeweglich an ihrem Platz liegen. Vielmehr gab es ursprünglich nur einen großen Kontinent. Der brach dann auseinander und die einzelnen Teile drifteten allmählich in ihre heutige Position.

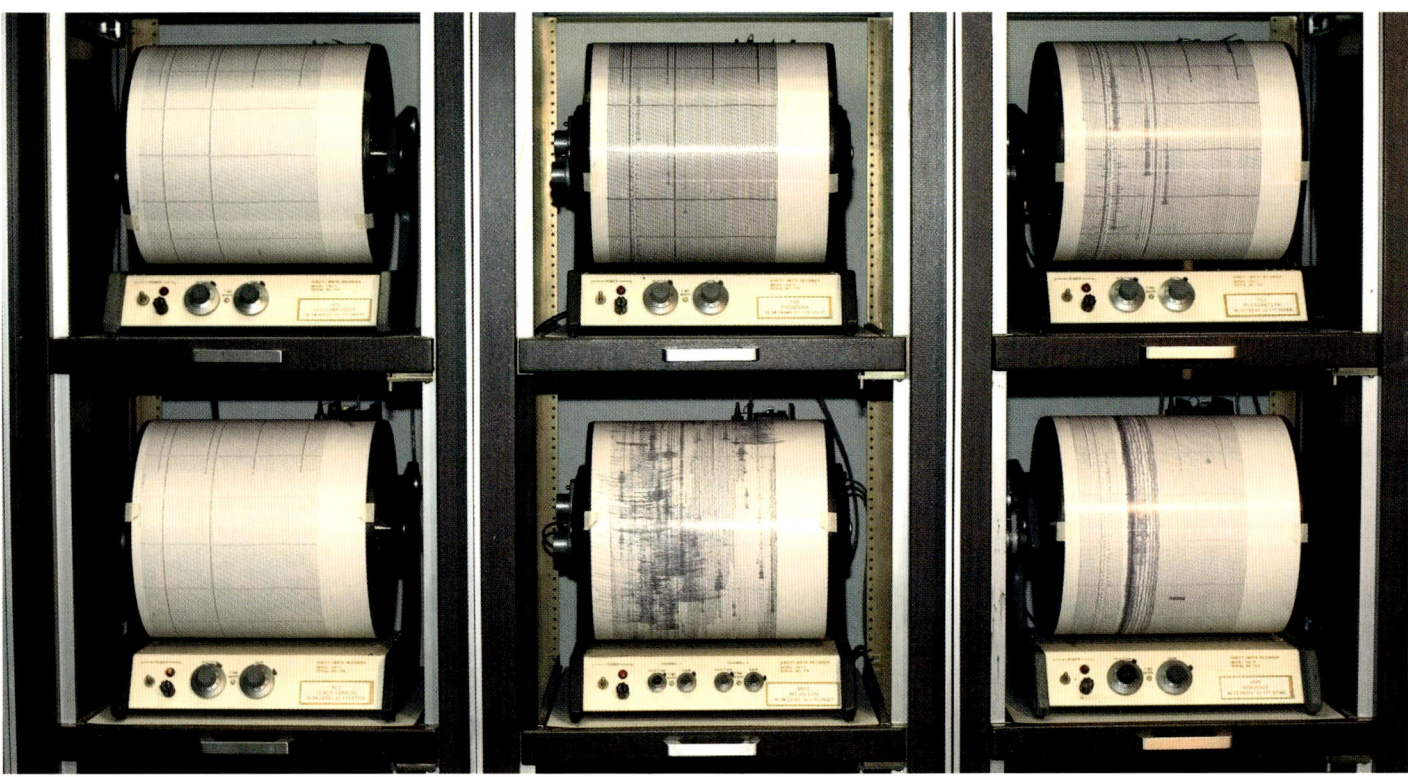

Erdbebenmessung (1889) Im Jahr 1889 ging Ernst Reuber-Paschwitz als Pionier der Erdbebenforschung in die Geschichte ein. Mithilfe von Pendeln gelang es ihm zum ersten Mal überhaupt, ein weit entferntes Beben aufzuzeichnen. Seine Messgeräte auf dem Potsdamer Telegrafenberg registrierten Erschütterungen aus dem fernen Tokio.

Richterskala (1935) Die heute übliche Skala für die Bemessung der Erdbebenstärke entwickelten der US-Amerikaner Charles Francis Richter und der Deutsche Beno Gutenberg 1935 am California Institute of Technology. Den bisher höchsten Wert von 9,5 auf dieser Skala erreichte das große Chile-Erdbeben vom 22. Mai 1960.

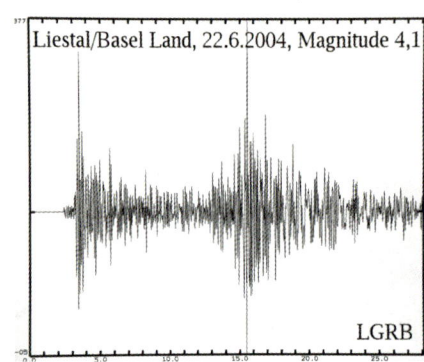

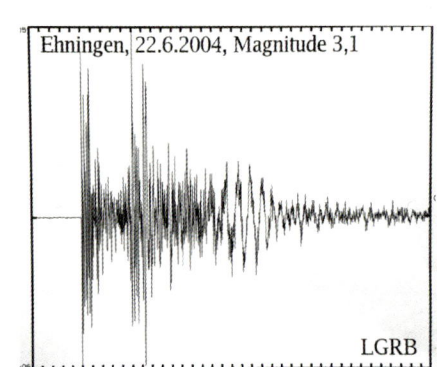

Weltkarte (1507) Jahrhundertelang hatten europäische Geografen auf ihren Karten nur die Kontinente der »Alten Welt« eingezeichnet. Deutlich vollständiger war die Darstellung des deutschen Geografen Martin Waldseemüller. Gemeinsam mit seinem Kollegen Matthias Ringmann veröffentlichte er 1507 eine Weltkarte und einen Globus, die zum ersten Mal den Kontinent Amerika zeigten.

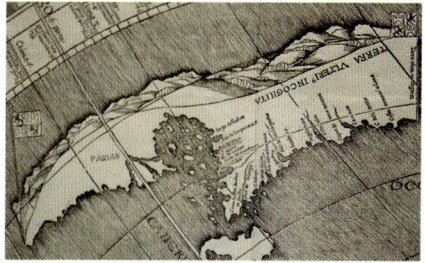

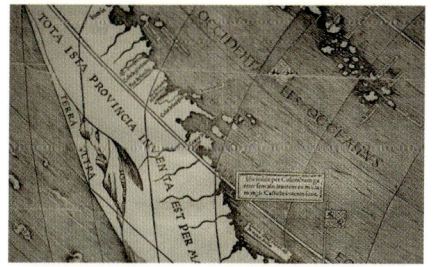

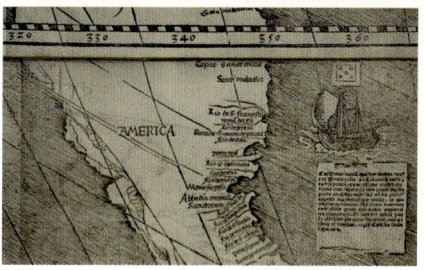

Globus (1493) Den ältesten bis heute erhaltenen Globus entwickelte der Nürnberger Tuchhändler Martin Behaim 1493. Auf seinem »Erdapfel« (Abbildung) findet sich das in der Antike und im Mittelalter verbreitete Bild der Welt mit den drei Kontinenten Asien, Europa und Afrika. Amerika fehlt ebenso wie die gesamte damals noch nicht entdeckte Pazifikregion.

Mercator-Projektion (1569) Die dreidimensionale Erdkugel auf eine zweidimensionale, rechteckige Karte zu übertragen, ist gar nicht so einfach. Entweder werden dabei die Winkel verzerrt oder die Flächen oder beides. Der in Flandern geborene Geograf Gerhard Mercator entwickelte zum ersten Mal eine Methode, mit der man eine Verzerrung der Winkel vermeiden konnte. Das aber war für navigierende Seeleute entscheidend. Die 1569 erschienene Weltkarte, die der Forscher mit dieser sogenannten Mercator-Projektion angefertigt hatte, wurde daher sehr berühmt.

KULTUR & KOMMUNIKATION

08

Der mitteilsame Mensch

Ein Satz umschreibt den Bereich Kultur und Kommunikation völlig: Der Mensch ist ein mitteilsames Wesen. Weil wir den anderen so viel mitzuteilen haben, gibt es in diesem Bereich wohl die meisten Erfindungen, hier liegt die Königsklasse der Tüftler und Denker. Diese Mitteilsamkeit begann bereits mit den frühen Begräbnisriten, die es lange vor den ersten Hochkulturen gab und die ähnlich alt sind wie die Menschheit selbst. Natürlich weiß niemand, was die Neandertaler tatsächlich dazu trieb, ihre Verstorbenen sorgfältig zu bestatten und ihnen alle möglichen Dinge auf den Weg ins Reich der Toten mitzugeben. Zwei Motive aber scheinen sehr einleuchtend, und beide haben sehr viel mit Kommunikation zu tun. Eine Mitteilung galt wohl dem Toten selbst: »Wir können dich zwar nicht begleiten, aber wir wollen dir zumindest alles Nützliche mitgeben, das du auf diesem unbekannten Weg brauchen könntest. So sind wir doch bei dir!« Das zweite Argument galt vermutlich denjenigen, die später das Grab finden könnten: »Hier liegt ein guter Freund von uns, den wir auch über den Tod hinaus sehr schätzen. Lass ihn daher bitte in Frieden ziehen, andernfalls legst du dich nicht nur mit dem Verstorbenen, sondern auch mit uns Lebenden an!«

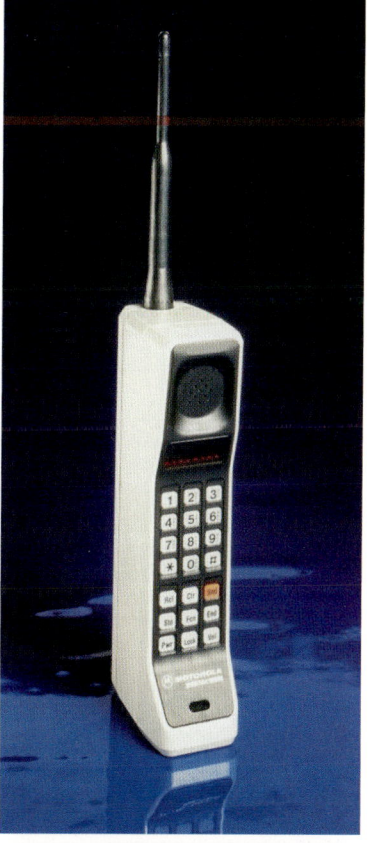

Die Mitteilsamkeit spielt auch bei den meisten anderen Erfindungen der Kultur die entscheidende Rolle: Schrift und Kunst, Fernsehen und Telefon, Internet und Post, Theater und Musik zeigen das sehr direkt. Aber auch die unzähligen Spiele, die Menschen erfunden haben, sollen den Mitspielern mitteilen: »Ich bin geschickter als du!« – oder eben auch nicht. Sogar die Erfindung des Gefängnisses enthält eine klare Botschaft: »Dein bisheriges Verhalten dulden wir nicht!« Nicht alle verstehen diese Nachricht. Im Großen und Ganzen aber klappt die Kommunikation zwischen Menschen hervorragend. Kulturelle Erfindungen dazu gibt es jedenfalls zur Genüge.

Bestattung Lange haben Wissenschaftler die Bestattung für eine Errungenschaft des modernen Menschen gehalten. Doch inzwischen ist klar, dass auch die Neandertaler ihre Toten nicht einfach sich selbst überlassen haben. Das älteste bisher be- kannte menschliche Grab wurde in der Höhle von Tabun in Is- rael gefunden und diente Neandertalern als letzte Ruhestätte. (Trauerzug, Wandmalerei im Grab des Wesirs Ramose, 14. Jh. v. Chr.)

Grabbeigaben (vor 50 000 v. Chr.) Auch der Brauch, die Toten mit Ritualen und Grabbeigaben zu verabschieden, ist offenbar schon früh in der Menschheitsgeschichte entstanden. Ein Fund im französischen Chapelle-aux-Saints zeigt beispielsweise, dass Neandertaler einem vor rund 50 000 Jahren Verstorbenen eine Rinderkeule mit auf die letzte Reise gegeben haben. (Grabbei- gabe Tutanchamuns, um 1340 v. Chr.)

Sarg (um 3000 v. Chr.) In allen Teilen der Welt ist es schon lange üblich, Verstorbene in speziellen Behältnissen zu bestat- ten. Solche Särge in verschiedener Form und aus unterschiedli- chen Materialien gibt es seit mindestens 5000 Jahren. (Mi- noischer Sarg, 2. Jt. v. Chr.)

Heiligtum Wohl schon kurz nach der Erfindung der Religion sind Gläubige auf die Idee gekommen, ihre Rituale an bestimmten Orten zu zelebrieren. Jahrtausendelang wurden dazu besondere Plätze in der Natur wie heilige Höhlen und Steine, Seen und Quellen, Inseln und Berggipfel genutzt.

Religion (um 60 000 v. Chr.) Mangels Überlieferungen können Wissenschaftler nur darüber spekulieren, wann die ersten Menschen an höhere Mächte zu glauben begannen und damit die Religion erfanden. Allerdings kann man aus der Verwendung von Grabbeigaben auf spirituelle Vorstellungen schließen. Denn dahinter steckt ja wahrscheinlich die Vorstellung, dass der Tote diese Gegenstände noch brauchen könnte. An ein Leben nach dem Tod könnten demnach schon die Steinzeitmenschen vor gut 60 000 Jahren geglaubt haben.)

Kunst (um 40 000 v. Chr.) Schon die Neandertaler hatten offenbar einen Sinn für ästhetische Farbkompositionen. In der Höhle Pech de l'Azé in Frankreich haben Wissenschaftler jedenfalls wie Stifte angespitzte Manganstücke und Brocken von rotem Eisenoxid entdeckt, die deutliche Abriebspuren hatten. Vermutlich sah so der Farbkasten der frühesten Maler aus. (Figur aus Knochen, um 15 000–10 000 v. Chr., Frankreich)

Tempel (um 9000 v. Chr.) Neben den natürlichen Heiligtümern haben sehr viele Religionen auch eigens gestaltete Kultplätze mit Gebäuden angelegt. Solche religiöse Architektur hatten die Menschen schon erfunden, bevor sie in Dörfern und Städten sesshaft wurden. Auf dem Hügel Göbekli Tepe in der Türkei haben Wissenschaftler eine 11 000 Jahre alte Tempelanlage mit kunstvollen Säulen und Tierreliefs ausgegraben, die noch von nomadischen Jägern und Sammlern errichtet wurde.

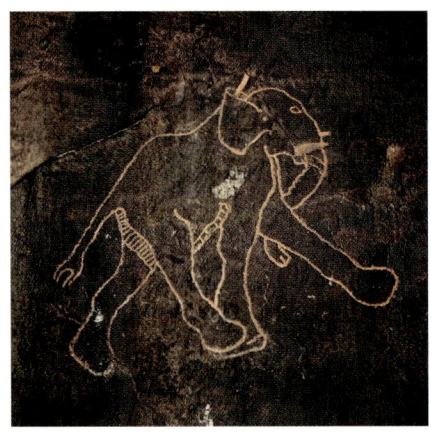

Aquarell (um 40 000 v. Chr.) Wasserlösliche Farben wurden schon sehr früh in der Geschichte der Kunst erfunden. Schon die Höhlenmaler der Steinzeit, wie hier in der südlichen Region der Ostsahara, tauchten einfache Pinsel in Lösungen von Holzkohle und roten Eisenverbindungen.

Kunstgalerie (um 40 000 v. Chr.) Die ersten Galerien der Geschichte sind ungefähr 40 000 Jahre alt. Damals begannen talentierte Maler, die Wände von Höhlen in Südfrankreich, Spanien und Italien, aber auch im Ural, in Afrika und verschiedenen anderen Teilen der Welt mit beeindruckenden Tieren und Fabelwesen zu verzieren. Diese Höhlenmalereien dienten möglicherweise religiösen Zwecken. (Darstellung eines Elefanten, 12 000–8000 v. Chr., Wüste von Fessan, Libyen)

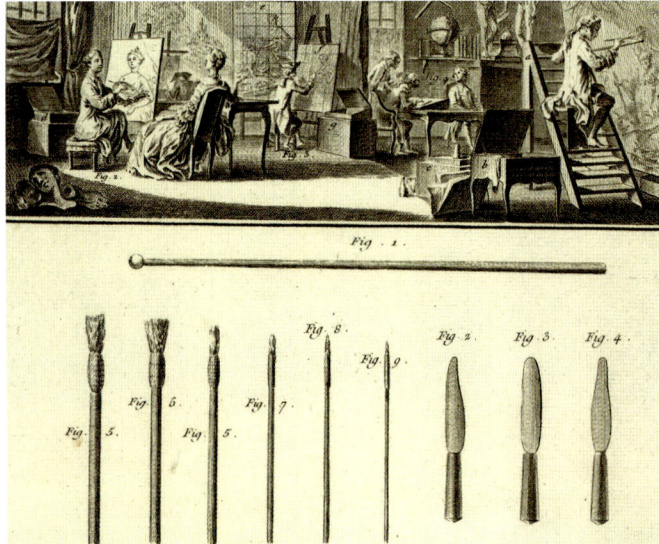

Leinwand (2. Hälfte 15. Jh.) Vor der Erfindung der Ölmalerei hatten Künstler ihre Bilder oft auf Holz gemalt. Für die neuen Farben aber erwies sich auf einen Rahmen gespanntes Leinen als perfekter Untergrund. Diese Leinwände neigten weniger zu Rissen als Holz und waren zudem einfacher zu transportieren.

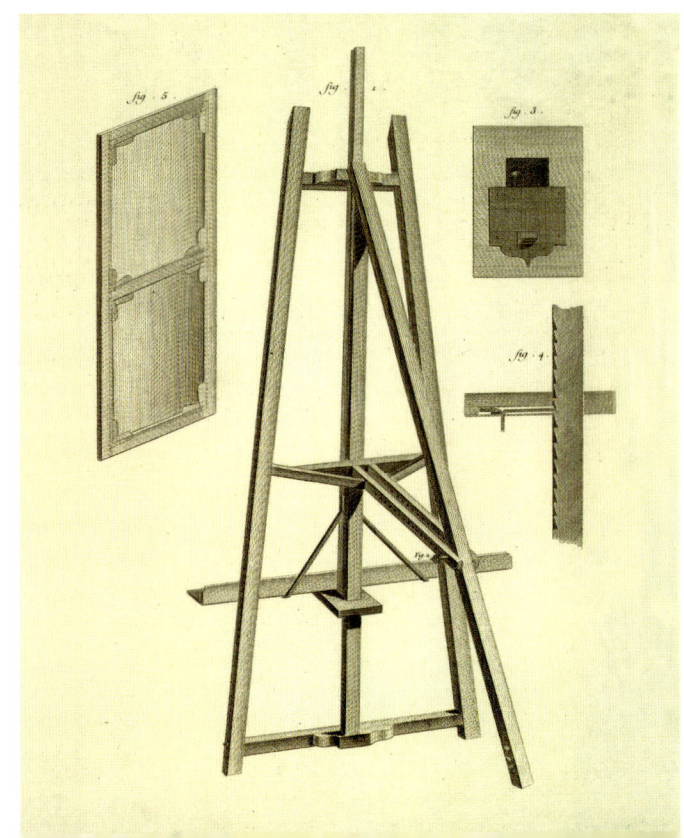

Ölmalerei (15. Jh.) Im 15. Jahrhundert wurden Farben auf der Basis von Leinöl populär, mit denen man besonders sanfte Übergänge schaffen konnte. Die ersten Rezepte für solche Farben stehen in einem Handbuch für Maltechnik namens »Straßburger Manuskript«, das zur damaligen Zeit von unbekannten Autoren verfasst wurde.

Fresko (um 800 v. Chr.) Wände und Decken von Gebäuden lassen sich bemalen, wenn der Putz noch nicht trocken ist. Die in Kalkwasser gelösten Farben verbinden sich dann mit dem Kalk des Putzes. Diese Technik war in der Antike sehr beliebt, prächtige Fresken verzierten zum Beispiel die Gebäude von Pompeji (1. Jh.).

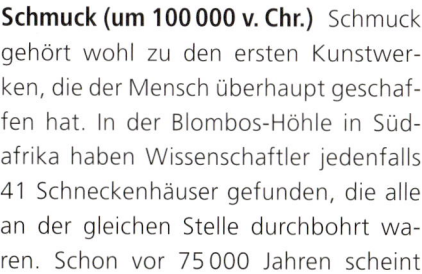

Graffiti Schon im alten Rom konnten manche Leute fremden Hauswänden nicht widerstehen und verzierten sie mit Sprüchen und Zeichnungen. Einen Eindruck von dieser frühen Graffiti bieten Gebäude in Pompeji und anderen Gemeinden, die im Jahr 79 nach Christus bei einem Ausbruch des Vesuv verschüttet wurden. Das Spektrum der Kritzeleien reichte von politischen Botschaften über persönliche Angriffe wie »Samius an Cornelius: Häng Dich doch auf!« bis hin zu Ergüssen von Saufkumpanen im Stile von: »Beste Grüße, wir sind voll wie die Schläuche«.

Schmuck (um 100 000 v. Chr.) Schmuck gehört wohl zu den ersten Kunstwerken, die der Mensch überhaupt geschaffen hat. In der Blombos-Höhle in Südafrika haben Wissenschaftler jedenfalls 41 Schneckenhäuser gefunden, die alle an der gleichen Stelle durchbohrt waren. Schon vor 75 000 Jahren scheint sich demnach ein früher Südafrikaner eine Halskette gebastelt zu haben. In Israel und Algerien wurden sogar durchbohrte Muscheln entdeckt, die 100 000 Jahre alt sind. (Griech. Kleinplastik einer Pastetenverkäuferin, bekleidet mit Kette, 6. Jh. v. Chr.)

Ring (um 20 000 v. Chr.) Schmuckstücke für die Finger sind schon seit mehr als 21 000 Jahren bekannt. Schmuckfans aus dem heutigen Tschechien haben damals beispielsweise Ringe aus Mammut-Elfenbein geschnitzt. Auch Knochen, Holz und Bernstein waren zu dieser Zeit schon beliebte Materialien. (Ring, römisch, vor 9 n. Chr.)

Ohrring (um 5500 v. Chr.) Die ältesten bekannten Ohrringe stammen aus der Stadt Chifeng in der Inneren Mongolei. Der damalige Schmuckdesigner hat die kleinen Kunstwerke vor mindestens 7500 Jahren aus Jade hergestellt. (Ohrgehänge aus Troja, Türkei, um 2300 v. Chr.)

Tattoo (um 5000 v. Chr.) In welcher Region der Erde die Tätowierung erfunden wurde, weiß niemand. Sicher ist aber, dass diese Methode der Körperverzierung schon jahrtausendealt ist. Die ältesten bekannten Tätowierten sind 7000 Jahre alte Mumien, die im Norden Chiles gefunden wurden. Auch der berühmte Gletschermann »Ötzi« hat sich schon vor mehr als 5000 Jahren unter die Tätowiernadel begeben.

Bildhauerei (um 25 000 v. Chr.) Die Kunst, aus Steinen Figuren zu schaffen, war schon in der Altsteinzeit verbreitet. Die damaligen Bildhauer meißelten mit Vorliebe kleine Frauen-Statuetten mit sehr üppigen Körperformen, die in verschiedenen Regionen Europas gefunden wurden. Die bekannteste davon ist die 27 000 Jahre alte »Venus von Willendorf«. Ob diese Figuren Fruchtbarkeitsgöttinnen oder einfach ein steinzeitliches Schönheitsideal darstellen, weiß allerdings heute niemand mehr.

Musik (um 36 000–34 000 v. Chr.) Wann die ersten Sangeskünstler der Geschichte ihren Auftritt hatten, lässt sich heute nicht mehr rekonstruieren. Sicher ist jedoch, dass der Mensch schon vor mindestens 35 000 Jahren Musik machte. Denn aus dieser Zeit stammen die Reste einer Flöte aus einem Schwanenflügelknochen (Abbildung), die in der Geißenklösterle-Höhle in Schwaben gefunden wurde und bisher als ältestes Musikinstrument der Welt gilt.

Gitarre (um 3000 v. Chr.) Seit mindestens 5000 Jahren werden Saiteninstrumente gespielt, die der Gitarre ähneln. Auf Reliefen im Tempel von König Hammurabi von Babylon aus dem 2. Jahrtausend vor Christus sind solche Instrumente ebenso abgebildet wie auf ägyptischen Zeichnungen aus der Zeit der Pharaonen.

Trommel Eigens zum Musikmachen hergestellte Tongefäße mit Fellbespannung gab es schon in der Steinzeit. Das Talent zum Trommeln aber ist wohl noch älter. Wahrscheinlich war schon der letzte gemeinsame Vorfahre von Affe und Mensch in der Lage, rhythmisch auf den Boden oder den eigenen Körper zu schlagen. Schimpansen und Gorillas machen das schließlich noch heute.

E-Gitarre (1931) In den 1920er Jahren suchte man nach einer Idee, die Gitarre zu einem lauteren und durchsetzungsfähigeren Orchesterinstrument zu machen. 1931 entwickelten der US-Amerikaner George Beauchamp und der Schweizer Adolph Rickenbacker daraufhin eine elektrische Gitarre. Solche Instrumente besitzen einen elektromagnetischen Tonabnehmer, der die Schwingungen der Saiten aufnimmt und elektronisch verstärkt wiedergibt.

Geige (8. Jh.) Im achten Jahrhundert wurde im spanisch-maurischen Kulturkreis ein Streichinstrument gespielt, das als Vorläufer der heutigen Geige gilt. Schriftliche Beweise für eine echte Violine gibt es dann aus dem Jahr 1523, als eine Gruppe Geigenspieler am Hof des Herzogs von Savoyen in Turin ein Honorar ausgezahlt bekam. Das Bild eines unbekannten Künstlers zeigt den italienischen Komponisten Antonio Vivaldi (1678–1741).

Orgel (250 v. Chr.) Als erstes Tasteninstrument der Welt gilt eine orgelähnliche Konstruktion, die der Ingenieur Ktesibios von Alexandria um das Jahr 250 vor Christus erfand. Diese »Hydraulis« bestand aus Pfeifen, die auf Tastendruck verschieden hohe Töne erzeugten. Der dazu nötige Luftdruck wurde in einer raffinierten Apparatur mithilfe von Wasser konstant gehalten.

Drehorgel (Anfang 18. Jh.) Seit Anfang des 18. Jahrhunderts traten Straßenmusiker und Gaukler mit einer mechanischen Mini-Version der Orgel auf. Durch das Betätigen der Kurbel wurde ein Luftsack im Inneren dieses »Leierkastens« aufgeblasen, der dann die Ventile der Pfeifen betätigte.

Klavier (1726) Als Erfinder des Klaviers gilt der italienische Instrumentenbauer Bartolomeo Cristofori. Zu Beginn des 18. Jahrhunderts tüftelte er in Florenz an einem Instrument mit einer neuen Anschlagtechnik: Kleine Hämmer sollten mithilfe einer Stoßzunge gegen die Saiten geschleudert werden, diese dann aber sofort wieder zum Schwingen freigeben. 1726 hatte Cristofori das erste dieser Tasteninstrumente fertig.

Akkordeon (1829) Am 23. Mai 1829 bekam der Orgel- und Klavierbauer Cyrill Demian aus Wien gemeinsam mit seinen beiden Söhnen Karl und Guido ein Patent für die Erfindung eines neuen Musikinstruments verliehen. Sein »Accordion« wurde anders als seine heutigen Verwandten allerdings nur mit der linken Hand gespielt. Die rechte diente lediglich dazu, das Instrument auseinanderzuziehen und zusammenzuschieben. Beide Bewegungen erzeugten beim Drücken der Tasten jeweils einen unterschiedlichen Ton.

Synthesizer (1964) Das erste weit verbreitete elektronische Musikinstrument war der Synthesizer, den der Amerikaner Robert Moog 1964 auf einem Kongress präsentierte. Anders als frühere elektronische Geräte zum Musikmachen war diese neue Erfindung handlich und mithilfe von Tasten gut zu bedienen, sodass sie zu einem weltweiten Erfolg wurde.

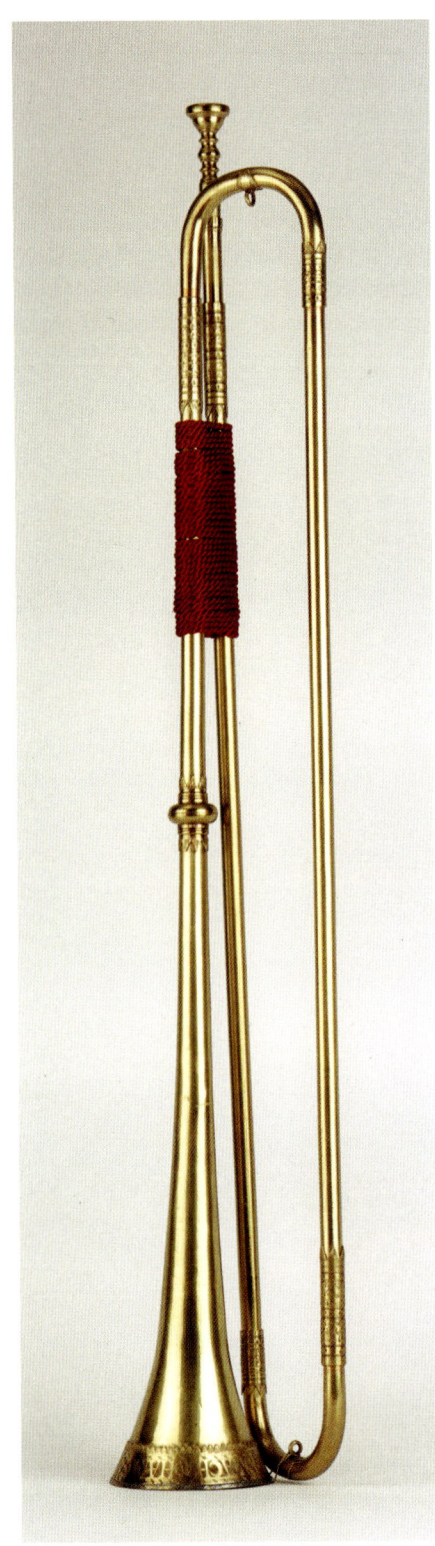

Saxophon (1840) Im Jahr 1840 erfand der belgische Instrumentenbauer Adolphe Sax ein neues Blasinstrument mit tiefem Klang. Dieses »Saxophon« wurde zunächst von vielen Komponisten ignoriert und fast nur in der Militär- musik gespielt. Erst mit dem Aufkommen des Jazz begann seine große Karriere, die es inzwischen zu einem der beliebtesten Blasinstrumente überhaupt gemacht hat.

Trompete (um 1500 v. Chr.) Über den Erfinder der ersten Trompete ist heute nichts mehr bekannt. Sicher ist aber, dass die Ägypter schon vor mindestens 3500 Jahren auf solchen Blasinstrumenten aus Bronze und Silber spielten.

Spieldose (1796) Spieldosen sind mechanische Musikinstrumente, die selbstständig eine Melodie spielen können. Als Erfinder dieser kleinen Kunstwerke gilt der Uhrmacher Antoine Favre-Salomon aus Genf, der 1796 eine musizierende Taschenuhr entwickelte. (Silberne Spieldose, deutsch, um 1900)

Schallplatte (1880) Die Wachswalzen von Edisons Phonographen waren nicht nur teuer und umständlich zu handhaben. Man konnte sie zunächst auch nicht vervielfältigen, sondern musste jede einzelne Walze neu bespielen. Schon 1880 sann der US-amerikanische Physiker Charles Sumner Tainter auf Abhilfe und ritzte seine Tonspuren in flache, runde Wachsscheiben ein. Allerdings gab er diese Versuche bald wieder auf.

Phonograph (1877) Im Jahr 1877 erfand der Amerikaner Thomas Alva Edison ein Gerät, das zum ersten Mal Töne aufnehmen und wiedergeben konnte. Dazu wurden die Schwingungen des Schalls mit einem spitzen Stift in eine Zinnfolie oder Wachsschicht geritzt, die auf einer Walze aufgetragen war. Diese Rillen wurden dann später mit einem Metallstift abgetastet und mithilfe einer Membran in Töne zurückverwandelt. Die erste so hergestellte Musikkonserve spielte das Kinderlied »Mary had a little lamb«. (Edison-Bell Gem Phonograph, 1904)

Grammophon (1887) Im Jahr 1887 erfand Emil Berliner auch gleich noch ein handliches Abspielgerät für seine Schallplatten. Die ersten Exemplare dieser Grammophone wurden mittels einer Kurbel von Hand angetrieben. Sie nahmen die Töne über eine Nadel auf und verstärkten den Klang mit einem Trichter.

Schellackplatte (1887/96) Zum Durchbruch verhalf der Schallplatte erst der aus Hannover stammende und in den USA lebende Erfinder Emil Berliner. In seinem 1887 patentierten Verfahren zeichnete er eine Urversion der Platte auf, die zunächst aus mit Ruß beschichtetem Glas, später aus mit Wachs überzogenem Zinkblech bestand (Abbildung). Von diesen Vorlagen stellte er dann einen Negativabzug her, mit dessen Hilfe man beliebig viele weitere Exemplare pressen konnte. Diese Abzüge bestanden zunächst aus Hartgummi, später aus Mischungen von Schellack, einer harzigen Substanz aus den Ausscheidungen von Lackschildläusen. Die ersten Schellackplatten wurden 1896 hergestellt.

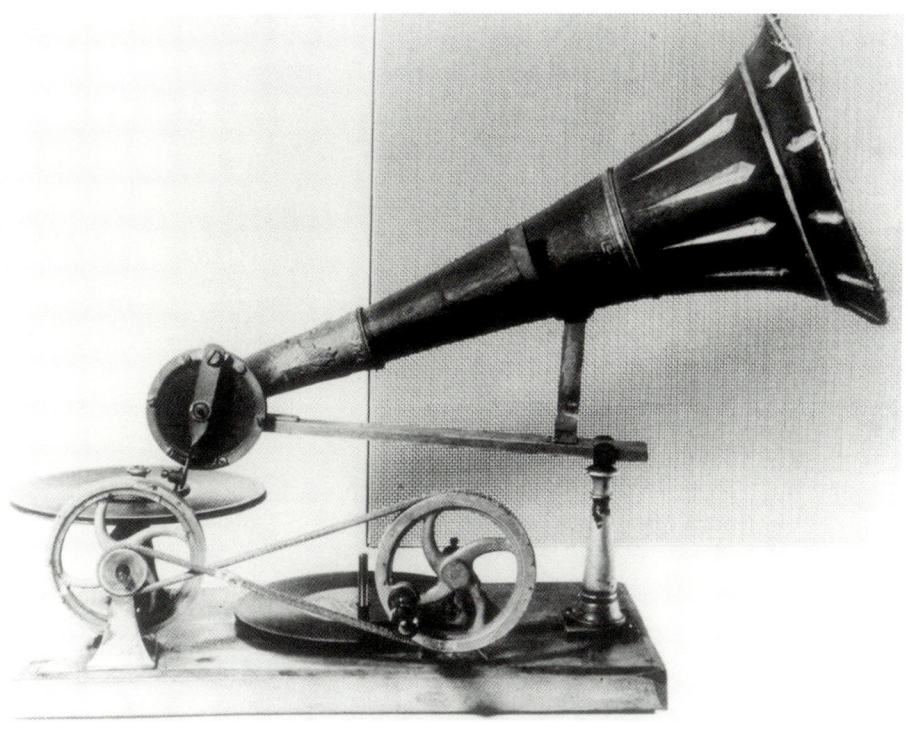

Plattenspieler (1950er Jahre) Mitte der 1950er Jahre kamen Plattenspieler auf dem Markt, die Schallplatten unterschiedlicher Größen mit unterschiedlichen Umdrehungsgeschwindigkeiten abspielen könnten.

Vinyl-Schallplatte (1948) Schon in den 1930er Jahren hatte man versucht, das teure Naturprodukt Schellack durch preiswertere Kunststoffe zu ersetzen. Doch erst Ende der 1940er Jahre feierten Platten aus Polyvinylchlorid (PVC) ihren Durchbruch. Die Firma Columbia Records präsentierte eine solche Scheibe im Jahr 1948. Das neue Material war nicht nur weniger zerbrechlich, sondern lieferte auch eine bessere Tonqualität.

Musikkassette (1963) Jahrzehntelang hatte die Schallplatte bei privaten Musikliebhabern das unumschränkte Monopol. Dann aber stellte die niederländische Firma Philips im Sommer 1963 die Musikkassette und den dazu passenden Kassettenrekorder vor. Das Gerät arbeitete nach dem gleichen elektromagnetischen Prinzip wie die schon seit den 1930er Jahren bekannten Tonbänder, war aber deutlich einfacher zu handhaben. (Kassettenrekorder der Firma Akai, 1975)

Walkman (1979) Im Sommer 1979 brachte die Firma Sony ein handliches, kleines Kassettenabspielgerät mit Kopfhörern auf den Markt (Abbildung), das man überall mit hinnehmen konnte. Dieser »Walkman« entwickelte sich vor allem unter Jugendlichen rasch zum Kassenschlager.

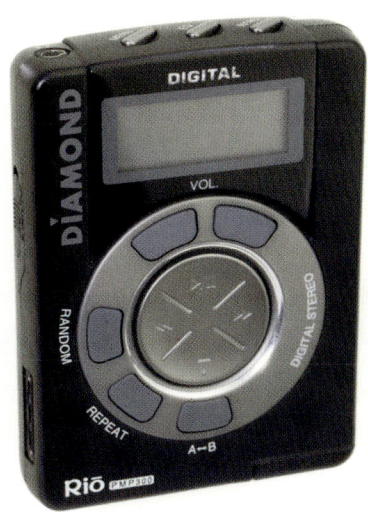

MP3-Player (1995) Der Nachfolger des Walkman als tragbares Musikgerät mit Kopfhörern ist der MP3-Player, der digital gespeicherte Musikdateien im sogenannten MP3-Format abspielen kann. Die ersten dieser Geräte wurden 1995 von der Firma Pontis in Schwarzenfeld in der Oberpfalz hergestellt.

CD (1982) In den 1970er Jahren begannen verschiedene Firmen auch mit digitaler Musikaufzeichnung zu experimentieren. Gegen Ende des Jahrzehnts entwickelten Philips und Sony gemeinsam ein Speichermedium namens »Compact Disc« (CD). Darauf sind die Daten in Form von winzigen Gruben und Erhebungen gespeichert, die von einem Laserstrahl abgetastet und anschließend wieder in analoge Töne verwandelt werden. 1982 kamen die ersten CDs und CD-Player auf den Markt.

Hörfunk (1919/20) Im Ersten Weltkrieg verwendeten die Deutschen Hans Bredow und Alexander Meißner die noch junge Methode der drahtlosen Telegrafie, um Musik zu übertragen. Der Holländer Hanso Schotanus á Steringa Idzerda übertrug am 6. November 1919 aus seiner Wohnung in Den Haag die erste Rundfunksendung. Am 2. November 1920 nahm in der US-Stadt Pittsburgh dann Frank Conrad den ersten kommerziellen Rundfunksender in Betrieb – mit einer Live-Übertragung der Wahlergebnisse der amerikanischen Präsidentschaftswahl.

Tanz (um 30 000 v. Chr.) Die Erfindung des Tanzes dürfte weit in die Steinzeit zurückreichen. Als der Mensch Musik zu machen begann, dürfte er auch bald auf die Idee gekommen sein, sich rhythmisch dazu zu bewegen. Die ersten Beweise für solche Aktivitäten stammen aus Indien. Auf Höhlenmalereien, die zwischen 5000 und 2000 vor Christus entstanden, sind dort Tänzer abgebildet. (Wandmalerei aus dem Grab Nebamuns, Theben, Ägypten, um 1350 v. Chr.)

Gesellschaftstanz (14. Jh.) Volkstänze, die bei traditionellen Festen getanzt werden, kennen so gut wie alle Kulturen. Doch im 14. Jahrhundert wurden zusätzlich Tänze für formellere Anlässe erfunden. Diese Hoftänze, wie der Reigentanz, den Ambrogio Lorenzetti (um 1293–1348) 1338/39 als Fresko im Palazzo Pubblico in Siena auf die Wand brachte, waren eine ziemlich steife Angelegenheit, und wurden vor allem vom Adel getanzt.

Menuett (17. Jh.) Im 17. Jahrhundert wurde ein französische Tanz im Dreivierteltakt zum gesellschaftlichen Muss. Das Menuett, hier in einem Gemälde von Giovanni Domenico Tiepolo (1727– 1804), war nicht nur am Hof des Sonnenkönigs Ludwig XIV. äußerst beliebt, sondern beherrschte sämtliche Ballsäle des europäischen Adels.

Wiener Walzer (um 1770) Mindestens seit den 1770er Jahren drehen sich Tanzpaare im Dreiviertel- oder Sechsachtel-Takt des Wiener Walzers. Damit ist dieser Tanz der älteste der heute noch üblichen Gesellschaftstänze. Schon vor der Französischen Revolution von 1789 wurde er äußerst populär, weil er als volkstümlicher galt als das Menuett mit seinem aristokratischen Beigeschmack.

Tango (Anfang 20. Jh.) Anfang des 20. Jahrhunderts entdeckten europäische Reisende in Buenos Aires den Tango Argentino für sich. Zurück in der Heimat stellten sie allerdings rasch fest, dass sie mit dessen Schritten und Figuren entrüstetes Kopfschütteln auslösten. Der Tanz, der ursprünglich aus den armen Einwandervierteln und Bordellen der argentinischen Hauptstadt stammte, galt in den besseren Kreisen Europas als anstößig und gesellschaftlich nicht akzeptabel. Also passten britische Tanzexperten die Choreographie an die europäischen Gepflogenheiten an und entwickelten so um 1910 den Internationalen Tango.

Samba (19. Jh.) Dieser lateinamerikanische Tanz entstand im 19. Jahrhundert. Er hat seine Wurzeln in afrikanischen Tänzen, die von Sklaven aus Angola, dem Sudan und dem Kongo nach Brasilien gebracht wurden.

Cha-Cha-Cha (um 1950) Ende der 1940er Jahre erfand der kubanische Komponist Enrique Jorrín eine neue Variante des Danzón, eines damals populären kubanischen Tanzes. Von 1951 an wurde dieser neue Stil zunächst auf kubanischen Tanzflächen populär, rasch aber eroberte er unter dem Namen Cha-Cha-Cha auch das internationale Parkett.

Swing (um 1920) In den 1920er Jahren verschmolzen in den USA von versklavten Afrikanern mitgebrachte Rhythmen mit der Marschmusik der europäischen Einwanderer. Zu dieser neuen Musik der Big Bands entstand in den Tanzclubs und Musikkneipen New Yorks auch ein neuer Tanzstil, der unter dem Namen »Swing« weltberühmt wurde.

Rock 'n' Roll (1955) Eigentlich stand »Rock 'n' Roll« in den Slums der USA ja für den Begriff »Beischlaf«. Nach einer Textzeile eines Songs von Bill Haley »Rock, rock, rock everybody, roll, roll, roll everybody« aber wendete der Rundfunk-Moderator Alan Freed diesen Begriff dann 1955 auf die Musikrichtung dieses Musikers an. Im gleichen Jahr landete Bill Haley mit »Rock around the clock« einen Welthit, der zu den drei meistverkauften Hits der Neuzeit zählt und im Film »Saat der Gewalt« für Furore sorgte. Das wilde Element dieser Musik spiegelt sich auch in den akrobatischen Einlagen wider, die den Tanz »Rock 'n' Roll« prägen.

Breakdance (um 1970) In den 1970er Jahren entwickelten Jugendliche Schwarze und Puertoricaner in den Ghettos US-amerikanischer Großstädte einen neuen und äußerst akrobatischen Tanzstil, der unter dem Namen Breakdance bekannt wurde. Könner zeigen dabei spektakuläre Figuren wie Drehungen auf dem Kopf und einarmige Handstände.

Schauspiel (um 2000 v. Chr.) Schon in der Steinzeit dürften Menschen sich in Tierfelle gehüllt und Jagdszenen nachgespielt haben – vielleicht ein Versuch, das Jagdgluck günstig zu beeinflussen. Im alten Ägypten wurden dann sowohl weltliche Unterhaltungsshows mit Akrobaten und Tänzern als auch Stücke mit religiösen Themen aufgeführt. Berühmt waren die Mysterienspiele von Abydos, in denen zwischen 2000 und 1500 vor Christus jedes Jahr die Geschichte des Gottes Osiris dargestellt wurde. (Wanderschauspieler mit Komödienmasken, griech. Kleinplastik, 1. Jh. v. Chr.)

Ballett (15./16. Jh.) Im 15. und 16. Jahrhundert entstanden an den Höfen italienischer und französischer Adliger die ersten Bühnenvorführungen, bei denen der Tanz im Mittelpunkt stand. Das älteste Ballett, dessen Partitur die Jahrhunderte überdauert hat, ist »Le Ballet comique de la Reine« des Italieners Balthasar de Beaujoyeulx. Dieses mehr als fünf Stunden lange Werk wurde 1581 in Paris für die französische Königin und Regentin Katharina de Medici aufgeführt. (Die russische Meistertänzerin Anna Pavlova, um 1908)

Tragödie (um 600 v. Chr.) Die ersten Tragödien wurden im Theater des antiken Griechenland auf die Bühne gebracht. Aus rituellen Aufführungen zu Ehren des Weingottes Dionysos entwickelte sich dort etwa um 600 vor Christus eine neue Art von Bühnenstücken. Der Held wurde darin vom Schicksal oder den Göttern in eine ausweglose Lage gebracht. Egal, wie er dieser Zwickmühle zu entrinnen versuchte, schuldig machte er sich auf jeden Fall. (Zwei Masken der Tragödie, Relieffragment eines römischen Sarkophags)

Komödie (6. Jh. v. Chr.) Neben der Tragödie entwickelten die Griechen noch einen zweiten Typ von Bühnenstücken, die weitaus heiterer waren und in der Regel ein Happy End hatten. Oft nahmen die Autoren solcher Werke menschliche Schwächen auf Korn oder verspotteten Prominente. Die ersten dieser Stücke sind vermutlich schon im 6. Jahrhundert vor Christus entstanden, in Athen wurden die ersten Komödien im Jahr 488 vor Christus aufgeführt. (Römische Theaterszene, Wandmalerei, Pompeji, 1. Jh. n. Chr.)

Theater (5. Jh. v. Chr.) Ursprünglich hatte man die Stücke des antiken griechischen Theaters auf dem Agora genannten öffentlichen Versammlungsplatz aufgeführt. Bald aber ging man dazu über, für die Vorstellungen eigene Theater mit einem Zuschauerraum und einer Bühne zu bauen. Das wichtigste dieser kulturellen Zentren war jahrhundertelang das Dionysos-Theater in Athen (Abbildung). Es wurde im 5. Jahrhundert vor Christus unterhalb der Akropolis errichtet und später zu einem Amphitheater mit steinernen Sitzbänken ausgebaut.

Chor Schon die frühesten griechischen Theaterstücke arbeiteten mit musikalischen Elementen. Eine wichtige Rolle spielte dabei der Chor, der Tanzszenen begleitete und die Handlung kommentierte.

Oper (Ende 16. Jh.) Opern im heutigen Sinne wurden Ende des 16. Jahrhunderts in Florenz erfunden. Dort traf sich regelmäßig eine Gruppe von Dichtern, Musikern, Philosophen und Wissenschaftlern, die sich die Wiederbelebung der Antike auf die Fahnen geschrieben hatte. Dieser Kreis, der als »Florentiner Camerata« bekannt wurde, wollte auch die Dramen des alten Griechenland wieder auf die Bühne bringen. Seine Mitglieder gingen davon aus, dass der Text der alten Stücke ursprünglich gesungen worden war, und schufen daher Bühnenstücke mit Orchester, Chor und Sprechgesang. Die erste solche Oper mit dem Namen »La Dafne« schrieb Jacopo Peri 1597.

Opernhaus (17. Jh.) Die ersten Opern wurden in den Festsälen europäischer Adelshäuser aufgeführt. Eigene Gebäude für die musikalischen Dramen wurden erst im 17. Jahrhundert gebaut. Die ersten Opernhäuser entstanden in Venedig, doch andere italienische Städte zogen bald nach.

Musical (19. Jh.) In London und New York entwickelte sich im 19. Jahrhundert eine neue Form des Musiktheaters, bei dem die Handlung mit Gesang und Tanz untermalt wird. Das erste dieser Musicals war das Fünfeinhalb-Stunden-Werk »The Black Crook« von Charles M. Barras, das 1866 am New Yorker Broadway Premiere hatte.

Varieté (19. Jh.) In Varietés kommt ein buntes Programm aus Kleinkunst, Artistik, Musik und Tanz auf die Bühne. Die ersten solchen Einrichtungen entstanden im 19. Jahrhundert in Paris.

Zirkus (Mitte 18. Jh.) Während man im antiken Griechenland und Rom unter einem Zirkus eine Arena für Wagenrennen und Gladiatorenkämpfe verstand, werden in den modernen Pendants artistische Kunststücke, Tierdressuren und Clownerien gezeigt. Die ersten europäischen Zirkusse dieser Art entstanden Mitte des 18. Jahrhunderts in England und führten zunächst vor allem Reiterkunststücke vor. Als Begründer dieser Art von Unterhaltung gilt der Kunstreiter Philip Astley.

Kabarett (1881) Das erste Kabarett öffnete 1881 im Pariser Szene-Viertel Montmartre seine Pforten. Das von Rodolphe Salis gegründete »Le Chat Noir« hatte neben anderen Darbietungen auch schon politische Satiren im Programm.

Sprache Es gibt zwei Theorien drüber, wann der Mensch die Sprache erfand. Manche Wissenschaftler glauben, dass die Redseligkeit eine Art Nebenprodukt aus der Vergrößerung des menschlichen Gehirns ist. Irgendwann habe der Mensch in seiner geistigen Entwicklung eine Schwelle überschritten. Von da an war sein Bewusstsein bereit für die Erfindung der Sprache, die sich daraufhin relativ schnell entwickelte. Einige Anhänger dieser Theorie nehmen an, dass die menschliche Sprache nicht älter als vielleicht 100 000 Jahre ist. Nach Meinung anderer Forscher handelt es sich dagegen um eine uralte Errungenschaft, die sich ganz allmählich aus einfacheren Vorstufen entwickelt hat. Der Mensch habe nicht zuerst ein größeres Gehirn entwickelt und daraufhin die Sprache erfunden, vielmehr sei es genau umgekehrt gewesen: Je ausgefeilter er mit seinen Artgenossen kommunizierte, umso größer musste sein Gehirn werden.

Schrift (um 3200 v. Chr.) Welches Volk zuerst auf die Idee kam, wichtige Fakten und Gedanken niederzuschreiben, weiß heute niemand mehr. In Osteuropa wurden Tontafeln mit eingeritzten Zeichen aus dem 6. Jahrtausend vor Christus gefunden. Ob es sich dabei tatsächlich schon um eine echte Schrift handelt, ist allerdings umstritten. Klar ist jedenfalls, dass die Sumerer im heutigen Irak um 3200 vor Christus schon Wirtschaftstexte mit Zahlen und Bildsymbolen verfassten. (Beschrifteter sumerischer Nagel, um 2100 v. Chr.)

Keilschrift (um 2700 v. Chr.) Aus ihrer Bilderschrift entwickelten die Sumerer um 2700 vor Christus eine neue Schriftform, die weniger aufwändig zu schreiben war. Bei dieser neuen Methode wurden mit einem stumpfen Griffel waagerechte, senkrechte und schräge Keile in eine feuchte Tontafel gedrückt (siehe Abbildung). Diese Keilschrift wurde bald auch bei anderen Kulturvölkern des Orients wie den Babyloniern und Assyrern populär.

Hieroglyphen (um 3500 v. Chr.) Unabhängig von den Sumerern entwickelten die Ägypter um 3500 vor Christus ihre eigene Bilderschrift, die in der Verwaltung und für religiöse Zwecke eingesetzt wurde. Ursprünglich hatte diese Hieroglyphenschrift etwa 700 Zeichen, im Laufe der Jahrhunderte verzehnfachte sich diese Zahl allerdings. Ein Zeichen steht dabei meist entweder für ein Wort oder eine bestimmte Buchstabenkombination. Es gibt auch Hieroglyphen, die ein anderes Wort verstärken.

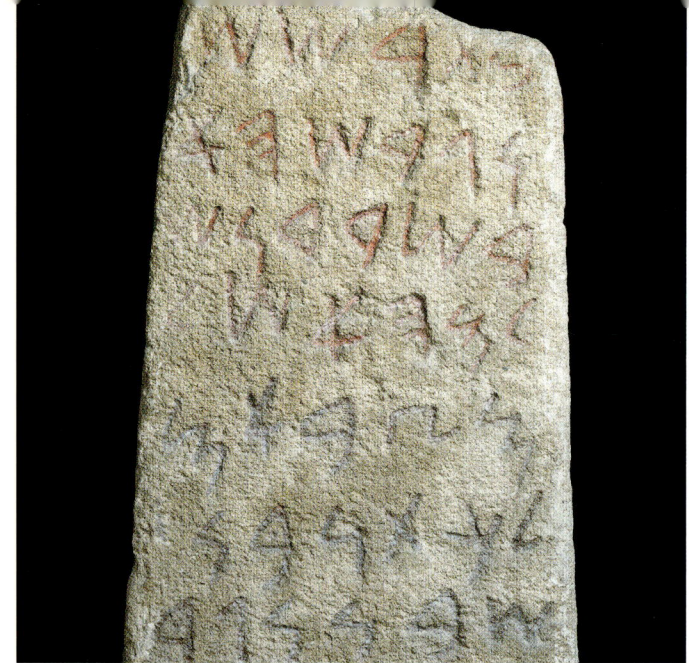

Alphabet (um 1400 v. Chr.) Wer die Hieroglyphen oder eine andere Bilderschrift verstehen will, muss mindestens ein paar Hundert Zeichen kennen. Praktischer ist es da, wenn es nur wenige Zeichen gibt, von denen jedes für einen Laut steht. Daraus kann man dann jedes beliebige Wort zusammensetzen. Die wohl erste Schrift, die auf einem solchen Alphabet beruht, haben Händler aus Ugarit im heutigen Syrien um 1400 vor Christus aus der Keilschrift entwickelt. Daraus ging später das Alphabet der Phönizier hervor, das bei der Entwicklung vieler anderer Alphabete Pate stand (Stele von Nora, Syrien, 9. Jh. v. Chr.).

Sütterlin (1915) Damit Kinder die mit den neuen Stahlfedern sehr schwer zu schreibende Kurrentschrift leichter lernen konnten, vereinfachte Ludwig Sütterlin die Buchstaben. Ab 1915 wurde die nach ihm benannte Schrift in Preußen eingeführt und zum Teil bis 1990 in den Schulen gelehrt.

Blindenschrift (1825) Die gebräuchlichste Schrift für Blinde wurde 1825 von Louis Braille entwickelt. Der Franzose, der selbst als Kind erblindet war, erfand ein System, bei dem die Buchstaben durch bestimmte Kombinationen von Punkten dargestellt werden. Diese werden als fühlbare Erhöhungen von hinten in Papier geprägt. So kann der Blinde die Brailleschrift mit den Fingerspitzen lesen.

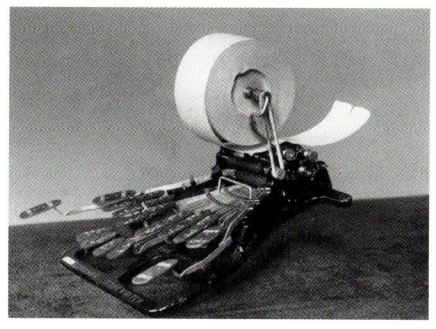

Noten (um 3000–2000 v. Chr.) Schon im dritten Jahrtausend vor Christus hatten die Ägypter eine Art Notenschrift entwickelt, um Musikstücke zu dokumentieren und für die Nachwelt festzuhalten (Ludwig van Beethoven, Entwurf zur 9. Symphonie).

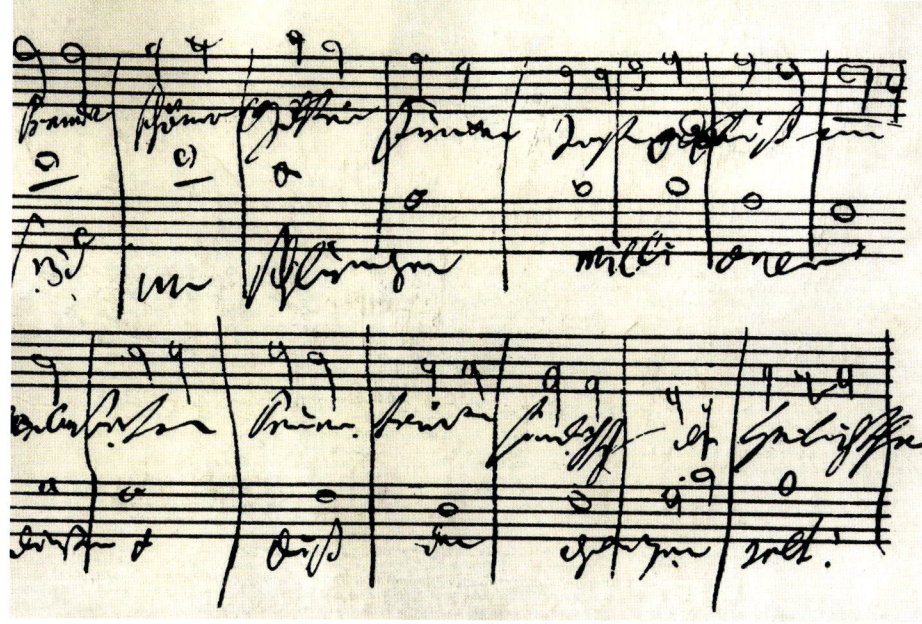

Stenographie (1. Jh. v. Chr.) Wenn man schnell sehr viel Text mitschreiben muss, ist eine Kurzschrift praktisch. Schon in der Antike hatten Griechen und Römer solche Schriften zum Aufzeichnen von Reden und Gerichtsverhandlungen entwickelt. Tiro, der Privatsekretär des berühmten Redners und Politikers Cicero erfand im ersten Jahrhundert vor Christus die »Tironischen Noten«, die aus etwa 4000 Zeichen bestanden. (Stenographier-Maschine von 1887)

Pergament (um 1400 v. Chr.) Etwa seit dem Jahr 1400 vor Christus stellte man im Mittelmeerraum dann ein weiteres Material her, das sich zum Beschreiben eignete. Man legte dazu ungegerbte Tierhäute in eine Kalklösung und schabte dann Haare und Fleischreste ab. Nach dem Reinigen wurde das frische Pergament aufgespannt und getrocknet, bevor man es schließlich mit einem Bimsstein glatt schliff und mit Kreide weißte.

Papyrus (um 3000 v. Chr.) Bereits um das Jahr 3000 vor Christus nutzten die Ägypter den Echten Papyrus, um daraus Schreibmaterial herzustellen. Das Mark der bis zu drei Meter hohen Graspflanze wurde in Streifen geschnitten, kreuzweise übereinandergelegt und zu einem Blatt gepresst. Nach dem Trocknen konnte das Material dann bemalt oder beschrieben werden. In der Antike spielte Papyrus die gleiche wichtige Rolle wie heute das Papier. (Totenbuch des Nu, um 1400 v. Chr.)

Tinte (um 3000 v. Chr.) Schon um 3000 vor Christus schrieben die Ägypter mit schwarzer Tinte, die Chinesen benutzten solche Flüssigkeiten mindestens seit 2600 vor Christus. Hergestellt wurde Tinte lange Zeit aus einer Mischung von Ruß und dem aus Akaziensaft gewonnenen Gummi arabicum. (Ostragon mit Fischdarstellung, Tinte auf Kalkstein, Ägypten, um 1200 v. Chr.)

Papier (Anfang 2. Jh.) Als Erfinder des Papiers gilt der Chinese Tsai Lun, der im 2. Jahrhundert nach Christus Landwirtschaftsminister war. Um das Jahr 105 beschrieb er die Herstellung des Materials. Man müsse zunächst einen Brei aus Seidenresten, Maulbeerbast, Lumpen und Wasser herstellen. Davon könne man dann einzelne Lagen abschöpfen, trocknen, pressen und glätten. Wahrscheinlich haben die Chinesen diese Kunst aber schon vor Tsai Luns Zeiten beherrscht. (Papierherstellung, Kupferstich, 2. Hälfte 18. Jh.)

Tintenfass Zunächst haben die Benutzer von Tinte ihre Schreibflüssigkeit wohl in einfachen Behältern wie etwa verschlossenen Rinderhörnern aufbewahrt. Aus der römischen Antike sind dann aber bereits verzierte Tintenfässer aus Bronze bekannt (Abbildung).

Eisengallustinte (3. Jh. v. Chr.) Im 3. Jahrhundert vor Christus stiegen viele Schreiber auf Eisengallustinte um, die aus Eisensulfat, Galläpfeln, Wasser und Gummi arabicum besteht. Sie gilt als besonders lichtbeständig und haltbar und wird deshalb heute noch als dokumentenechte Tinte für offizielle Schriftstücke benutzt.

Tusche (um 1000 v. Chr.) Um 1000 vor Christus wurde im Fernen Osten die Tusche modern, die aus Ruß, Lampenöl und Leim bestand. Sie wurde zu Stangen zusammengepresst und getrocknet. Um damit schreiben zu können, musste man sie später mit Wasser verreiben. Mit Tusche brachten die Chinesen die Zeichen ihrer traditionellen Schreibkunst zu Papier.

Schreibpinsel (um 1000 v. Chr.) Wohl mindestens so alt wie die Tusche ist der Schreibpinsel, mit dem chinesische Schriftkünstler ihre Zeichen malen. Dieses Gerät besteht aus einem Bambusstiel, an dem die Haare verschiedener Tiere angebracht sind. Für das Innere eines solchen Pinsels werden meist Wieselhaare verwendet, für das Äußere Hasen- oder Ziegenhaare. Das Schreibgerät hat eine sehr feine Spitze und ist deutlich elastischer als die im Westen bekannten Pinsel.

Schreibfeder (1748) Außerhalb des chinesischen Kulturkreises wurde statt mit Pinseln meist mit Federn geschrieben. Ursprünglich nutzte man dazu die angespitzten Kiele von Gänse- und anderen Vogelfedern (Abbildung), die allerdings immer wieder nachgeschärft werden mussten. Die ersten stählernen Schreibfedern wurden wohl im 18. Jahrhundert eingesetzt. Jedenfalls finden sich Hinweise auf ein solches robusteres Gerät in den Aufzeichnungen des Aachener Bürgermeister Johannes Janssen aus dem Jahr 1748.

Füllfederhalter (1636) Die ersten Versuche, eine Schreibfeder mit integriertem Tintennachschub zu konstruieren, gab es schon im 17. Jahrhundert. So schob ein deutscher Mathematik-Professor namens Daniel Schwentner 1636 zu diesem Zweck drei Gänsekiele zusammen. 150 Jahre später hatte ein Leipziger Tüftler eine Reiseschreibfeder »mit beständig Dinten« im Sortiment. Das Problem war allerdings, dass all diese Geräte zum Klecksen neigten.

Klecksfreier Füller (1883) Der Legende nach ärgerte sich der New Yorker Versicherungsmakler Lewis Edson Waterman so sehr über den Tintenklecks auf einem Vertrag, der ihm ein wichtiges Geschäft verdorben hatte, dass er nach Abhilfe für dieses Problem suchte. 1883 meldete er einen Füllfederhalter zum Patent an, bei dem feine Kanäle das Tintenreservoir mit der Schreibfeder verbanden. So floss nur so viel Tinte in die Spitze, wie zum Schreiben gebraucht wurde. Der klecksarme Füller gewann begeisterte Anhänger, und Watermans Firma wurde im Laufe der Zeit zu einem sehr populären Schreibgerätehersteller.

Gleichzugfeder (1860) Lange Zeit schrieb man mit einer spitzen Stahlfeder, die je nach Schreibdruck dickere oder dünnere Linien zeichnet. Um 1860 entwickelte Friedrich Soennecken in Iserlohn eine Schreibfeder mit runder Spitze, die unabhängig vom Druck der Hand immer die gleiche Strichstärke garantierte. Erst in den 1920er Jahren aber setzte sich diese einfachere Gleichzugfeder mit der Ausbreitung der Sütterlinschrift auch in den Schulen durch.

Tintenpatrone (um 1930) Heutige Füller beziehen ihre Tinte meist aus kleinen Plastikpatronen in ihrem Inneren. Die erste solche Tintenpatrone aber bestand noch aus Glas. Entwickelt wurde sie in den 1930er Jahren in der französischen Lizenz-Firma von Waterman, die unter dem Namen JiF-Waterman produzierte.

Löschpapier (1835) Bis die Tinte getrocknet ist, kann die Schrift auf einem Stück Papier leicht verwischen. Früher verhinderte man das, indem man feinen Sand darüberstreute. Doch im Jahr 1835 wurde in einer englischen Papierfabrik durch Zufall eine Alternative gefunden. Man hatte vergessen, dem Papierbrei den Leim hinzuzufügen. Die so entstehenden Blätter waren zu rau zum Beschreiben. Dafür erwiesen sie sich als besonders saugfähig und eigneten sich damit hervorragend als Löschpapier, das nicht selten mit sogenannten Löschwiegen (Abbildung) zum Einsatz kam.

Tintenkiller (um 1930) Vor allem für Grundschüler sind Löschstifte, mit denen man blaue Tintenschrift wieder entfernen kann, unverzichtbare Hilfsmittel. Den ersten solchen Stift zur Fehlerkorrektur brachte die Firma Pelikan um 1930 unter dem Namen »Tintentod« auf den Markt. Damit die chemischen Substanzen wirksam wurden, die blaue Tinte in unsichtbare Verbindungen verwandelten, musste man diese Stifte zunächst noch anfeuchten. In den 1970er Jahren kamen dann Varianten mit bereits gelösten Wirkstoffen in den Handel.

Bleistift (17. Jh.) Vielleicht hat schon der schweizerische Naturforscher Konrad Gessner im 16. Jahrhundert einen Teil seiner Aufzeichnungen mit einem Bleistift niedergeschrieben. Spätestens im 17. Jahrhundert gab es in England jedenfalls solche mit Holz ummantelten Grafitminen, die rasch auch in vielen anderen Ländern populär wurden. Da man Grafit damals für eine Bleiverbindung hielt, entstand der missverständliche Name Bleistift.

KULTUR & KOMMUNIKATION

Radiergummi (1770) Als der britische Optiker und Instrumentenbauer Edward Nairne 1770 einen Bleistiftstrich entfernen wollte, griff er zum Radieren wie damals üblich zu einem Brotkrumen. Stattdessen aber geriet ihm versehentlich ein herumliegendes Stück Kautschuk in die Finger – und erwies sich als wesentlich besser geeignet. Begeistert von seiner Entdeckung begann der Tüftler, kleine Kautschukwürfel als erste Radiergummis zu verkaufen.

Spitzer (1828) Ursprünglich wurden Bleistifte mit einem Messer angespitzt, doch das war eine zeitraubende Angelegenheit. Anfang des 19. Jahrhunderts hatten vielbeschäftigte Schreibstuben sogar einen solchen Verschleiß an Schreibgeräten, dass sie extra Leute zum Spitzen anstellen mussten. Um diesen Aufwand zu reduzieren, ließ sich der französische Mathematiker Bernard Lassimone 1828 die erste Anspitzmaschine mit Kurbel patentieren.

Kugelschreiber (1938) Ein Stift, der mit Tinte schreibt, aber nicht schmiert – ein solches Gerät spukte dem Ungarn László József Biró schon lange durch den Kopf. Doch erst als er sah, wie rotierende Druckwalzen Farbe auf Papier brachten, kam ihm dafür die richtige Idee. Er entwickelte einen Stift mit Farbmine und einer rollenden Kugel in der Spitze und ließ sich seinen Kugelschreiber 1938 patentieren.

Schreibmaschine (1714) Wer die erste Schreibmaschine erfand, verliert sich im Dunkel der Geschichte. Das erste bekannte Patent jedenfalls bekam der Brite Henry Mill im Jahr 1714. Wie genau seine Maschine funktionierte, ist allerdings nicht überliefert.

Buch (1. Jh.) Im ersten Jahrhundert nach Christus kamen die althergebrachten Papyrusrollen der Ägypter allmählich aus der Mode. Stattdessen legten Griechen und Römer nun mehrere La- gen Pergament zusammen, falteten das Ganze in der Mitte und hefteten die Bögen zusammen. Dieser sogenannte Codex gilt als direkter Vorgänger des Buchs. (Codex Ragyndrudis, 8. Jh.)

Bibliothek (um 1900/1800 v. Chr.) Schon im alten Ägypten gab es in mehreren Städten große Büchersammlungen. Manche der darin aufbewahrten Papyrusrollen, die bis heute erhalten geblieben sind, stammen aus dem zweiten Jahrtausend vor Christus. Besonders berühmt war die Bibliothek von Alexandria, die im dritten Jahrhundert vor Christus gegründet worden sein soll. Doch auch andere Kulturvölker wie die Babylonier und Assyrer besaßen Bibliotheken mit Werken, die auf Tontafeln niedergeschrieben waren.

Druckstock (6. Jh. v. Chr.) Schon im 6. Jahrhundert vor Christus wurden in China geschnitzte Holztafeln als Druckstöcke verwendet. Mit ihrer Hilfe konnte man Texte zunächst auf Stoff, später auch auf Papier bringen.

Buchdruck (Mitte 15. Jh.) Schon lange vor Johannes Gutenberg hatten findige Tüftler immer wieder mit verschiedenen Methoden Texte gedruckt. Dennoch wird die Erfindung des Buchdrucks immer wieder mit ihm in Verbindung gebracht. Denn Gutenberg entwickelte Mitte des 15. Jahrhunderts eine ganze Reihe von Verbesserungen, die den Buchdruck wesentlich effizienter machten. So erfand er eine Einrichtung, mit der man seitenverkehrte Buchstaben und Zeichen aus einer Legierung von Zinn, Blei, Antimon und Wismut gießen konnte. Diese einzelnen Lettern setzte er dann zu Zeilen und ganzen Seiten zusammen. Er bestrich die erhöhten Buchstaben mit Farbe, legte ein Blatt Papier darauf und schloss die Presse. Im Gegensatz zu den früheren Holzschnitten konnte eine solche Seite mehrere Hundert Mal gedruckt werden.

Zeitung (1605) Das erste bekannte Nachrichtenblatt, das einer heutigen Zeitung ähnelte, kam im Herbst 1605 in Straßburg auf den Markt. Die »Relation aller Fuernemmen und gedenckwuerdigen Historien« wurde von Johann Carolus herausgegeben und erschien einmal pro Woche in deutscher Sprache. (Titelblatt »Avisa, Relation oder Zeitung«, herausgegeben von Johann Carolus, 1609)

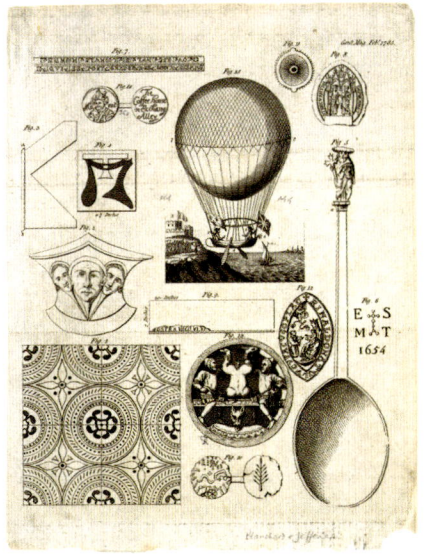

Flugblatt (2. Hälfte 15. Jh.) Nach der Erfindung des Buchdrucks wurden ein- oder zweiseitig bedruckte Blätter populär, die politische und militärische Nachrichten, Glaubensbotschaften und Berichte über dramatische Ereignisse unters Volk brachten. Die oft reich illustrierten und keineswegs billigen Schriften wurden etwa ab dem Jahr 1488 von fahrenden Händlern, Marktschreiern und Buchhändlern angeboten und waren wohl die ersten Massenmedien der Geschichte.

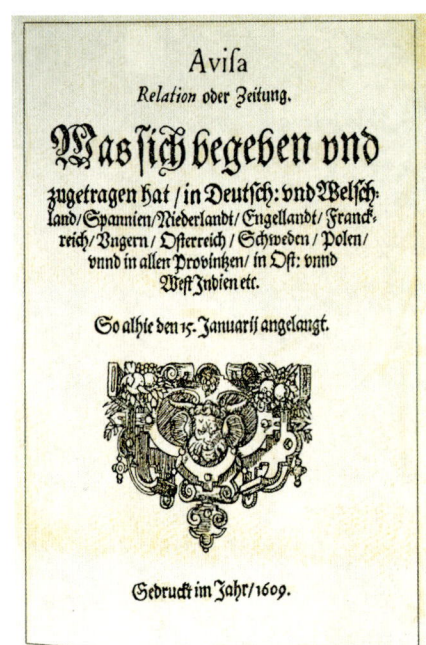

Illustrierte (18. Jh.) Im 18. Jahrhundert entstanden Modezeitschriften und andere Illustrierte, die besonderen Wert auf die Optik legten und mit vielen Kupferstichen arbeiteten. Das erste »Magazin«, das auch unter diesem Namen erschien, war das 1731 gegründete »The Gentleman's Magazine« in Großbritannien (hier die Seite einer Ausgabe von 1785). Jeden Monat bot es dem gebildeten Leser eine breite Palette von Themen, die von Rohstoffpreisen bis zu lateinischer Dichtung reichten.

Comic (um 1420 v. Chr.) Eine frühe Art von Comics haben Künstler schon in der Antike gezeichnet. Ein Hinweis darauf findet sich in der Grabkammer des Menna, eines um 1420 vor Christus verstorbenen ägyptischen Landwirtschaftsverwalters. In einer Folge von einzelnen Bildern ist dort die Ernte und Verarbeitung von Getreide dargestellt.

Camera obscura (4. Jh. v. Chr.) Die erste Kamera beschrieb im 4. Jahrhundert vor Christus bereits der Grieche Aristoteles: Fällt das Licht durch ein kleines Loch in einen dunklen Raum, entsteht auf der Rückwand des Raums ein auf dem Kopf stehendes Bild der Gegenstände vor dem Raum. Mit einer solchen »Camera obscura« (deutsch: »Dunkler Raum«) experimentierte dann der Araber Alhazen um 980 nach Christus.

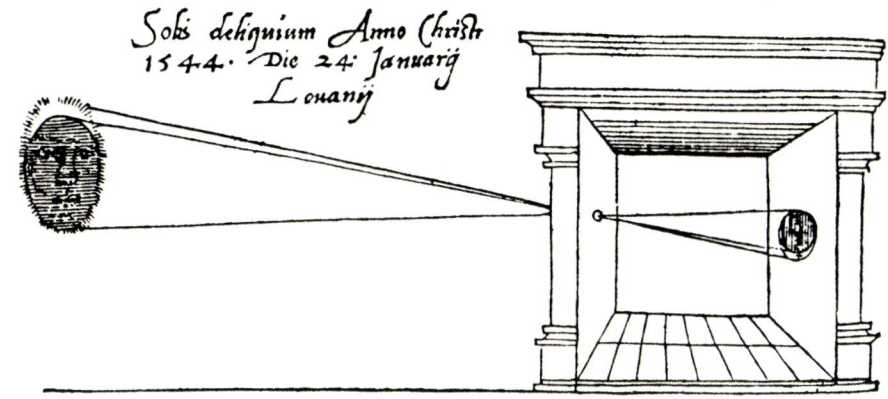

Kamera (Ende 13. Jh.) Am Ende des 13. Jahrhunderts baute der Engländer Roger Bacon die erste Camera obscura, mit der er die Sonne beobachten konnte. Der Venezianer Daniele Barbaro setzte 1568 in das Loch eine Linse und erhielt mit dieser ersten Kamera erheblich schärfere Bilder.

Spiegelreflexkamera (1686/1861) 1686 konstruierte der Deutsche Johann Zahn die erste transportable Kamera, in der ein Spiegel das Bild nach oben auf eine Mattscheibe lenkte, wo es bequem abgezeichnet werden konnte. Der Engländer Thomas Sutton baute nach diesem Prinzip 1861 die erste Spiegelreflexkamera.

Fotografie (1826) Das erste Foto des Franzosen Joseph Nicéphore Nièpce erforderte 1826 ein wenig Geduld: Erst beschichtete er eine 21 mal 16 Zentimeter große Zinkplatte mit dem lichtempfindlichen Judäapech. Diese Platte belichtete er in einer Camera obscura acht Stunden lang mit dem »Blick aus dem Arbeitszimmer in Le Gras« (Abbildung). Das Licht härtet den Asphalt, die weich gebliebenen Teile löste der Franzose mit Lavendelöl heraus. Ein Bad in einer Jodlösung schwärzte anschließend den freigelegten Zink und der Künstler hielt die erste Fotografie der Welt in Händen. Sein Landsmann Louis Daguerre und viele andere entwickelten das Verfahren später weiter.

Laterna magica (1656) Der niederländische Physiker Christiaan Huygens kehrte 1656 das Prinzip der Camera obscura um, indem er in das dunkle Gehäuse eine Kerze stellte. Zwischen Lichtstrahl und Linse wurde ein auf dem Kopf stehendes Bild auf durchscheinendem Material geschoben. So wurde das Bild außerhalb des Kastens richtig auf eine Projektionsfläche geworfen. Als solche nutzten viele Künstler Rauch und erzeugten so Bilder von Menschen, die scheinbar mitten im Raum schwebten. Aus der Laterna magica wurde später der Diaprojektor entwickelt.

Film (1888) Der Franzose Louis Le Prince entwickelte im englischen Leeds eine Kamera, mit der er 1888 schnell nacheinander Bilder machen konnte. Schiebt man diese Bilder rasch durch einen modernen Apparat, der aus der Laterna magica entwickelt wurde, glaubt der Betrachter, bewegte Bilder zu sehen. Max und Emil Skladanowsky führten am 1. November 1895 mit einem solchen selbstentwickelten Apparat im Berliner Varieté Wintergarten acht kurze Stummfilme vor. Am 28. Dezember 1895 zeigten dann auch Auguste und Louis Lumière in Paris mit ihrem technisch deutlich überlegenen Cinématographen 15 Filme.

Lebensrad (1832) Unabhängig voneinander erfanden der Belgier Joseph Plateau und der Wiener Simon Ritter von Stampfer 1832 das »Lebensrad« (Abbildung), das dem staunenden Publikum bewegte Bilder zeigte. Auf eine drehbare Scheibe zeichneten sie zum Beispiel verschiedene Phasen eines tanzenden Paares. Zwischen den Bildern befinden sich Schlitze, durch die der Betrachter auf einen Spiegel schaut, auf den die Bilder projiziert werden. Das Gehirn übersetzt diese rasch hintereinander gezeigten Einzelbilder in eine Bewegung, der Betrachter sieht so tatsächlich einen Tanz.

Kino (1903) Den ersten kommerziell sehr erfolgreichen Film drehte der US-Amerikaner Edwin Porter 1903: »Der große Eisenbahnraub« schilderte in zwölf Minuten eine später klassisch gewordene Western- und Actionhandlung. Gezeigt wurden solche Stummfilme zunehmend in eigens dafür gebauten Theatern, die in den USA »Nickelodeons« und in Deutschland »Kintopp« genannt wurden.

KULTUR & KOMMUNIKATION

Fax (1843) Der Schotte Alexander Bain erhielt 1843 das Patent für einen Kopiertelegrafen, der Schwarz-Weiß-Bilder mit einem Metallstift abtastete und in elektrische Signale übertrug. Den ersten kommerziellen Telefax-Dienst gab es dann 1865 zwischen Paris und Lyon.

Vor allem die Polizei und Zeitungsredaktionen nutzten diese Technik. In Japan wurde diese Technik in den 1970er Jahren für den privaten Markt weiterentwickelt, da sich damit japanische Schriftzeichen erstmals originalgetreu übertragen ließen.

Fernsehen (1926) Genau wie am Ende des 19. Jahrhunderts aus Fotos erste Filme zusammengesetzt wurden, entwickelte sich aus dem Fax-Verfahren ab 1924 das Fernsehen. Der Schotte John Logie Baird übertrug damals das erste Fernsehbild noch rein mechanisch über eine Entfernung von drei Metern. 1926 präsentierte der Japaner Kenjiro Takayanagi die erste elektronische Bildübertragung. 1931 zeigt Manfred von Ardenne auf der Berliner Funkausstellung den ersten vollelektronischen Fernseher. Die ersten elektronischen Kameras übertragen 1936 die Olympischen Spiele in Berlin live.

Internet (1969) Sollten die ersten Computer miteinander kommunizieren, musste jedes Mal ein Techniker mit Lochstreifen im Auto zwischen den beteiligten Städten hin und her hetzen. 1969 tauschten dann zum ersten Mal vier Computer von drei Universitäten in Kalifornien und einer im US-Bundesstaat Utah auf elektronischem Weg untereinander Daten aus. In diesem ARPANET aus Computern mit völlig unterschiedlichen Betriebssystemen spielte ein Netzwerk-Programm sozusagen den Übersetzer zwischen den Computersprachen – die Geburtsstunde des Internets hatte geschlagen.

E-Mail (1971) Genutzt wurde dieses erste Internet aber kaum, zumindest nicht bis Ray Tomlinson von der US-Computerfirma BBN 1971 die elektronische Post erfand. Diese E-Mail aber begeisterte die US-Wissenschaftler, weil damit Information sehr schnell und viel billiger als über das Telefon ausgetauscht werden konnte. Die Netzwerke wuchsen und wurden miteinander verbunden.

Post Bereits im alten Ägypten wurden schriftliche Nachrichten auf Schiffen übermittelt, die den Nil befuhren. In die weit entlegenen Provinzen schickte der Pharao bei Bedarf Boten zu Fuß. Im Neuen Reich gab es dann bereits offizielle Briefboten. In Persien wurde im 6. Jahrhundert vor Christus ein eigenes Postwesen eingerichtet. Gaius Julius Caesar legte die Grundlagen für die Staatspost im Römischen Reich. Ab dem 13. Jahrhundert entstanden dann in verschiedenen Regionen Europas Poststrecken. 1516 hatte Franz von Taxis in Deutschland die Postlinien mit speziellen Poststationen so gut organisiert, dass Nachrichten an jedem Tag durchschnittlich 166 Kilometer weit übertragen wurden.

WWW (1991) Zum Massenmedium aber wurde das Internet erst in den 1990er Jahren nicht zuletzt durch eine Erfindung von Tim Berners-Lee (Abbildung) am europäischen Physikforschungszentrum CERN in Genf: Er erschuf 1991 den elektronischen Verweis auf andere Internetseiten. Seither kann man mit einem Mausklick den sogenannten »Hyperlink« aktivieren und kommt ohne lästiges Eintippen einer langen Kombination von Buchstaben, Zahlen und Zeichen auf eine andere Internetseite. Jede beliebige Seite konnte so mit jeder anderen verknüpft werden. Damit war das »World Wide Web« oder kurz WWW geboren.

Briefkasten (Mitte 17. Jh.) Die ersten Briefkästen der Geschichte wurden wohl Mitte des 17. Jahrhunderts angebracht. So hing ein solcher Kasten von 1633 an in der niederschlesischen Stadt Liegnitz, die an der Strecke des Botendienstes zwischen Breslau und Leipzig lag. Die Boten nahmen die darin liegenden Briefe kostenlos mit.

Postwertzeichen (1653) Wer seine Post in die Briefkästen warf, die ab 1653 in Paris hingen, musste für die Beförderung eine Gebühr bezahlen. Um zu beweisen, dass man das Porto im Voraus entrichtet hatte, heftete man mit einem Faden oder einer Klammer einen Papierstreifen namens »Billet de port payé« an den Umschlag.

Briefmarke (1836/40) Der Slowene Laurenz Koschier schlug der österreichischen Regierung 1836 vor, Wertmarken zu verkaufen, die der Absender eines Briefes aufklebt, um die Zustellung zu bezahlen. Zwei Jahre später machte der Schotte James Chalmers einen ähnlichen Vorschlag, den Rowland Hill aufgriff, der mit der Reform des britischen Postwesens beauftragt war. Am 1. Mai 1840 wurde dann in Großbritannien die erste Briefmarke »One Penny Black« gedruckt und durfte ab 6. Mai als »Prepaid«-Portomarke aufgeklebt werden.

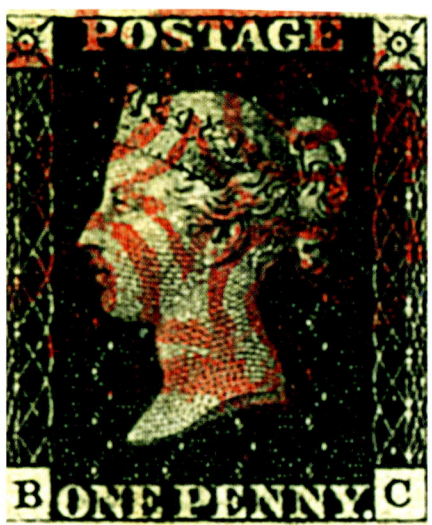

Optische Telegrafie Über große Entfernungen wurden Nachrichten schon von den Urvölkern akustisch mithilfe von tiefen Trommeltönen übermittelt, die sehr weit trugen. Die Indianer Nordamerikas, die Chinesen und das antike Abendland wandelten die akustische Fernkommunikation dann in eine optische um und sendeten von Bergen Rauchzeichen. In der griechischen Antike wurde das System mit Fackeln und Spiegeln verfeinert.

INVENTIONS ILLUSTRES
Le Télégraphe

Elektrische Telegrafie (1833) Bei Regen und Nebel aber kam die optische Telegrafie zum Erliegen. Wilhelm Weber und Carl Friedrich Gauß entwickelten daher die elektrische Telegrafie. Die erste Nachricht mit positiven und negativen Spannungspulsen übermittelten sie an Ostern 1833 über Kupferdrähte, die sie vom Dach des physikalischen Instituts in der Göttinger Innenstadt zur Sternwarte am Stadtrand gespannt hatten.

Flügeltelegraf (1792) Der Franzose Claude Chappet griff 1792 die Idee der Telegrafie wieder auf und baute optische Flügeltelegrafen: Schwenkbare Balken an Türmen signalisierten je nach Stellung verschiedene Buchstaben, die mithilfe eines Fernrohres abgelesen wurden. Bereits 1794 standen zwischen Paris und Lille 22 solcher Signalstationen. In gerade einmal zwei Minuten konnte damit ein Buchstabe über 220 Kilometer übermittelt werden.

Seekabel (1847/50) Als Werner von Siemens 1847 eine Maschine erfand, mit der sich der Milchsaft des Guttapercha-Baumes aus Malaysia zu einer gut isolierenden und festen Masse pressen ließ, konnten mit diesem Material erstmals die Kupferdrähte der Telegrafen ummantelt werden. Gemeinsam mit Johann Georg Halske gründete der Erfinder im gleichen Jahr die heutige Firma Siemens. 1850 wurde das erste so isolierte Kabel durch den Ärmelkanal vom französischen Calais ins englische Dover verlegt (Abbildung). 1858 verband im Atlantik das erste Seekabel Europa mit Amerika. Solche Seekabel werden inzwischen aus Glasfasern hergestellt und übermitteln noch heute den Großteil aller Nachrichten zwischen den Kontinenten.

Morsealphabet (1837) 1837 konstruierte Samuel Morse einen Schreibtelegrafen, in dem verschieden lange Stromimpulse Buchstaben und Zahlen kodierten. Damit konnten nun Texte über lange Distanzen geschickt werden: 1847 wurde die erste längere Telegrafenstrecke Europas zwischen Bremen und Bremerhaven in Betrieb genommen.

Drahtlose Telegrafie (1898) Ferdinand Braun verzichtete am 20. September 1898 bei der elektrischen Telegrafie zum ersten Mal auf Kabel. Dazu taktete er starke Hochspannungspulse mit dem Morsecode und strahlte sie über eine Antenne auf dem physikalischen Institut in Straßburg als elektromagnetische Wellen ab. 30 Kilometer weiter gab ein einfacher Empfänger im Ort Mutzig die Nachricht als getaktetes Rauschen wieder. 1899 schaffte der Italiener Guglielmo Marconi (Abbildung) die erste drahtlose Telegrafie über den Ärmelkanal. Am 12. Dezember 1901 konnte er schließlich die erste drahtlose Nachricht vom englischen Cornwall über den Atlantik nach Neufundland senden.

Telefon (um 1860) Das erste Telefon baute 1860 der aus Italien stammende Antonio Meucci in New York für seine an starkem Rheuma leidende Frau. Sein Apparat verwandelte Laute in elektrische Signale, die über ein Kabel einen anderen Apparat erreichten, der sie in Töne zurückverwandelte. 1871 stellte er einen Patentantrag, konnte aber die Gebühren nicht bezahlen. Der Schotte Alexander Graham Bell gelangte an die Materialien und Unterlagen von Antonio Meucci und meldete 1876 sein Telefon (Abbildung) erfolgreich zum Patent an, obwohl der Apparat gar nicht funktionieren konnte. Zwei Stunden nach ihm reichte der US-Amerikaner Elisha Gray ein ähnliches Patent ein. Von diesem übernahm der in Kanada lebende Alexander Graham Bell dann ein entscheidendes Detail, das sein Telefon funktionieren ließ. Der Deutsche Philipp Reis hatte dagegen bereits 1861 ein Telefon erfunden, das hervorragend Sprache übermitteln konnte, aber sehr empfindlich auf Erschütterungen reagierte und daher nie in der Praxis eingesetzt wurde.

Telefonbuch (1878) Das erste Telefonbuch der Geschichte war eine Aufstellung der Anschlüsse in der Stadt New Haven im US-Bundesstaat Connecticut. Es erschien am 21. Februar 1878 und enthielt gerade einmal fünfzig Nummern.

Telefonzelle (1881) Am 12. Januar 1881 ging in Berlin der erste »Fernsprechkiosk« in Betrieb, in dem ein Gespräch mit vorher gekauften Billets bezahlt wurde. 1899 erleichterte das erste Münztelefon die Kommunikation weiter.

Drahtloses Telefon (1908) Den ersten Urahnen des Handys konstruierte ein Melonenfarmer aus Kentucky. Nathan Stubblefield bekam am 12. Mai 1908 ein Patent für das erste drahtlose Telefon, das die Kommunikation mit Zügen und Schiffen ermöglichen sollte. Das Gerät war durchaus tragbar – wenn man über ein paar kräftige Helfer verfügte. Denn es galt, immer die Basisstation dabeizuhaben, die unter anderem aus mehreren Telegrafenmasten bestand. (Zug auf der Strecke Berlin-Hamburg mit Antennen auf den Waggondächern und Fernsprechapparaten in den Waggons zur Erprobung des drahtlosen Fernsprechverkehrs, 1928)

Handy (1983) Das erste Mobiltelefon im heutigen Sinne brachte die Firma Motorola im Juni 1983 auf den Markt. Allerdings hatte das Gerät noch ein paar Tücken, die es nicht gerade zum Kassenknüller machten: Es war länger als ein DIN-A4-Blatt und brachte 800 Gramm auf die Waage. Kein Vergleich also zu den bimmelnden Winzlingen, die mehr als 25 Jahre später den Markt beherrschen. Dafür kostete das erste Handy stolze 3500 Dollar.

Brettspiel (um 3000 v. Chr.) Schon vor Jahrtausenden haben sich Menschen mit Brettspielen die Zeit vertrieben. Nach einer Legende aus dem antiken Griechenland soll der Sagenheld Palamedes das Brettspiel erfunden haben, um die Soldaten im Trojanischen Krieg bei Laune zu halten. Nüchterne Wissenschaftler bestätigten, dass solche Spiele schon lange vor Christi Geburt weit verbreitet waren. Im Iran wurde beispielsweise ein mehr als 5000 Jahre altes Spielbrett entdeckt. (Brettspiel »Das Spiel der Liebenden und Verliebten«, 18. Jh.)

Würfel (um 3000 v. Chr.) Zu dem jahrtausendealten Spielbrett, das in der iranischen Ausgrabungsstätte »Verbrannte Stadt« zutage kam, gehörten auch die ältesten bisher bekannten Würfel. Offenbar haben sich Menschen schon vor mehr als 5000 Jahren mit diesen einfachen Spielgeräten die Zeit vertrieben.

Schachautomat (1890) 1769 präsentierte der k. u. k. Hofrat Wolfgang von Kempelen seinen »Schachautomaten« (Abbildung) der erstaunten Öffentlichkeit am Wiener Hofe von Maria Theresia. Allerdings saß in dem »Türke« genannten Apparat ein kleinwüchsiger Spieler, der die Figuren mechanisch bewegte. Den ersten funktionierenden Schachautomaten entwickelte der spanische Elektromechaniker Leonardo Torres y Quevedo 1890. Dieser Apparat konnte zwar noch keine ganze Partie spielen, aber immerhin mit einem weißen Turm und einem weißen König den schwarzen König mattsetzen.

Schach Wer das erste Schachspiel erfunden hat, weiß heute niemand mehr so genau. Manche Wissenschaftler vermuten, dass das komplexe Strategiespiel ursprünglich aus Indien stammt, andere sehen die Wiege des Schachs eher in China. Eine dem heutigen Spiel schon recht ähnliche Version namens Chaturanga entstand jedenfalls in den ersten Jahrhunderten nach Christus in Indien, als man das in acht mal acht Felder unterteilte indische Brett mit Figuren des chinesischen Schach kombinierte.

Schachcomputer (1958) Einen Computer so zu programmieren, dass er zu einem ernsthaften Schachgegner wurde, war eine schwierige Aufgabe, an der sich viele Tüftler versuchten. Eines der ersten Programme entwickelte ein Team um den Amerikaner Alex Bernstein im Jahr 1958. Der damit ausgerüstete Rechner der Firma IBM brauchte allerdings etliche Minuten, um einen Zug zu berechnen.

Backgammon »Duodecim Scripta« (»Zwölf Linien«) nannten die Römer ein beliebtes Spiel, das sie vermutlich aus einem altägyptischen Brettspiel entwickelt hatten. Es gilt als Vorläufer des Backgammon und wurde schon auf dem gleichen Brett gespielt. Allerdings waren damals statt zwei noch drei Würfel im Spiel, und auch die Regeln unterschieden sich von den heutigen. (Große Heidelberger Liederhandschrift, 14. Jh.)

Mühlespiel Mühle gehört wohl zu den ältesten Strategiespielen überhaupt, es ist deutlich älter als Schach. Schon in der Bronzezeit zwischen dem dritten und dem ersten Jahrtausend vor Christus haben Menschen in Irland und anderen Regionen Europas vor Mühlebrettern gesessen und über die günstigste Position für ihre Spielsteine gegrübelt.

Dame (10./11. Jh.) Das Dame-Spiel, das mit runden Steinen auf einem Schachbrett gespielt wird, wurde wahrscheinlich im 10. oder 11. Jahrhundert nach Christus in Südfrankreich erfunden.

Halma (1883) Ein Spiel, in dem bis zu vier Teilnehmer ihre Figuren vom einem Ende des Bretts zur gegenüberliegenden Seite bewegen müssen – mit dieser Erfindung hat sich der amerikanische Chirurg George Howard Monks aus Boston im Jahr 1883 einen Namen gemacht. Sein Halma-Spiel wurde später noch um eine Version mit sternförmigem Grundriss ergänzt, an der bis zu sechs Spieler teilnehmen können.

Mikado (um 100 v. Chr.) Schon um das Jahr 100 vor Christus versuchten römische Spieler, aus einem Haufen Holzstäbchen einzelne herauszuziehen, ohne dass die anderen wackelten. Das galt damals allerdings nicht nur als Geschicklichkeitstest, sondern als Orakel. Aus der Lage der Stäbchen und den »Wacklern« zog man Schlüsse auf das Schicksal der Spieler.

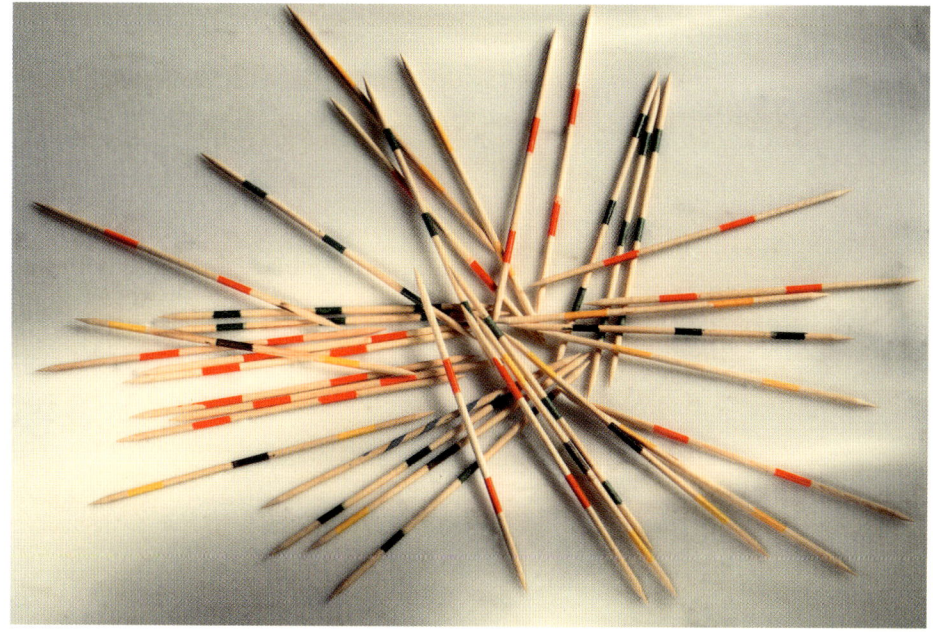

Pachisi (6. Jh.) Im sechsten Jahrhundert wurde in Indien ein Brettspiel entwickelt, das dort noch heute sehr beliebt ist. Pachisi wird auf einem kreuzförmigen Spielfeld gespielt. Die Teilnehmer würfeln mit Kaurischnecken und setzen ihre Figuren die entsprechende Zahl von Schritten voran. Sieger ist, wer zuerst alle Figuren im vorgegebenen Ziel hat. Aus diesem Spiel wurden weltweit sehr viele Varianten entwickelt.

Mensch ärgere Dich nicht (1907) Auch das wohl bekannteste deutsche Brettspiel geht auf das indische Pachisi zurück. »Mensch ärgere Dich nicht« wurde im Winter 1907 vom Münchener Spiele-Fabrikanten Josef Friedrich Schmidt erfunden und kam drei Jahre später auf den Markt.

Monopoly (1904) Am 5. Januar 1904 ließ sich die Amerikanerin Elizabeth Magie Phillips aus Virginia ein Spiel namens »The Landlord's Game« patentieren. Dabei ging es darum, sich ein Grundstücksmonopol zu verschaffen und so seine Gegner in den Ruin zu treiben. Die bekennende Quäkerin wollte mit diesem Spiel auf die Gefahren solcher Monopole aufmerksam machen, die auch im echten Leben viele Landbewohner ins Elend brachten. Heute ist der Nachfolger dieses pädagogisch gemeinten Spiels unter dem Namen »Monopoly« eines der erfolgreichsten Brettspiele der Welt.

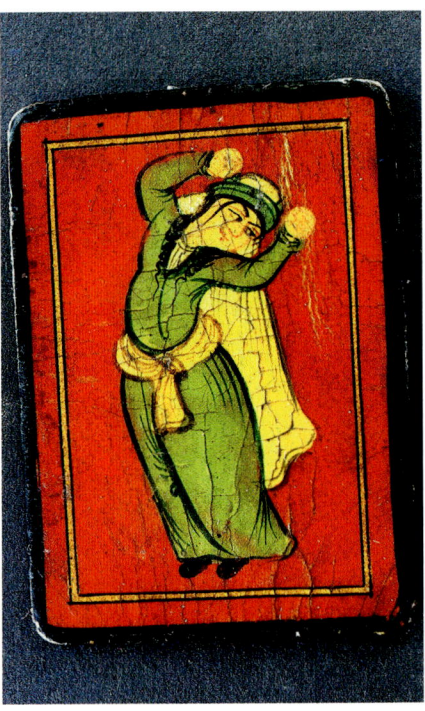

Spielkarten (12. Jh.) Die ersten Kartenspiele wurden wohl in Ostasien gespielt. Schon im 12. Jahrhundert nutzten Chinesen und Koreaner jedenfalls längliche Spielkarten für ihre Freizeitbeschäftigung.

Memory (1946) Dieses berühmte Gedächtnisspiel, bei dem man aus verdeckten Karten jeweils zwei mit dem gleichen Bild herausfinden muss, hatte mehrere Vorläufer. Einer davon war das »Zwillingsspiel« der Schweizerin Berta von Schroeder. Dieses zunächst wenig erfolgreiche Spiel wurde 1946 von William Hurter weiterentwickelt, der damals Schweizer Militärattaché in London war. Seine Version erschien dann 1959 beim Vorgänger des heutigen Ravensburger Spieleverlags und entwickelte sich zum Dauerbrenner des Sortiments.

Schafkopf (Ende 18. Jh.) Auch wenn das Kartenspiel Schafkopf heute vor allem in Bayern und der Pfalz sehr populär ist, entstand es vermutlich in einer unbekannten anderen Region am Ende des 18. Jahrhunderts. Seine Wurzeln finden sich im Tarock, das seit dem 15. Jahrhundert in verschiedenen Varianten in Europa verbreitet war, dem spanischen L'Hombre des 14. Jahrhunderts und dem Sechsundsechzig und dessen Schnapsen-Variante, die seit dem 17. Jahrhundert in Deutschland und Österreich-Ungarn sehr beliebt waren.

Roulette (17. Jh.) Das Glücksspiel Roulette wurde vermutlich im 17. Jahrhundert in Italien erfunden. Dabei wird eine Kugel in eine Schüssel mit einer drehbaren Nummernskala geworfen, die Spieler wetten Geld auf die Zahl, bei der die Kugel liegen bleibt.

Skat (1820) Im thüringischen Altenburg wurde um 1820 aus dem Schafkopf ein neues Kartenspiel namens Skat entwickelt. Dieses wurde sehr schnell populär: Zum ersten deutschen Skatkongress reisten 1886 schon mehr als Tausend Teilnehmer in die »Skatstadt« Altenburg.

Spielautomat (1889) Den ersten Geldspielautomaten erfanden die Brüder Adolphe und Auguste Arthur Caille aus Detroit im Jahr 1889. Nachdem man Münzen eingeworfen hatte, konnte man diese »Black Cat« mit einem seitlichen Hebel starten. Daher bekam der Apparat auch seinen Spitznamen »Einarmiger Bandit«.

Spielcasino (14. Jh.) Die Idee, Glücksspiele an festen Veranstaltungsorten auszurichten, ist nicht neu. Schon im 14. und 15. Jahrhundert gab es in Holland und Flandern spezielle Spielhäuser, auch in Frankfurt am Main wurde 1396 ein solches Casino eröffnet.

Scrabble (1938/48) Der US-amerikanische Architekt Alfred Mosher Butts erfand Anfang der 1930er Jahre ein Spiel namens »Lexico«, bei dem man Buchstaben zu Wörtern zusammensetzen musste und dafür Punkte bekam. Allerdings interessierte sich kein Spielehersteller dafür, auch ein Patent bekam der Tüftler nicht. Der 1938 entwickelte Nachfolger, der auf einem Brett gespielt wurde, fand ebenfalls keine Abnehmer. Erst als der Anwalt James Brunot 1948 die Vertriebsrechte übernahm, das Spiel umtaufte und zum Patent anmeldete, schaffte »Scrabble« den Durchbruch.

Kreuzworträtsel (1913) In ihrer Weihnachtsbeilage des Jahres 1913 veröffentlichte die Zeitung New York World das weltweit erste Kreuzworträtsel. Der Journalist Arthur Wynne aus Liverpool hatte sich die 31 Begriffe ausgedacht, die es in die rautenförmig angeordneten Kästchen einzutragen galt.

SUDOKU

Der Rätselspaß aus Japan

Computerspiel (1958) Als das erste Computerspiel der Geschichte gilt »Tennis for two«, das der amerikanische Physiker William Higinbotham im Jahr 1958 entwickelte. Auf einem kleinen Bildschirm war dabei eine Art Tennisfeld von der Seite zu sehen. Die beiden Spieler mussten mithilfe eines einfachen Steuergerätes versuchen, einen Lichtpunkt unfallfrei über das dargestellte Netz zu bugsieren. Die Abbildung zeigt die »moderne« Version in Farbe von 1977.

Sudoku (18. Jh.) Schon im 18. Jahrhundert konstruierte der Schweizer Mathematiker Leonhard Euler in einzelne Felder unterteilte Rätselblätter, die sogenannten lateinischen Quadrate. Ziel der Denksportaufgabe war es, die Felder mit Buchstaben oder Zahlen so auszufüllen, dass jedes Zeichen in jeder Zeile oder Spalte nur einmal vorkam. Nachfolger dieser Quadrate sind die heute beliebten Sudokus.

Gameboy (1989) Das erste tragbare Gerät für Videospiele brachte die US-Firma Milton Bradley schon Ende der 1970er Jahre auf den Markt. Wegen des kleinen Bildschirms und der geringen Auswahl an Spielen wurde der »Microvision« allerdings kein dauerhafter Erfolg. Den großen internationalen Durchbruch schafften solche Spielkonsolen erst mit dem »Gameboy«, den die Japanische Firma Nintendo 1989 der Öffentlichkeit vorstellte.

Puppe (um 2000 v. Chr.) Puppen waren offenbar schon bei den Kindern im alten Ägypten beliebt. Sie finden sich jedenfalls bereits in 4000 Jahre alten Kindergräbern aus dieser Region. Die meisten dieser frühen Puppen bestanden aus Holz, reichere Familien konnten sich aber auch Exemplare aus Keramik leisten. (Holzpuppe, Ägypten, 2. Jt. v. Chr.)

Puppenstube (1558) Das älteste bekannte Miniaturhaus mit Möbeln und Puppenbewohnern stammt aus dem Jahr 1558 und gehörte Herzog Albrecht V. von Bayern. Es war allerdings nicht zum Spielen, sondern mehr als Dekorationsobjekt gedacht.

Kaspertheater (16. Jh.) Kleine Puppenbühnen, auf denen Kasper und seine Begleiter in Deutschland, »Punch and Judy« in England und ähnliche Figuren in anderen europäischen Ländern auftreten, haben eine lange Geschichte. Sie lässt sich bis zu den komischen Figuren der italienischen Stegreifkomödie Commedia dell'arte im 16. Jahrhundert zurückführen.

Marionette (um 2000 v. Chr.) Auch Marionetten, die sich mit Fäden oder Drähten bewegen ließen, kannten die Ägypter schon um 2000 vor Christus. Mit solchen Puppen aus Holz, Keramik und Elfenbein wurden wahrscheinlich religiöse Handlungen dargestellt.

Teddybär (1902/03) Es gibt mehrere Legenden, die sich um die Erfindung des Teddybären ranken. Eine der bekanntesten erzählt, dass sich US-Präsident Theodore Roosevelt im Jahr 1902 auf einer Jagd weigerte, ein Bärenbaby zu erschießen. Die Zeitung Washington Post veröffentlichte daraufhin eine Karikatur der Geschehnisse. Die wiederum inspirierte einen russischen Einwanderer namens Morris Michtom und seine Frau dazu, einen Stoffbären als Schaufensterdekoration für ihren Laden in Brooklyn zu nähen. Bald wurde dieser Bär so beliebt, dass die beiden 1903 eine Spielzeugfabrik gründeten. Ungefähr zur gleichen Zeit begann allerdings auch die deutsche Firma Steiff mit der Konstruktion ihrer ersten Teddys.

Tamagotchi (1996) Der japanische Spielzeughersteller Bandai entwickelte 1996 ein kleines rundes Plastik-Ei mit Display und etlichen Knöpfen. Dieses »Tamagotchi« sollte ein Küken darstellen, dessen Bedürfnisse – wie Fressen, Schlafen und Zuneigung – der Besitzer per Knopfdruck zu befriedigen hatte. Innerhalb kurzer Zeit wurde dieses elektronische Haustier zum Kult, der allerdings auch schnell wieder abebbte.

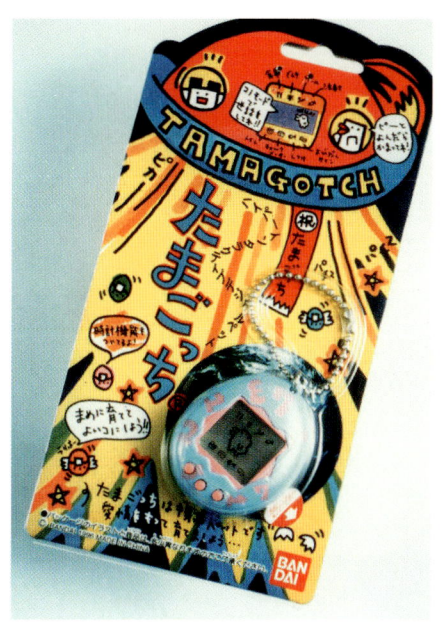

Legosteine (1949) Im Jahr 1949 brachte die dänische Firma Lego (Abk. von dän. »leg godt«: »spiel gut«) bunte Kunststoffbausteine auf den Markt, die sich mithilfe von Noppen zusammenstecken ließen. Diese Legosteine wurden zu einem international bekannten Klassiker auf dem Spielzeugmarkt.

Fußball (um 2000 v. Chr.) Das erste bekannte Spiel, das dem heutigen Fußball ähnelte, wurde im 2. Jahrtausend vor Christus in China gespielt. Die Regeln sind allerdings nicht überliefert. Als ziemlich sicher gilt aber, dass die Menschen damals nicht zum reinen Vergnügen dem Ball hinterherrannten: Der Ur-Fußball gehörte wohl zum Trainingsprogramm des Militärs. (Englische Karikatur, Straßenfußball, 19. Jh.)

Ball (um 3000 v. Chr.) Schon lange vor der Zeitenwende hatten Völker in etlichen Teilen der Welt Ballspiele erfunden. Sowohl bei den Chinesen als auch bei den Ägyptern waren solche Zerstreuungen schon um 3000 vor Christus bekannt. In der europäischen Antike gab es sogar schon Ballspielräume, die allein diesem sportlichen Zeitvertreib dienten. (Römisches Mosaik, Sizilien, 3./4. Jh.)

Schiedsrichter (1874) Den ersten Unparteiischen schickte der englische Fußballverband im Jahr 1874 auf den Platz. Der Schiedsrichter und seine beiden Assistenten saßen damals allerdings noch am Spielfeldrand und wurden nur bei Streitigkeiten von den beiden Mannschaftsführern angerufen.

Trillerpfeife (1883) 1883 gewann Joseph Hudson aus Birmingham einen Ideenwettbewerb der Londoner Polizei. Die Ordnungshüter hatten nach einer besseren Möglichkeit gesucht, Menschen auf sich aufmerksam zu machen. Und das gelang ihnen mithilfe von Hudsons schriller Pfeife problemlos. Außerdem entwickelte der Tüftler auch die erste Pfeife für Fußballschiedsrichter, die ein Jahr später zum ersten Mal ein Spiel unterbrach.

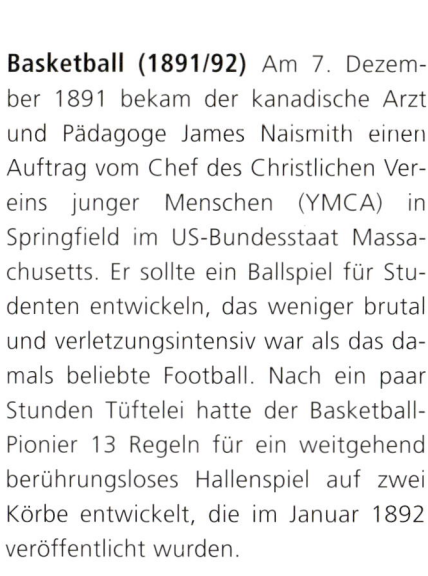

Handball (um 1900) Schon in der Antike spielten sowohl Griechen als auch Römer verschiedene Wurfspiele, die dem heutigen Handball ähnelten. Ein Spiel namens Harpastum zum Beispiel war im alten Rom bis etwa ins fünfte Jahrhundert nach Christus äußerst populär. Nach heutigen Maßstäben war es wohl eher eine Mischung aus Handball und Rugby. Das Handballspiel im heutigen Sinne wurde aber erst um die Wende vom 19. zum 20. Jahrhundert entwickelt.

Basketball (1891/92) Am 7. Dezember 1891 bekam der kanadische Arzt und Pädagoge James Naismith einen Auftrag vom Chef des Christlichen Vereins junger Menschen (YMCA) in Springfield im US-Bundesstaat Massachusetts. Er sollte ein Ballspiel für Studenten entwickeln, das weniger brutal und verletzungsintensiv war als das damals beliebte Football. Nach ein paar Stunden Tüftelei hatte der Basketball-Pionier 13 Regeln für ein weitgehend berührungsloses Hallenspiel auf zwei Körbe entwickelt, die im Januar 1892 veröffentlicht wurden.

Volleyball (1895/96) Der Amerikaner William G. Morgan, ein Sportdirektor beim Christlichen Verein junger Menschen (YMCA), entwickelte 1895 ein Spiel, das für ältere Mitglieder eine weniger anstrengende Alternative zum Basketball bieten sollte. Das zunächst »Mintonette« genannte Spiel wurde 1896 auf den Namen Volleyball umgetauft.

Squash (13. Jh.) Im Mittelalter wurde zunächst in den Kreuzgängen von Klöstern, später in eigenen Ballspielhäusern ein Spiel namens »Jeu de Paume« gespielt. Dabei schlugen die Spieler den Ball ähnlich wie beim heutigen Squash gegen die Wand. Aus diesem Spiel ging später das Tennis hervor.

BALL PLAY ON THE ICE.

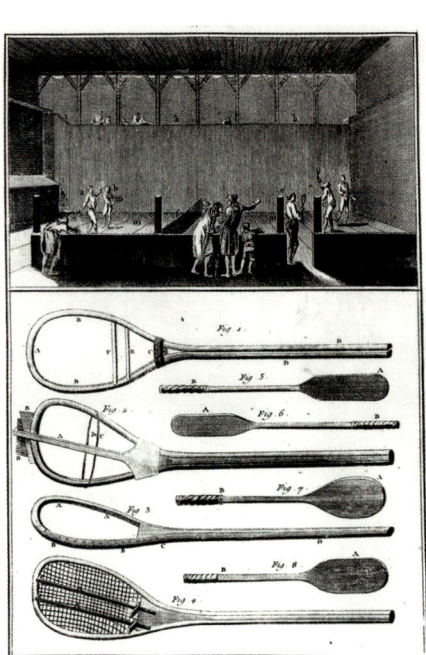

Eishockey (1875) Auf Schlittschuhen mit Knochenkufen waren im 12. Jahrhundert dänische Spieler unterwegs, die eine Art Eishockey spielten. Auch aus vielen anderen Regionen gibt es Berichte über ähnliche Sportarten, die zum Teil sogar schon vor Christi Geburt bekannt gewesen sein sollen. Das erste moderne Eishockey-Spiel fand aber erst 1875 im kanadischen Montreal statt.

Tennis (1877) Aus verschiedenen Vorläuferspielen entstand das Tennis im heutigen Sinn. Die noch heute üblichen Regeln wurden zum ersten Mal bei den ersten Tennismeisterschaften angewendet, die im Juli 1877 im britischen Wimbledon stattfanden.

Federball (1. Jh.) Spiele, bei denen man einen gefiederten Ball mithilfe eines Schlägers zum Gegner zurückschlagen muss, gibt es schon lange. In Indien wurden dazu schon vor 2000 Jahren mit Hühnerfedern besetzte Holzbälle verwendet. Ähnliche Spiele waren auch bei den Inkas und Azteken in Süd- und Mittelamerika bekannt.

Boule (vor 460 v. Chr.) Eine Version des beliebten Strandspiels Boule, bei dem Holz- oder Kunststoffkugeln in Richtung eines Ziels geworfen werden, war offenbar schon in der Antike bekannt. Jedenfalls empfahlen Hippokrates und andere griechische Ärzte schon 460 vor Christus das Spiel mit Steinkugeln als gesundheitsfördernd.

Frisbee (1947) In den 1940er Jahren machten sich Kinder und Studenten in den USA einen Spaß daraus, runde Kuchenbleche durch die Gegend zu werfen. In solchen »pie tins« verkaufte die Firma »Frisbie Pie Company« damals ihr Gebäck. Die Bleche, die nach dem Verzehr als Abfall übrig blieben, wurden zum beliebten Spielzeug. Allerdings trudelten sie mehr durch die Luft, weite Strecken flogen sie nicht. Also machte sich der Tüftler Walter Frederick Morrison daran, die Flugeigenschaften der Scheibe zu verbessern. 1947 war sein erstes aus Plastik gefertigtes Modell der Frisbee-Wurfscheibe fertig.

Hula-Hoop (4. Jh. v. Chr.) Sportliche Übungen mit Holzreifen waren schon in der Antike bekannt. Im vierten Jahrhundert vor Christus empfahl der berühmte griechische Arzt Hippokrates solche Aktivitäten als eine Art Reha-Maßnahme.

Eine Renaissance erlebte die Kunststoff-Variante dieser Sportgeräte dann Ende der 1950er Jahre, als unzählige Menschen Hula-Hoop-Reifen um die Hüften schwangen.

Bungee-Jumping Die Erfinder des Bungee-Springens sind wohl die Angehörigen des Sa-Volkes auf der Insel Pentecôte im Pazifik. Die Insel ist berühmt für ihre Lianenspringer, die sich alljährlich bei einer traditionellen Veranstaltung von hohen Sprungtürmen stürzen und dabei nur von zwei um die Fußknöchel gebundenen Lianen gesichert werden. Dieses Ritual begeisterte die Mitglieder des Oxford University Dangerous Sports Clubs in den 1970er Jahren so, dass sie eine neue Variante mit Gummibändern statt Lianen entwickelten.

Karussell (1620) Das erste bekannte Karussell der Geschichte drehte sich im Jahr 1620 in der damals türkischen Stadt Philippopolis, dem heutigen Plovdiv in Bulgarien. Nach Schilderungen eines englischen Reisenden bestand das Gerät aus einem großen Wagenrad mit acht kleinen Sitzen, auf denen Kinder Platz nehmen konnten. Dieses Karussell musste noch von Hand in Bewegung gesetzt werden.

Riesenrad (1893) Was konnte man dem Eiffelturm entgegensetzen, den die Stadt Paris anlässlich der Weltausstellung 1889 gebaut hatte? Auf diese Frage fand der Brückenbau-Ingenieur George Washington Gale Ferris aus Pittsburgh eine ungewöhnliche Antwort. Die Weltausstellung in Chicago im Jahr 1893 trumpfte mit seiner Erfindung auf: dem ersten Riesenrad der Welt. Dieses »Ferris Wheel« war mehr als 80 Meter hoch und hatte 36 Gondeln für jeweils 60 Passagiere.

Achterbahn (16. Jh.) Die Idee für die heute auf Volksfesten beliebten Achterbahnen stammt wohl aus Russland. Schon im 16. Jahrhundert gab es dort aus Holz gebaute Abfahrtshügel, die im Winter mit Wasser übergossen wurden. Die so entstehenden Eisbahnen konnte man dann mit einem Schlitten hinunterrodeln. Als man später die Schlittenkufen durch Räder ersetzte, konnte man die Anlagen auch im Sommer benutzen.

Autoscooter (Anfang 20. Jh.) Die ersten Fahrgeschäfte, bei denen die Gäste in kleinen Autos saßen, entstanden Anfang des 20. Jahrhunderts in den USA. »Neville's Automobile Railroad« zum Beispiel war schon 1906 im Vergnügungspark Coney Island in Betrieb.

Vergnügungspark (Ende 19. Jh.) Jahrmärkte hatten schon seit dem Mittelalter ein buntes Unterhaltungsprogramm zu bieten. Doch Ende des 19. Jahrhunderts entstand eine neue Art von Volksbelustigung, bei der technische Erfindungen im Mittelpunkt standen. Die von Motoren angetriebenen und elektrisch beleuchteten Fahrgeschäfte sind noch heute die Attraktion jedes Vergnügungsparks.

Zoo (um 2000 v. Chr.) Anlagen, in denen eine Kollektion von Tieren gehalten und ausgestellt wurde, haben die Chinesen schon vor mindestens 4000 Jahren erfunden. Damals gab es eine solche Menagerie am kaiserlichen Hof.

Stadion (8. Jh. v. Chr.) Die ersten Sportstadien der Geschichte haben wohl die alten Griechen erfunden. Ein »Stadion« war ursprünglich ein griechisches Längenmaß, das einer Strecke von 165 bis 196 Metern entsprach. Diese Distanz war schon im 8. Jahrhundert vor Christus eine beliebte Strecke für Wettläufe. Bald verwendeten die sportbegeisterten Griechen die Bezeichnung nicht nur für die Entfernung, sondern auch für die ganze Sportanlage mit Laufbahn und Zuschauerrängen.

Olympische Spiele (776 v. Chr.) Die ersten Olympischen Spiele, die noch mehr ein religiöses Fest als ein Sportwettkampf waren, sollen im Jahr 776 vor Christus im griechischen Olympia stattgefunden haben. Vom 17. Jahrhundert an versuchte man dann in verschiedenen europäischen Ländern, die antike Idee als Sportfest wiederzubeleben. Die ersten echten Olympischen Spiele der Neuzeit wurden auf Anregung des Franzosen Pierre de Coubertin im Jahr 1896 in Athen eröffnet

Handel Den ersten Handel machten wohl bereits die Frühmenschen, als sie feststellten, dass einer von ihnen ein begnadeter Jäger war, während sein Kollege die besten Speerspitzen weit und breit herstellte. Da lag der Handel Fleisch gegen Speerspitze nahe. Kommerz ist also so alt wie die Menschheit.

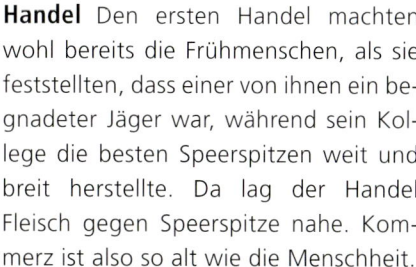

Bergwerk (um 6000 v. Chr.) Die besten Speerspitzen und Sensen schlugen die Steinzeitmenschen aus Feuerstein. Um an diesen begehrten Rohstoff zu kommen, bauten sie in der Nähe von Arnhofen, rund 30 Kilometer südlich des heutigen Regensburg, das erste Bergwerk der Geschichte. Mit primitiven Schaufeln und bloßen Händen buddelten sie bis zu acht Meter tiefe Schächte in den Untergrund. Mit einfachen Geflechten aus Weidenzweigen stützten sie diese Gruben ab und verhinderten, dass Erde nachrutschte. Um die zweihundert Arbeitsstunden steckten in einem solchen rund zwei Meter breiten Schacht, schätzt der Geoarchäologe Alexander Binsteiner von der Innsbrucker Universität, der dieses größte Feuersteinbergwerk Deutschlands ausgegraben hat.

Fernhandel (um 6000 v. Chr.) Der niederbayerische Feuerstein ließ vor 8000 Jahren auch den ersten Fernhandel der Menschheit entstehen. Über 250 Kilometer exportierten Handelskarawanen den wertvollen Rohstoff durch die Täler der Flüsse Donau, Regen, Naab und Schwarzach bis zu einem gerade einmal vierhundert Meter hohen Übergang durch den Bayerischen Wald nach Böhmen nahe dem heutigen Furth im Wald. Damals entstand auch der Beruf des Handelsreisenden, der seinen Lebensunterhalt vom Erlös seiner Reise finanzierte.

Einkaufszentrum (1785) Schon 1785 eröffnete in St. Petersburg ein großes Einkaufszentrum namens »Gostiny Dwor« (Abbildung). Darin fand der interessierte Kunde mehr als hundert Geschäfte, die auf 53 000 Quadratmetern Fläche ihre Waren verkauften.

Service des échantillons. — L'étiquetage.

Kaufhaus (1838) Das erste echte Kaufhaus war wohl das »Le Bon Marché«, das Aristide Boucicaut 1838 in Paris eröffnete. In verschiedenen Abteilungen bot es bereits eine breite Palette von Waren zu festen Preisen an. (Mitarbeiterinnen des »Bon Marché« beim Etikettieren der Ware per Hand, Stich, 1889)

Münze (um 650 v. Chr.) Als Erfinder der Münzen gelten die Lyder. Dieses Volk in Kleinasien prägte schon im Jahr 650 v. Chr. einheitlich große Metallstücke mit dem Wappen von König Krösus.

Geld (um 2000 v. Chr.) Jahrtausendelang hatten Menschen immer eine Ware gegen die andere eingetauscht. Doch da manche Handelsgüter schwer zu transportieren sind, kam man schließlich auf die Idee, den Gegenwert stellvertretend in handlicheren Gegenständen auszubezahlen. Eine beliebte frühe Währung war beispielsweise die Kaurimuschel (Abbildung), mit der man vor etwa 4000 Jahren in China, Nordafrika und Südostasien bezahlen konnte. Die Maya in Lateinamerika dagegen verwendeten Kakaobohnen als Geldersatz.

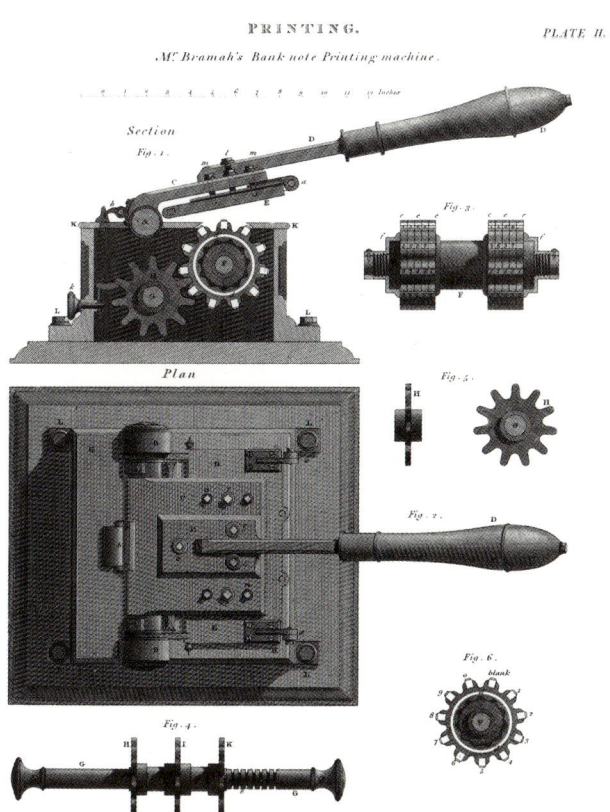

Spardose (2. Jh. v. Chr.) Eine der ältesten bekannten Spardosen wurde bei einer Ausgrabung in Priene in der heutigen Türkei entdeckt. Sie stammt aus dem zweiten Jahrhundert vor Christus und hat die Form eines griechischen Schatzhauses, bei dem man durch einen Schlitz am Giebel Münzen einwerfen kann.

Geldschein (650) Das erste Papiergeld gab der chinesische Kaiser im Jahr 650 heraus. Es war allerdings nicht als eigenständiges Geld gedacht, sondern nur als Ersatz für fehlende Münzen. Wer einen solchen Schein vorlegte, bekam auf Wunsch den Gegenwert in Münzen ausbezahlt. (Notenpresse von 1820)

Bank (2. Jh. v. Chr.) Die ersten Banken der Geschichte vermuten Wissenschaftler in Mesopotamien. In dieser Region zwischen den Flüssen Euphrat und Tigris im heutigen Irak und Syrien lagen die Reiche der Sumerer, Assyrer und Babylonier. Dort gab es schon im zweiten Jahrhundert vor Christus Einrichtungen, bei denen man Geldgeschäfte tätigen konnte.

Bankkonto (2. Jh. v. Chr.) Bei diesen ersten Banken in Mesopotamien konnte man seine Ersparnisse bereits auf ein Konto einzahlen und später wieder abheben.

DIVIDEND DAY AT THE BANK.

Scheck (2./1. Jh. v. Chr.) Vermutlich hatten die Bankiers des Zweistromlandes auch schon den Scheck erfunden, für den der Überbringer eine bestimmte Summe ausgezahlt bekommt. Auch die Römer sollen solche Wertpapiere bereits im ersten Jahrhundert vor Christus genutzt haben.

Kreditkarte (1950) Beim Essen in einem Restaurant in Manhattan geriet der amerikanische Geschäftsmann Frank McNamara im Jahr 1950 in eine peinliche Situation. Als er seine Rechnung bezahlen wollte, stellte er fest, dass er sein Geld vergessen hatte. Es gibt verschiedene Versionen, wie die Geschichte weiterging. Einige behaupten, er hätte seine Visitenkarte als Sicherheit hinterlassen; möglicherweise musste ihn auch seine Frau auslösen. Jedenfalls wollte er so etwas nicht noch einmal erleben. Mit »Diners Club« gründete er die erste Kreditkartenfirma der Welt.

Aktie (2./1. Jh. v. Chr.) Aktien waren schon im alten Rom bekannt. Damals gab es Finanzgesellschaften mit zahlreichen Mitgliedern, die jeweils für einige Jahre die Erträge von Zöllen, Bergwerken und Salinen pachteten.

Börse (1409) Die erste Börse der Welt wurde 1409 in der belgischen Stadt Brügge gegründet. Der Wertpapierhandel war dort zunächst fest in Händen von Kaufleuten italienischer Herkunft. Die ersten deutschen Börsen öffneten 1540 in Nürnberg und Augsburg die Tore.

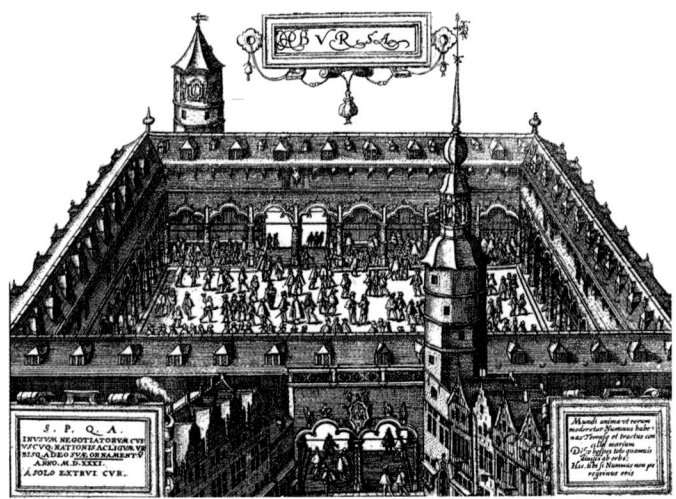

Demokratie (5. Jh. v. Chr.) Eine der bis heute wichtigsten Errungenschaften der griechischen Antike war wohl die Erfindung der Demokratie. Diese »Herrschaft des Volkes« wurde zuerst im 5. Jahrhundert vor Christus in Athen, später auch in anderen griechischen Stadtstaaten verwirklicht. Jeder freie Bürger über 18 Jahre hatte damals das Recht, an Regierungsentscheidungen mitzuwirken. Allerdings schloss diese Definition einen guten Teil der Bevölkerung von der Meinungsbildung aus: Frauen, Sklaven und Ausländer hatten kein Stimmrecht.

Die

Rechte des Menschen

und des

Bürgers,

wie sie die französische konstituirende National-versammlung 1791 proklamirte,

mit

Erläuterungen

von

Georg Wedekind

Mitgliede des Nationalkonvents der freien Deut-schen zu Mainz.

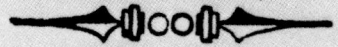

Menschenrechte (17./18. Jh.) Schon in der Antike plädierten etliche Philosophen dafür, zumindest einige Elemente der heutigen Menschenrechte bei der Organisation des Staates zu berücksichtigen. Allerdings war von diesen Rechten immer ein Teil der Bevölkerung ausgeschlossen. Die Idee der für alle gültigen Menschenrechte entstand vor allem im Zeitalter der Aufklärung im 17. und 18. Jahrhundert.

Polizei (5. Jh. v. Chr.) Wer Gesetze erlässt, muss auch für deren Einhaltung sorgen. Zu diesem Zweck entstanden in verschiedenen Regionen der Welt schon Jahrhunderte vor Christi Geburt Polizeieinheiten. So sorgten in Athen vom fünften Jahrhundert vor Christus an etwa 300 skythische Sklaven für Recht und Ordnung. Diese Kräfte kontrollierten zum Beispiel öffentliche Versammlungen oder halfen bei Verhaftungen. Andere heutige Polizeiaufgaben wie das Aufklären von Verbrechen waren dagegen Aufgabe der Bürger.

Gesetzgebung (2. Jt. v. Chr.) Schon früh in der Geschichte dürften Menschen auf die Idee gekommen sein, ihr Zusammenleben durch Gesetze und Vorschriften zu regeln. Einer der ältesten erhaltenen Gesetzestexte ist der Codex des babylonischen Königs Hammurabi (Abbildung), der von 1810 bis 1750 vor Christus lebte. Die 281 Paragraphen dieses Werkes sind in Keilschrift in einen mehr als zwei Meter hohen Steinpfeiler eingemeißelt, der 1901 in Susa im heutigen Iran entdeckt wurde. Auch auf Tontafeln sind die Bestimmungen erhalten geblieben. In dem Gesetzestext sind alle möglichen Aspekte geregelt – von den Pflichten der Soldaten, Bauern, Ehepartner oder Ammen über das Erbrecht bis hin zu drakonischen Strafen für Diebstahl, falsche Anschuldigungen und Mord.

ARRESTED WHILE PAWNING.

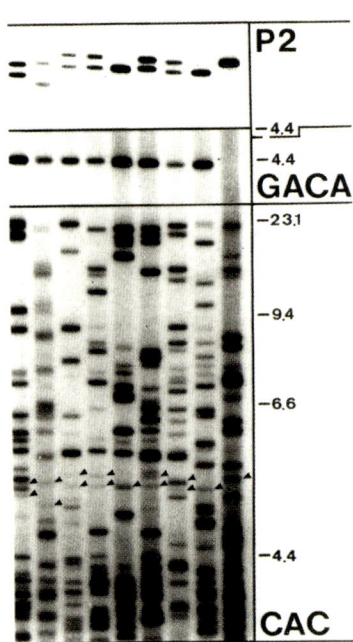

Fingerabdruck (1888) Schon im 17. Jahrhundert beschäftigte sich ein britischer Botaniker namens Nehemia Grew mit den Rillen und Tälern auf den menschlichen Fingerkuppen. Auf größeres Interesse stieß der Fingerabdruck aber erst 1888, als der britische Naturforscher und Genetiker Sir Francis Galton eine aufwändige Studie zum Thema veröffentlichte. Er zeigte, dass das Rillenmuster jedes Menschen einmalig ist und sich daher zur Identifikation von Personen eignet.

Polizeihund (1896) Die ersten Polizeihunde gingen in Deutschland um die Wende vom 19. zum 20. Jahrhundert auf Streife. Die Stadt Hildesheim stellte 1896 zwölf Hunde für die Nachtwache ein, der preußische Kommissar Franz Friedrich Laufer verpflichtete in den ersten Jahren des 20. Jahrhunderts eine Dogge namens Cäsar als vierbeinigen Helfer.

Genetischer Fingerabdruck (1984) 1984 entwickelte der britische Genetiker Alec John Jeffreys ein Verfahren, mit dem man Menschen anhand ihres Erbguts identifizieren kann. Hat ein Verbrecher am Tatort Hautzellen oder Sperma zurückgelassen, isolieren Fachleute daraus das Erbmaterial DNA und vergleichen bestimmte Abschnitte davon mit denen von bekannten Personen. Stimmen die Sequenzen der DNA-Bausteine überein, ist der Täter überführt.

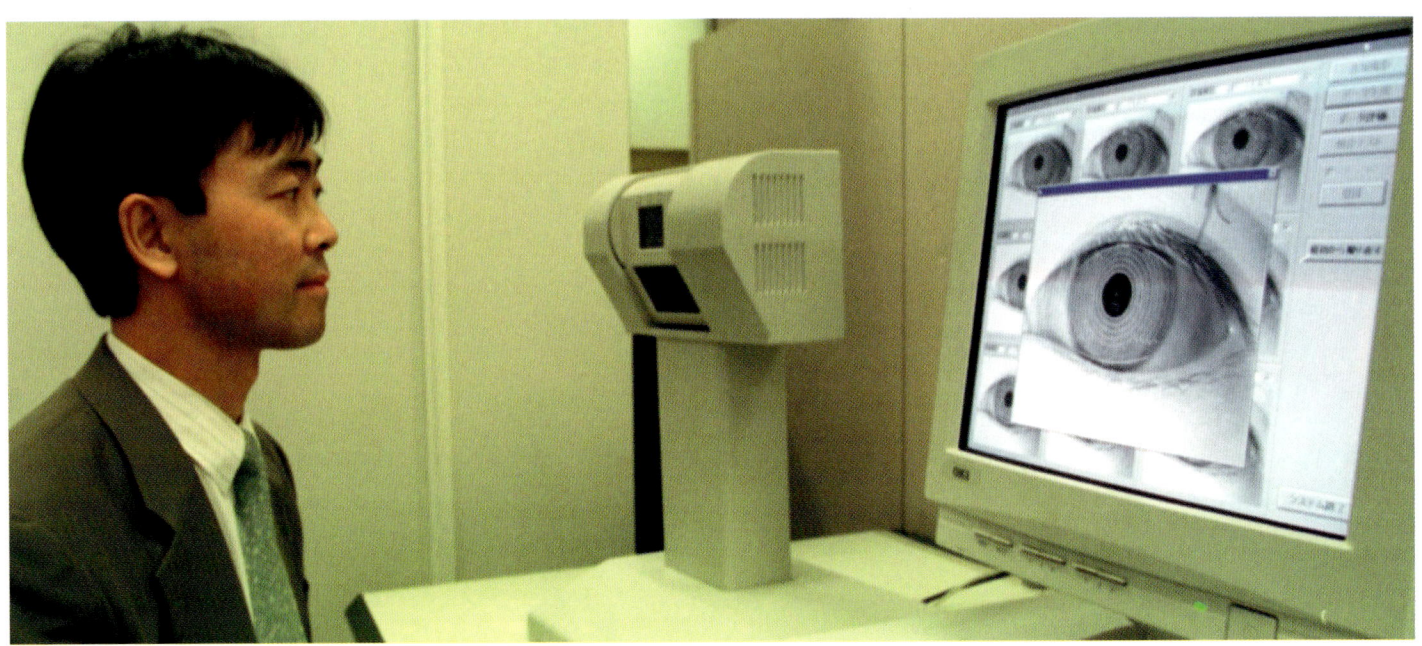

Iris-Scan (um 1985) Auch die Struktur der Regenbogenhaut des Auges sieht bei jedem Menschen anders aus. Mitte der 1980er Jahre entwickelten die US-amerikanischen Augenärzte Leonard Flom und Aran Safir ein Verfahren, mit dem man diese Unterschiede analysieren und so einzelne Personen identifizieren kann. Der mit einer Spezialkamera aufgenommene Iris-Scan wird heute beispielsweise bei Grenzkontrollen eingesetzt.

Handschellen Schon im Mittelalter waren metallene Handfesseln üblich. Sie bestanden meist einfach aus zwei halbkreisförmigen Eisenbändern, die mit einer Kette verbunden waren und mit einem Schloss befestigt wurden.

Gefängnis Schon in den frühen Tagen der Menschheitsgeschichte dürften Menschen auf die Idee gekommen sein, missliebige Zeitgenossen einzusperren. Vermutlich waren es in die Erde gegrabene Fallgruben für Tiere, die zu den ersten Gefängnissen umfunktioniert wurden.

Untersuchungshaft Jahrtausendelang dienten Gefängnisse nur dazu, Straftäter vorübergehend festzusetzen. Die Betreffenden verbrachten also einige Zeit in Untersuchungshaft, bevor sie verurteilt wurden und ihre eigentliche Strafe antraten. Im antiken Griechenland und Rom konnte das zum Beispiel eine Geldstrafe sein, bei schwereren Vergehen drohten Prügel, Verstümmelungen, Verbannung und Sklavenarbeit oder sogar die Todesstrafe. Das Einsperren selbst galt jedoch nicht als Strafe.

Haftstrafe Erst im Mittelalter nutzte man auch die Haftstrafe, um Straftäter zur Räson zu bringen. Diese Idee kam in den damaligen Klostergefängnissen auf, in denen der Täter durch Reue und Buße auf den rechten Weg zurückfinden sollte.

Feuerspritze (um 250 v. Chr.) Neben Eimern, Leitern, Decken und verschiedenen anderen Ausrüstungsgegenständen hatte die römische Feuerwehr auch Feuerspritzen in Betrieb. Diese mit Muskelkraft angetriebenen Löschpumpen hatte der Techniker Ktesibios von Alexandria schon um das Jahr 250 vor Christus erfunden.

Feuerwehr (21 v. Chr.) Die ersten organisierten Feuerlöscheinheiten hatten schon die alten Ägypter gegründet. Doch je mehr sich die Städte ausdehnten, desto wichtiger wurde auch der professionelle Kampf gegen die Flammen. Die Millionenstadt Rom zum Beispiel erlebte in ihrer Geschichte mehrere verheerende Feuersbrünste. Im Jahr 21 vor Christus wurde daher eine erste Feuerwehr mit 600 Sklaven eingerichtet.

Feuerlöscher (1723) Den ersten automatischen Feuerlöscher ließ sich der Chemiker Ambrose Godfrey 1723 in England patentieren. Das Gerät enthielt eine Ladung Schießpulver. Wurde diese gezündet, explodierte sie und verteilte dabei die Löschflüssigkeit im Raum.

Feuerwehrschlauch (4. Jh. v. Chr./17. Jh.) Im antiken Griechenland sollen unter Alexander dem Großen Feuerwehrschläuche im Einsatz gewesen sein. Diese praktischen Hilfsmittel gerieten allerdings wieder in Vergessenheit, sodass sie im 17. Jahrhundert wieder neu erfunden werden mussten. Der holländische Maler und Brandmeister Jan van der Heyde führte 1673 einen Schlauch aus Segeltuch ein.

Schule (5./4. Jh. v. Chr.) Zentrale Einrichtungen, in denen Wissen aller möglichen Sparten gelehrt wird, gibt es mindestens seit der Antike. Im alten Griechenland hatten Privatschulen, die zunächst nur von freien männlichen Bürgern besucht werden durften, bereits einigen Zulauf. Für diese Jungen standen dort Gymnastik, Wettkämpfe, Dichtkunst und Tanz auf dem Stundenplan. Um 300 vor Christus gab es dann schon Schulen für beide Geschlechter, in denen ein breiteres Wissen gelehrt wurde.

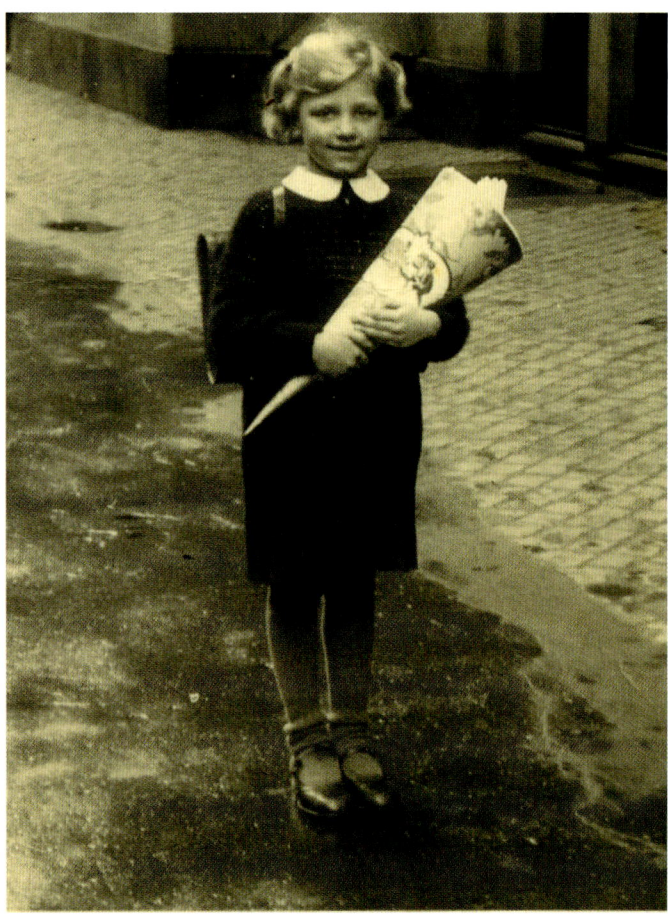

Schultüte (Anfang 19. Jh.) Der Brauch, Kindern den ersten Schultag mit Leckereien zu versüßen, entstand wohl Anfang des 19. Jahrhunderts. Vor allem in Sachsen und Thüringen waren solche Schultüten damals üblich.

Universität (um 280 v. Chr.) Die erste Hochschule gründete wohl Ptolemäos Philadelphos mit dem Museion um 280 vor Christus in Alexandria. Die Philosophenschule in Athen und die Athenäen um 135 nach Christus setzten diese Tradition fort. 1057 öffnete in Salerno eine reine Medizinhochschule ihre Pforten. Die erste echte Universität entstand 1088 als Rechtsschule in Bologna. Die nächsten Universitäten wurden 1150 in Paris, 1167 in Oxford, 1209 in Cambridge, 1218 in Salamanca, 1220 in Montpellier und 1222 in Padua sowie 1348 in Prag und 1386 in Heidelberg gegründet.

Register

Namensregister

Register

Register

Verzeichnis der Erfindungen und Entdeckungen

Register

Bildnachweis

Bildnachweis

akg: S. 35 or, 44 ol, 48 M, 50 o, 61 ur, 67 o, 88 ol, 90 ur, 114 or, 131 u, 133 o, 138 o, 163 or, 170 u, 172 u, 178 o, 284 ur, 319 or; **Bayer Business Services GmbH:** S. 214 or; **J. Borchert:** S. 108 ol; **M. Büsgen:** S. 36 M, 37 or, 56 Mr, 57 u, 68 u, 69 (alle), 90 ol, 100 o, 177 ur, 261 ul, 288 u, 315 o, 328 ul; **Dithmarscher Landesmuseum, Meldorf:** S. 172 or; **dpa/picture alliance:** S. 6 or, 9 l (beide), 10 o, 11 M, 12 ol, 12 Ml, 12 u, 13 o, 13 M, 14 M, 14 u, 15 M, 17 o, 18 ol, 20 o, 21 o, 22 o, 23 o, 25 u, 28 ol, 28 or, 30 or, 30 u, 32 o, 33 ur, 35 ur, 36 o, 38 (alle), 39 o, 41 o, 41 u, 42 (alle), 43 (alle), 45 or, 45 ur, 46 or, 46 ul, 46 ur, 47 ul, 48 u, 49 M, 49 u, 50 M, 50 u, 51 o, 51 Ml, 51 u, 53 ol54 u, 59 M, 59 ul, 60 or, 63 M, 63 u, 64 M, 64 u, 65 ol, 65 or, 66 ol, 68 o, 70 o, 71 or, 74 M, 74 u, 75 Mr, 76 M, 77 u, 80 M, 80 u, 81 u, 83 or, 83 ul, 83 ur, 84 ol, 84 or, 84 ur, 85 u, 88 ul, 90 ul, 91 ol, 91 ul, 93 ol, 94 o, 95 ur, 96 o, 96 ur, 97 o, 99 u, 100 ur, 101 or, 101 ul, 102ur, 103 or, 103 u, 104 or, 105 (alle), 106 or, 110 o, 110 u, 111 or, 111 ul, 111 ur, 112 ol, 112 ur, 113 ol, 113 ul, 113 ur, 114 ur, 116 M, 118 (alle), 119 M, 120 (alle), 121 (alle), 122 u, 123 M, 123 u, 127 u, 128 u, 129 ul, 130 ol, 131 ol, 131 or, 132M, 132 u, 134 ol, 134 ur, 135 M, 136 u, 137 ol, 137 or, 138 M, 141 ur, 142 or, 142 ul, 142 ur, 144 o, 144 Ml, 144 Mr, 148 or, 150 ol, 150 ur, 151 ol, 151 oM, 153 u, 155 ol, 156 ur, 157 or, 157 ur, 161 ol, 163 ul, 164 o, 165 ur, 167 o, 167 u, 169 Mr, 170 or, 171 ur, 173 o, 174 ol, 176 u, 177 ul, 179 ul, 179 ur, 185 ur, 186 M, 186 o, 186 M, 186 u, 189 ol, 189 or, 189 u, 190 o, 191 ol, 191 ur, 192 ol, 192 or, 193 ol, 193 or, 193 ur, 194 ol, 194 or, 195 or, 195 u, 196 or, 196 u, 197 (alle), 198 o, 198 ur, 199 ul, 201 ur, 203 ol, 204 ul, 206 M, 206 u, 207 ul, 209 ol, 209 ul, 209 ur, 210 oM, 210 or, 212 or, 213 o, 213 Ml, 213 Mr, 215 or, 216 ol, 216 or, 217 ol, 217 u, 218 (alle), 219 or, 221 oM, 221 or, 222 oM, 222 or, 223 or, 225 ol, 225 ul, 226 u, 227 o, 227 ul, 229 M, 230 Mr, 230 u, 231 ol, 231 or, 232 or, 234 (alle), 235 ur, 236 (alle), 238 or, 239 u, 240 or, 241 ol, 241 ur, 242 o, 242 u, 243 ul, 243 ur, 247 (alle), 248 o, 249 ol, 249 u, 250 or, 250 u, 251 or, 251 u, 252 or, 252 u, 256 o, 256 u, 257 (alle), 258 (alle), 259 or, 263 ol, 263 ul, 263 ur, 264 or, 264 ul, 264 ur, 265 or, 265 ul, 265 ur, 266 o, 266 ur, 267 (alle), 268 u, 271 or, 271 ul, 271 u, 272 or, 274 u, 275 or, 277 ur, 278 (alle), 279 (alle), 280 ol, 280 ur, 281 o, 281 u, 283 ol, 283 ur, 284 or, 284 ul, 286 o, 289 (alle), 290 o, 291 ol, 294 ul, 295 o, 296 ol, 296 u, 297 ol, 297 or, 299 u, 300 ur, 303 ol, 303 ul, 307 ul, 307 u, 308 ul, 309 ul, 309 ur, 310 u, 311 u, 312 o, 312 ur, 314 o, 314 M, 316 (alle), 317 ol, 317 oM, 319 ol, 319 ul, 322 u, 323 l, 324 u, 325 u, 326 (alle), 327 or, 326 ul, 328 o; **Faber-Castell AG:** S. 6 ol, 287 u, 288 ol; **interfoto:** S. 7 (alle), 8, 9 or, 11 o, 11 u, 12 or, 13 u, 14 o, 15 o, 15 u, 16 (alle), 17 M, 17 u, 18 ol, 18 or, 18 ur, 19 (alle), 20 M, 20 u, 21 Ml, 22 u, 23 M, 23 u, 24 (alle), 25 o, 25 M, 26 (alle), 27 (alle), 28 ul, 28 ur, 29 ol, 29 Ml, 29 Mr, 29 u, 30 ol, 31 (alle), 32 u, 33 ol, 34 (alle), 35 ol, 36 o, 39 u, 40 (alle), 45 ol, 47 o, 47 ur, 48 o, 49 o, 51 Mr, 52 (alle), 53 o, 53 ul, 53 ur, 54 ul, 54 ur, 55 ol, 55 or, 55 ur, 56 o, 56 u, 57 o, 58 (alle), 59 o, 59 ur, 60 M, 60 or, 62 o, 62 u, 63 o, 64 ol, 65 ul, 66 ul, 68 Ml, 68 Mr, 70 M, 70 u, 71 ol, 71 u, 72 o, 72 u, 73 (alle), 74 o, 75 o, 75 Ml, 75 u, 76 o, 76 u, 77 o, 77 M, 78 (alle), 79 (alle), 80 o, 81 o, 82 (alle), 83 ol, 84 ul, 85 ol, 85 or, 86 ul, 86 ur, 87 (alle), 88 ur, 89 (alle), 91 or, 91 ur, 92 (alle), 93 or, 93 u, 94 M, 95 ol, 95 or, 95 ul, 96 M, 96 ul, 97 M, 97 u, 98 (alle), 99 o, 99 M, 100 M, 101 ol, 101 ur, 102 o, 102 ul, 103 ol, 104 ol, 104 u, 106 o, 106 ul, 106 ur, 107 M, 107 u, 108 or, 108 ul, 109 (alle), 110 M, 111 ol, 112ul, 114 ol, 114 ul, 115 (alle), 116 o, 116 u, 117 (alle), 119 o, 122 o, 122 M, 123 o, 126 o, 127 o, 129 ur, 133 M, 133 u, 134 ol, 134 ul, 135 o, 137 ul, 138 u, 139 ul, 140 (alle), 141 uM, 143 u, 145 u, 146 u, 147 ol, 147 or, 149 M, 149 u, 152 or, 152 u, 153 o, 153 u, 154 ol, 154 or, 155 o, 158 ur, 159 o, 160 u, 161 ol, 162 ol, 163 ur, 164 M, 165 ol, 165 or, 166 ol, 166 ur, 167 M, 168 ol, 168 o, 168 ul, 171 ul, 172 ul, 174 or, 175 u, 177 ol, 177 or, 178 ul, 178 ur, 179 o, 180 (alle), 181 (alle), 182 (alle), 183 (alle), 184 (alle), 185 ul, 186 o, 187 (alle), 188 ol, 189 o, 190 u, 191 ul, 192 ul, 192 ur, 193 ul, 194 u, 196 ol, 198 ul, 19 ol, 199 o, 199 ur, 200 M, 200 u, 201 o, 201 ul, 202 (alle), 203 or, 203 u, 204 ol, 204 or, 204 ur, 205 (alle), 206 o, 207 or, 207 ur, 208 ol, 208 or, 209 or, 210 ol, 210 u, 211 (alle), 212 ol, 213 u, 214 ol, 214 u, 215 ol, 217 or, 219 ol, 219 u, 220 (alle), 221 ol, 221 u, 222 ol, 223 ol, 223 u, 224 (alle), 225 or, 225 ur, 226 o, 226 M, 227 ur, 228 (alle), 229 o, 229 u, 230 Ml, 230 o, 231 ul, 231 ur, 232 o, 232 u, 233 (alle), 235 ol, 235 or, 235 ul, 237 (alle), 238 ol, 238 ul, 238 ur, 239 ol, 239 or, 240 ol, 240 oM, 241 or, 241 ul, 242 M, 243 o, 243 uM, 244 (alle), 245 (alle), 246 ol, 246 or, 248 u, 249 ol, 250 ol, 251 ol, 252 ol, 253 (alle), 254 (alle), 255 (alle), 256 M, 259 ol, 259 u, 260 (alle), 261 ol, 261 ur, 262 (alle), 263 or, 264 ol, 265 ol, 266 ul, 268 ol, 268 or, 269 (alle), 270 (alle), 271 ol, 272 ol, 272 u, 273 ol, 273 ul, 274 ol, 274 or, 274 ol, 274 or, 275 ol, 275 u, 276 ul, 276 ur, 277 o, 277 ul, 280 or, 280 ul, 281 M, 282 (alle), 283 or, 283 ul, 284 ol, 285 ol, 285 o, 285 ul, 286 M, 286 u, 287 o, 288 oM, 288 or, 290 ul, 290 uM, 290 ur, 291 or, 291 u, 292 (alle), 293 (alle), 294 M, 294 u, 295 o, 296 oM, 296 or, 297 ul, 297 ur, 298 (alle), 299 ol, 299 or, 300 o, 301 (alle), 302 ol, 302 or, 302 u, 303 or, 303 ur, 304 or, 304 u, 305 (alle), 306 (alle), 307 or, 308 o, 308 ur, 309 o, 310 ol, 310 or, 311 ol, 311 or, 312 ul, 313 o, 313 ul, 314 u, 315 M, 317 or, 317 u, 318 (alle), 319 ur, 320 (alle), 321 (alle), 322 ol, 322 or, 323 r, 324 ol, 324 oM, 324 or, 325 o, 326 ol, 326 ur, 328 ur; **iglo GmbH:** S. 169 o; **istockphoto:** S. 37 ul., 37 ur (Vlödymyr Kyrylyuk), 41 M (Irina Alyakina), 65 ur (Susan McGint), 72 M (Wolfgang Staib), 126 u (Marvin Vandehey), 129 or (Lew Zimmerman), 145 M (Massimo Talamini), 146 ol (Edyta Pawlowska), 150 or (Bruce Block), 154 ul (Vladimir Chernyanskiy), 156 or (Paul Tessier), 156 ul (Valery Kirsanov), 157 ol (José Luis Guitiérrez), 164 ur (James Pauls), 195 ol (MBPhoto); **Jupiterimages:** S. 36 u, 44 or, 44 ul, 44 ur, 46 o, 55 ul, 56 Ml, 62 ol, 136 o, 136 M, 149 o, 150 ul, 156 o, 158 ol, 161 or, 161 ur, 166 ul; **R. Knauer:** S. 158 l, 159 M, 163 ol, 191 or, 222 u; **Mauritius images:** S. 6 u, 9 ur, 10 M, 10 u, 12 Mr, 21 Mr, 21 u, 22 M, 29 o, 30 M, 33 o, 33 ul, 57 M, 61 ol, 61 or, 66 or, 66 ur, 67 M, 67 u, 86 o, 88 or, 90 or, 94 u, 100 ul, 107 o, 108 ur, 112 or, 113 ol, 119 u, 124 (alle), 125 (alle), 126 M, 127 M, 128 o, 129 ol, 130 or, 130 ul, 130 ur, 132 o, 135 u, 137 ur, 139 ol, 139 or, 139 ur, 141 ol, 141 M, 141 ul, 142 ol, 143 o, 144 u, 145 o, 146 or, 147 u, 148 ol, 148 ul, 148 ur, 151 or, 151 u, 152 ol, 154 ur, 155 u, 157 ul, 159 u, 160 o, 162 u, 166 ol, 169 u, 170 ol, 171 o,172 ol, 174 ul, 174 ur, 175 o, 175 M, 176 o, 185 o, 186 u, 200 o, 212 u, 215 u, 216 ul, 246 u, 273 or, 276 ol, 276 or, 294 o, 302 ul, 304 ur, 313 ur, 315 u; **Motorola:** S. 261 or, 300 ul; **Naumann & Göbel Archiv:** S. 307 ol; **Pelikan:** S. 64 or, 285 ul, 287 M; **Schering Archives:** S. 216 ur; **Schleswig-Holsteinisches Landwirtschaftsmuseum, Meldorf:** S. 162 or; **Siemens Corporate Archives:** S. 168 ur, 169 Ml, 173 ur; **SiemensForum, München:** S. 207 ol, 208 u.

Für ihre freundliche Unterstützung danken wir herzlich:

Renate Bader, Schneider Schreibgeräte GmbH
Simone Bahrs, Pelikan
Marco Fertig und Gabriel Hakel, interfoto
Michael Frings, Bayer Business Services GmbH

Christoph Frank und Alexandra Kinter, Siemens Corporate Archives
Wolf Könenkamp, Dithmarscher Landesmuseum
Ute Sievert und Christiane Solf, iglo GmbH